10kV配电线路带电作业实操技术

李孟东　王月鹏　彭新立　编

中国电力出版社
CHINA ELECTRIC POWER PRESS

内 容 提 要

本书是由具有几十年实际工作经验的专业技术人员编写的，旨在提高供电企业配电线路带电作业的工作水平，帮助配电线路带电作业职工进行业务培训，以提高配电线路的安全、可靠、经济运行，从而更好地服务于广大用电客户。

本书共分五章，分别为带电作业的技术发展及基本原理、带电作业常用绝缘材料和工器具、配电线路带电作业用绝缘斗臂车的使用和检测、绝缘遮蔽罩和安全防护用具、配电线路带电作业操作。

本书文字简明扼要，图文并茂，通俗易懂，既可作为从事配电线路带电作业职工的培训教材，也可作为实际操作的实用参考工具书，还可作为用电客户的咨询助手。

图书在版编目（CIP）数据

10kV 配电线路带电作业实操技术 / 李孟东，王月鹏，彭新立编. —北京：中国电力出版社，2011.11（2023.3重印）
ISBN 978-7-5123-2318-6

Ⅰ. ①1… Ⅱ. ①李… ②王… ③彭… Ⅲ. ①配电线路–带电作业 Ⅳ. ①TM726

中国版本图书馆 CIP 数据核字（2011）第 229996 号

中国电力出版社出版、发行
（北京市东城区北京站西街 19 号 100005 http://www.cepp.sgcc.com.cn）
北京天宇星印刷厂印刷
各地新华书店经售
*
2012 年 5 月第一版 2023 年 3 月北京第三次印刷
710 毫米×980 毫米 16 开本 20.5 印张 371 千字
印数 3501—4000 册 定价 **58.00** 元

序

“十二五”期间，国家电网公司要初步建成世界一流电网，国际一流企业，建成员工和企业共同成长、企业与社会共同发展的和谐企业。这为北京市电力公司提供了前所未有的发展机遇，也为广大员工展现了广阔的舞台。

培训是员工进步和素质提升的基础，北京市电力公司历来鼓励适合一线职工、贴近生产实际、可操作性强的培训教材的编写工作。《10kV配电线路带电作业实操技术》正是这样一本由工作在生产一线的多名技师，根据他们几十年工作经验和智慧，立足现场工作实际合作编写而成的培训教材。

本书的作者李孟东、王月鹏、彭新立都是我们身边既普通又特别的职工，说他们普通，是因为他们常年扎根生产一线，默默无闻地为了配网的安全、稳定、经济运行辛勤工作；说他们特别，是因为他们勤于思考、善于总结，在带电作业领域上成为国家电网公司技能专家、北京市高级技术能手。他们通过不懈的努力，可以像学者一样著书立说，为企业留下了宝贵财富。在他们身上承载着勇于担当的责任意识，凝聚着“努力超越、追求卓越”的企业精神，展现了普通员工的成才之路。他们的成就也认证了一条真理——世上无难事，只要肯攀登！

希望更多的员工以他们为榜样，认真学习专业知识，钻研工作业务，在成就事业中体现自身价值。最后，还要感谢北京市电力公司相关部门，尤其是公司原配电专业首席工程师丁荣给予本书的大力支持。

北京市电力公司工会主席

2012 年 5 月

前 言

覆盖面最大的 10kV 架空配电线路网络承担着输电线路网络与各个用户之间的主要连接作用。由于该电压等级线路的绝缘水平较低，在大气过电压、污秽或其他外界因素作用下易发生故障，并且由于部分地区配电线路设施陈旧老化，设备存在众多隐患，加之社会经济快速的发展，不断增加的企业报装用电，基础设施建设引起的 10kV 架空配电线路的迁改逐年增多，这都会影响配电网持续供电的可靠性。而要减少停电线路和停电时间，提高配电网供电的可靠性，主要的手段就是大力、全面、安全地开展配电带电作业。

我国的带电作业起步于 20 世纪 50 年代，但由于社会生产力低，缺乏合适的人身安全防护用具且作业方式不成熟，因此其开展的范围比较小。十一届三中全会后我国将中心转移到经济发展上来，电力越来越成为社会经济发展支柱力量之一。10kV 配电线路是直接面向广大电力用户的电力基础设施，社会对电力的持续供电要求越来越高，为了提高配电线路的安全、可靠、经济运行，更好地服务于广大电力用户，开展带电作业工作是提高供电可靠性和满足用户要求的一条重要途径，大力开展 10kV 配电线路的带电作业工作势在必行。

但是在带电作业工作的同时，我们也应清醒地注意到 10kV 架空配电线路由于线间间距较小，大量存在与低压线路同杆并架，与周围建筑、树木距离较近等不利因素。这就要求我们在开展带电作业的同时，一定要把人身安全放在第一位，一定要使用与之相适应的作业方法、作业工具、安全防护用具和实际操作技术等，确保带电作业的安全。本书就是出于这个目的，由彭新立编写第一章至第四章、王月鹏编写第五章第一节、北京市电力公司从事带电作业工作多年的李孟东编写第五章第二节，由北京市电力公司原配电首席工程师丁荣进行审核，把我们从事配电带电作业工作的经验介绍给大家，对配电线路的特点、作业原理、作业方法、作业工器具、安全防护用具和实际操作技术等进行阐述。鉴于绝缘斗臂车在配电线路带电作业中应用越来越广泛，以及安全防护用具的重要性，本书对绝缘斗臂车、绝缘工具和应用绝缘斗臂车的带电作业方法也进行了较大篇幅的介绍。

由于编写较为仓促，加之水平有限，书中难免存在不妥之处，恳请读者指正，以利配电线路带电作业工作更好地开展。

编　者

目 录

第一章

带电作业的技术发展及基本原理

第一节 我国带电作业技术发展

保证连续不间断供电，是我国和世界各国对电力部门的基本要求。为此，我国的电力部门早在新中国成立初期就提出了“安全第一，可靠供电”，把供电可靠性放在了第一位。而为了提高供电可靠性，带电作业工作又是一条重要的途径。带电作业与停电检修相比有着诸多的优越性，主要优点如下：

（1）能保证可靠地、不间断地向用户供电。

（2）能保证电力系统处在最佳工况，并保证发电机在经济工况下运行。

（3）能及时消除架空线路的缺陷，消除隐患，大大提高线路的供电可靠性。

（4）由于停电检修要改变原有的供电方式，而带电作业却不用改变，因此带电作业可以减少因停电检修、供电方式改变而造成的电能损失。

（5）由于带电作业的及时性和灵活性，减少了不必要的加班和停电检修。

我国的带电作业起步于20世纪50年代。新中国刚刚成立时，国民经济处于全面恢复和发展的阶段，各行各业对电力的需求日益急迫，尤其对电力部门提供连续不间断的高质量电能的要求更是被提上了议事日程。当时，鞍山是我国最大的钢铁工业基地，是国家重工业的核心，对电力的要求更高、需求更急。电力是先行官，为此，鞍山电业局的职工在1953年大胆提出了不停电检修技术，开展了带电清扫、更换和拆装配电设备引线的工作；1954年取得3.3kV架空线路带电更换横担、木杆和瓷绝缘子的成绩；1956年开展了带电更换44～66kV的木质直线杆、横担和瓷绝缘子的工作；1957年底，154～220kV超高压线路不停电更换瓷绝缘子的全套工具和操作办法研制成功。与此同时，沈阳电力中心试验所开展了人体直接接触导线进行检修作业的试验研究，解决了高压电场的屏蔽问题，成功地进行了人体直接接触220kV带电导线的等电位试验，在220kV线路上完成了等电位更换导线和修补导线的工作。我国的等电位作业技术从此开始推广应用。1979年，我国在建设500kV输变电工程的同时，500kV带电更换绝缘子、更换耐张串、修补导线等工作的操作办法和带电工器具也研制成功，并予以实施。在此期间，全国范围的不停电检修工作也如火如荼地开展起来。各地的电力部门在学习鞍山带电作业的基础上，结合本地区的具体条件和生产任务进行了改革和创新，带电作业方法除了进行间接作业和等电位作业外，还开展了带电水冲洗、带电爆炸压接等工作。带电作业工具也从最初的支、拉、吊杆等较笨重的工器具向轻便化、绳索化改进，绝缘软梯、绝缘滑车组和绝缘斗臂车也被广泛地应用。

国家对带电作业的开展给予了大力支持。1964 年 11 月，在天津举办了带电检修表演会，大大促进了全国推广带电作业新技术的进行；1966 年，水电部在鞍山召开了全国带电作业现场观摩表演大会，把带电作业向更新、更深的方向做了推进，同时展现出全国带电作业的广泛普及；1973 年，水电部在北京召开了第二次全国带电作业经验交流会，讨论并研究制定了带电作业相关规程的必要性和可行性；1977 年，水电部将带电作业纳入部颁安全工作规程，进一步肯定了带电作业技术的安全性；同年，我国带电作业开始与国际交往，派员参加了国际电工委员会带电作业工作组的活动，成立了 IEC.TC-78 国内工作小组，从事带电作业有关标准的制定工作；1984 年 5 月，成立中国带电作业标准化委员会；1986 年，成立带电作业工器具设备质量检验测试中心；1988 年，成立全国带电作业组织协调领导小组和中国带电作业技术中心；1990 年，颁布《带电作业技术管理制度》、《带电作业操作导则》和《带电作业工作安全制度》等。

10kV 配电线路带电作业是电力带电作业工作中的一个重要组成部分。6～10kV 配电网络是直接面向广大电力用户的电力基础设施。由于配电网络绝缘水平较低，因此在污秽环境或大气过电压情况下，很容易发生故障；加之国内部分地区配电供电设施陈旧老化，设备完好率较低，使得事故隐患加大。为了提高配电网络的安全、可靠、经济运行，更好地服务于广大电力用户，大力开展 10kV 配电线路的带电作业工作势在必行。但是在大力开展 10kV 架空配电线路带电作业工作的同时，也应注意到 10kV 架空配电线路由于线间间距较小，大量存在与低压线路同杆并架，与周围建筑、树木距离较近等不利的因素。这就要求在大力开展配电线路带电作业的同时，一定要把安全放在第一位，一定要使用与之相适应的作业方法、作业工具、安全防护用具和实际操作技术等。

总之，我国的带电作业工作是从实际需要出发，并不断研究、改进和提高的，虽然起步较晚（例如，美国在 20 世纪 30 年代就开始进行带电作业），但是步子迈得较快，基本与国内运行电压的等级同步进行，比较成功地走出了一条具有中国特色的发展带电作业技术的路子。我国的带电作业水平与国际相比差距并不是很大，但是在带电作业工具制造工艺水平上、人员培训考核上、带电作业管理上与国际相比还有差距，在看到成绩的同时要看到差距，要迎头赶上，为我国的带电作业作出贡献。

第二节　带电作业有关基础知识

一、电的基础知识

试验发现，不同的物体摩擦后将会带有电荷，而这些电荷是从哪里来的？我们知道，物质是由分子组成的，分子是一种能够单独存在，并且保持原有属性的最小微粒，例如，水的分子仍然是水。但是如果把分子进一步进行分解，就会发现比分子更小的原子，而原子不再具有分子的原来属性。例如，水分子是由两个氢原子和一个氧原子组成的，但是它们都不再具有水的属性。原子又是由原子核和电子组成的。各种元素的原子都具有以下特征：

（1）原子核带正电荷，电子带负电荷。正常情况下，原子核所带的正电荷量与它周围电子所带的负电荷量相等，所以原子对外不显示正、负电性。

（2）原子核处于原子的中心，依靠正负电荷的吸引力把电子群束缚在它的周围，电子群绕原子核做高速转动。

（3）电子按一定的规则分布在不同的转道上，一般最里层有 2 个电子，第二层有 8 个电子，按 $2n^2$ 规律分布。原子的电结构见图 1-1。

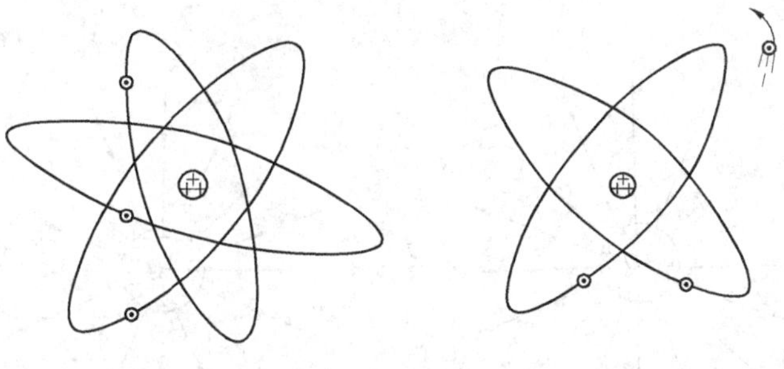

(a)　　(b)

图 1-1　原子的电结构

（a）电子围绕原子核运动；（b）原子失去电子后，带正电

⊙—电子；⊕—原子核

处于原子核边缘轨道上的电子，因为距离原子核较远，相互的吸引力就较小，在某些外力或外因如光、热机械力或电场力的影响下，这些电子获得足够的能量后，就会摆脱原子核的束缚而成为自由电子。所有具有金属性物质的原子，都具有这种

很不稳定的电子，它们甚至在正常情况下也会成为自由电子。自由电子是物质传导电流的根本原因。因此，凡是金属性的物质，都被称为导体。相反，如果物质的外层电子与原子核的联系非常稳固，即使在外界因素的作用下，电子也不会摆脱原子核而成为自由电子，这些物质称为绝缘体。而介于导体和绝缘体之间的物质就称为半导体。

不管是哪种物质，凡是构成物体的原子，当它得到多余的电子时，这个物体就成为带电体了。中性原子失去电子时带正电荷，称为正离子；额外得到电子的原子带负电荷，称为负离子。中性原子失去或得到电子成为离子的过程，称为电离。物体失去或得到的电子越多，它所带的电荷量就越多。将一个电子所具有的电荷量作为计量单位来进行计量，这一个电子所具有的电荷量称为一个静电单位电量。但是由于该单位太小，使用起来很不方便，因此通常使用库仑作为电量的单位。1 库仑=6.24×10^{18}静电单位电量。

电场是带电体周围空间存在的一种特殊物质，它对放在其中的任何电荷均表现为力的作用。电场对电荷的作用力称为电场力。带电体周围的空间存在电场，可以用许多条线来形象地描述电场的性质，这些线称为电力线。

假设一个带电体带有正电荷 Q，把一个带有同样正电荷的试验电荷 q_0 放到这个带电体周围的电场中，由于 Q 和 q_0 都是带有正电荷的同性电荷，因此试验电荷 q_0 将受到电场力 f 的排斥作用，电场力的方向向外，并作用在球体中处于 q_0 的连接线上，如图 1-2 所示。

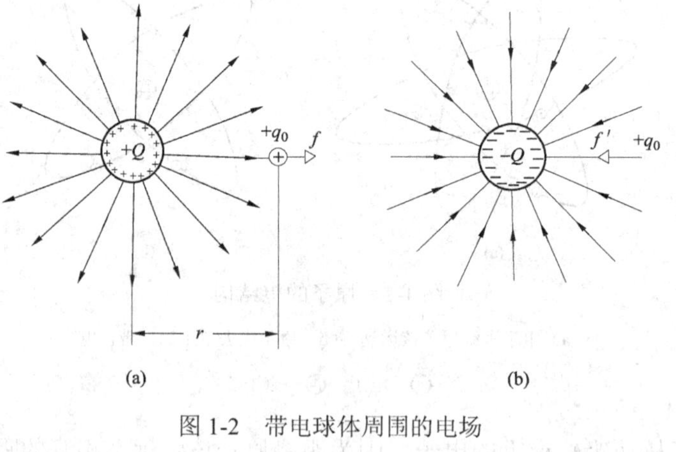

图 1-2　带电球体周围的电场

（a）一个带正电球体周围的电场，电力线向外；（b）一个带负电球体周围的电场，电力线向内

用电力线描述电场时，以下特点应引起注意：

（1）电力线从正电荷（或正极）出发，到负电荷（或负极）终止。方向是由正电荷（正极）指向负电荷（负极）。

（2）电力线垂直于带电体（导体）的表面，而且任何两条电力线都不会相交。电力线的疏密程度表示电场的强度。

（3）电场内有某一平面上相同的点所连成的线，称为等位线。电位相同的点组成的面称为等位面。等位线（面）与电力线处处直角相交。

（4）在画等值线（面）时，把两条等位线的电位差取为定值，等位线密的地方，表示那里的电场强度较高；等位线疏的地方，表示那里的电场强度较低。

试验证明，对于同一个试验电荷 q_0，在电场中不同点受到的电场力 f 的大小一般是不同的，越接近带电体，电场力越大。电场力 f 的大小和还和 q_0 的电量成正比，q_0 增加一倍，f 也增加一倍。由于电场力 f 和试验电荷 q_0 的电量成正比，因此 f 与 q_0 的比值就不会因 q_0 的多少而改变。用 E 来表示电场强度，则 $E=f/q_0$。

电场中任何一点的电场强度，在数值上等于放在该点的单位正电荷所受电场力的大小；电场强度的方向就是正电荷受力的方向。电场强度是一个既有大小又有方向的量。

电场又有均匀电场和非均匀电场之分。在均匀电场中，各点电场强度的大小、方向都相同。而在不均匀电场中，电场越不均匀，通常击穿电压越低。所以要设法减小电场的不均匀程度。

二、静电感应

如果把一个不带电荷的导体乙放在一个均匀的正电场中，将会看到导体和电场发生变化，如图 1-3 所示。

首先一定量的自由电子将逆着电力线所指示的方向移动，于是一定量的电子移到了导体乙的左边，使左边有了多余的负电荷，而右边剩下了与左边数量相等的正电荷。这两种电荷在导体内部形成了一个与外电场相反的附加电场，来阻止电子的继续移动。附加电场与原有的电场在导体内部起相互抵消的作用，直到导体表面积聚了足够多的异性电荷，使两个电场强度恰好相等时，导体内的电荷移动才停止。此时，该状态称为平衡状态，也就是说，导体内部已不存在电场，而电荷仅存在于

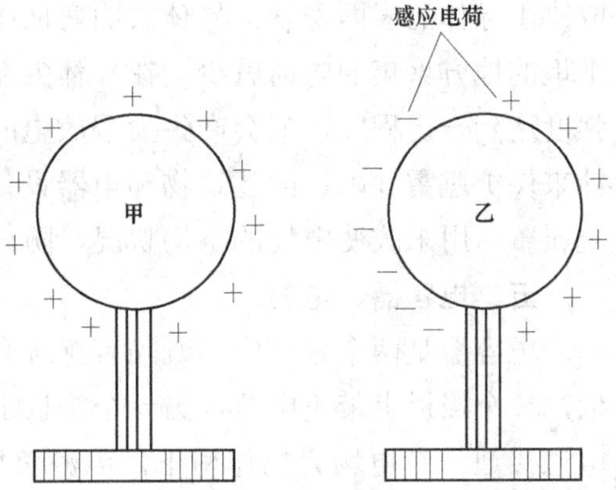

图 1-3　静电感应

导体相对的两个表面上。如果导体脱离电场，则导体中的电荷又会中和，恢复到不带电的状态。这种在电场影响下引起导体上电荷的分离现象称为静电感应。

三、静电屏蔽

如果放入电场内的导体内部有一个空腔，如图 1-4 所示，则导体中的自由电子要向 AC 方向运动。由于附加电场和原有电场方向相反，此时金属内部的电场强度减弱，直到消失为止，从而达到静电平衡，导体内部的电场强度为零。该现象称为静电屏蔽式法拉第效应。静电屏蔽是带电作业的一个很重要的定理。

放入电场中的绝缘体（也称介质），由于电子和原子核之间的吸引力很强，原子核最外层的电子被牢固地束缚在轨道上，即使在外电场的作用下，这些电荷也只能做微小的移动，因此不能像电场中的导体那样，产生足够的附加电场来完全抵消外加电场。在静电平衡的条件下，电介质的内部可以长期存在着电场，这是导体与介质的基本区别之一。

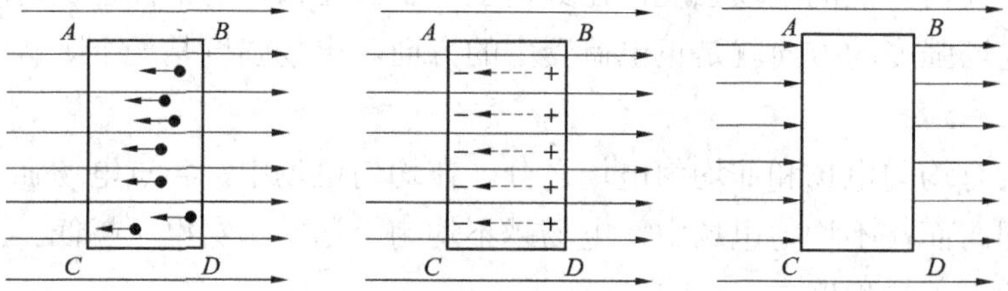

图 1-4　金属的屏蔽作用

四、尖端放电

当把导体放到电场中时，由于静电感应的原因，在导体中会出现感应电荷，这些电荷分布在导体的表面上。通过试验和观察发现，电荷在导体表面上的分布情况取决于导体的表面形状。导体表面弯曲度越大的地方，聚集的电荷越多；而导体较平坦的地方聚集的电荷就少。在导体尖端处由于电荷密集，电场强度很强，当电场强度达到一定程度，就会产生尖端放电的现象。利用尖端放电的原理，制造了避雷针来保护避雷针附近的建筑物和电器设备；还在一些高压电器的尖端部分安装球形金属罩，用来改变电场的不均状况，防止电气设备的尖端部分发生放电。

五、电容器、电容

电容器是两个导体中间既隔有绝缘介质又相互靠近的组合体。电容器有两个极板，一个极板上带正电荷，另一个极板上带有等量的负电荷。如果把电容器和直流电源接通，在电场力的作用下，电源负极的自由电子将向与它相连的 B 极板上移动，使得 B 极板带有负电荷；而另一极板 A 上的自由电子将向与它相连的电源正极移动，使 A 极板上出现了等量的正电荷。这种电荷的移动直到极板间的电压与电源电压相等时才停止。这样在极板间的介质中建立了电场，使电容器储存了一定的电荷和电场能量。把电容器储存电荷和电场能量的过程称为电容器的充电，如图 1-5 所示。

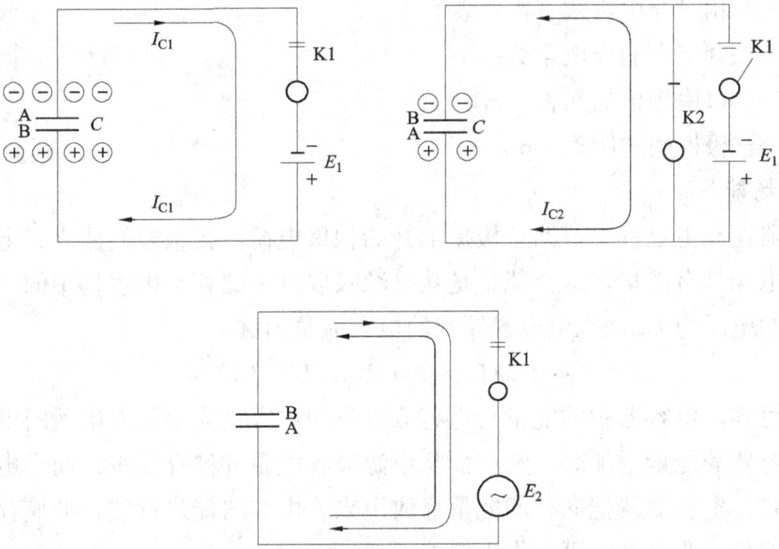

图 1-5　电容器充电

C—电容器；E_1—直流电源；E_2—交变电源；I_{C1}—充电电源；

I_{C2}—放电电流；K1、K2—开关

电容器充电后，如果用导线把 A、B 极板短接，B 极板上的负电荷就会经由导线与 A 极板上的正电荷互相中和。当正、负电荷完全中和时，两块极板就不再带电荷了。此时，电容器的电压下降到零，把电容器中和电荷的过程称为电容器的放电。

通过试验、观察和计算，得出电容器极板上的电荷量与外加电压成正比。对于一个电容器，极板上的电荷量与加在极板上的电压比值是个常数。这个比值称为电容器的电容，用字母 C 表示，$C=Q/U$。电容的基本单位称为法拉，一般简称法，用字母 F 表示。把电容器在 1 伏电压下，储存 1 库仑电量的电容称为 1 法拉，1 法拉=1 库仑/1 伏特。在实际应用中，由于 1 法拉的单位太大，因此经常使用的是微法和皮法这两个单位。1 法拉=10^6 微法=10^{12} 皮法。

电容器的电容量还取决于极板的大小（面积）、极板间的相对位置和极板间的介质。

1. 电容

假设有一块平板电容器，当电容器间的介质是空气、云母和绝缘纸时

$$C=\phi_r q_0 s/d$$

式中 C——平板电容器的电容量，F；

ϕ_r——相对介电常数（需查表）；

q_0——真空中的介电常数；

s——每块极板的面积，m^2；

d——极板间的距离，m。

2. 电场能量

电容器在充电过程中，两个极板上开始积累电荷，在极板间建立起电位差，形成电场。电场具有能量，这个能量是从电源吸取过来储存在电容器中的。假设电容器充电后的电压为 U_m，则电容器储存的电容能量为 A

$$A=1/2\times U_m\times Q=1/2\times C\times U_m^2 \quad (J)$$

由此可知，电容器中的能量与电容器本身的电容量大小及充电后的电压高低成正比。电容器的能量增加时，它就需从电源吸收能量并储存起来；而当电容器两端电压降低时，电容器就把储存的能量释放出来。电容器能进行能量的储存和释放，并不消耗能量，即电容器可以作为储能元件。

3. 人体电容

在带电作业工作中，人体被视为导体。我们经常处在以人体为一极，其他金属物体为另一极，这两极之间充满着空气的工作状态。这时，人体与导线之间、人体与大地之间、人体与其他金属部件之间就构成了一个电容器，而人体的电容就是指这个电容器产生的电容。

由于人体是一个比较复杂的几何形体，要想根据公式来推算各种状态下的电容量是很难做到的，一般应根据经验公式和数据进行计算。

（1）一个中等身材的人，当他穿着干净并干燥的鞋站在地面上时，人体对地的电容值为50～350pF；当人站在相对地高度为32cm的绝缘台上时，人体对地的电容值约为275pF。

（2）等电位时，人体与穿在身上的屏蔽服之间的电容值约为0.135μF。

（3）人体在导线上等电位工作时，人体对10m以下的地面电容值约为20pF。

（4）等电位工作时，人体面部裸露部分对地的电容值约为0.35pF。

总之，人体在各种状态下出现的电容值一般都在 10^{-13}～10^{-10}F之间。也就是说，由于人体与其他部件所构成的电容很小，因此在电场中吸收的能量不会很大。

电压又叫做电位差，它表示电场中两点间电位的差值。

在图 1-6 所示的均匀电场中，电场力 F 把电荷 $+q_0$ 从 a 点移到 0 点和从 b 点移到 0 点所做的功，叫做 a 点和 b 点的电位。假设 a 和 0 点之间的距离是 L_{a0}，b 点与 0 点之间的距离是 L_{b0}，则电场力 F 将电荷 $+q_0$ 从 a 点移到 0 点所做的功是

$$A_{a0}=F\times L_{a0}$$

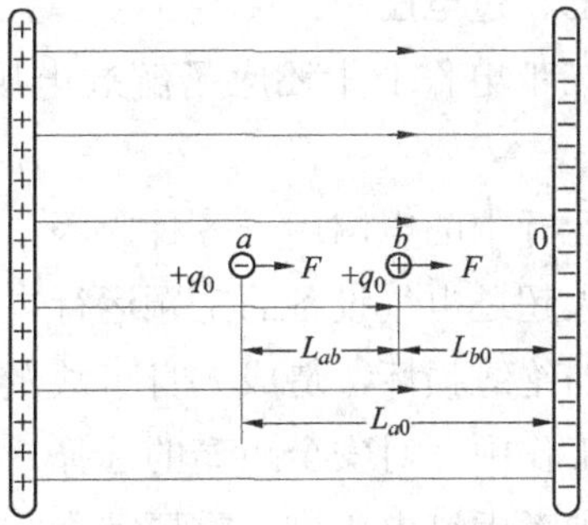

图 1-6　在均匀电场中，电场力 F 把电荷 $+q_0$ 从 a 移到 0 点和从 b 点移到 0 点所做的功

电场力 F 将电荷 $+q_0$ 从 b 点移到 0 点所做的功是

$$A_{b0}=F\times L_{b0}$$

由这两个公式可知，电场力对电荷做功的大小与电荷的电量成正比。比值 A_{a0}/q_0 和 A_{b0}/q_0 都代表电场力移动单位正电荷所做的功。如果把 0 点作为参考点来进行比较，可以发现，$L_{a0}>L_{b0}$，所以 $A_{a0}>A_{b0}$，从而可以得出 $A_{a0}/q_0>A_{b0}/q_0$。因此把比值 A_{a0}/q_0 叫做 a 点的电位，用符号 Φ_a 表示；把比值 A_{b0}/q_0 叫做 b 点的电位，用符号 Φ_b 表示，即

$$\Phi_a=A_{a0}/q_0,\quad \Phi_b=A_{b0}/q_0$$

所以，电场力将单位正电荷从电场中的某点移到参考点（参考点的电位规定为零）所做的功叫做该点的电位。而 a、b 两点电位的差值叫做这两点之间的电位差，即

$$U_{ab}=\Phi_a-\Phi_b$$

即电压 $U=A/q$。

六、电磁感应

运动着的导线切割固定的磁场时或者是运动的磁场、交变的磁场切割导线，或者穿过线圈引起磁通量变化时，在导线中将产生电动势，这种电动势叫做感应电动势。这种因磁通量变化而产生电动势的现象叫做电磁感应现象。在带电作业工作中，我们经常会遇到拆接引流线、阻波器、空载变压器的工作，或者将金属工具带入磁场中的工作，这时都会产生电磁感应现象。

任何通电导线或线圈的周围都会产生磁场。如果改变导线中电流的大小或方向，周围的磁场会随之改变。而磁场的变化，又使导线自身产生感应电动势，这种现象叫做自感作用。

七、过电压

在带电作业中还应了解过电压的概念、过电压的类别、过电压与带电作业的关系。

运行中的电网由于各种原因，使电网的某部分出现各种暂态电压，这种电压往往大大超过电气设备的工频运行电压。这种暂态的电压叫做过电压。过电压可以使设备的绝缘损坏，造成人身事故及故障掉闸，危及电网的安全运行。因此，在带电作业工作中，对安全距离的选择、绝缘工具的最短有效绝缘长度、电气试验标准等都必须考虑过电压这一重要因素。带电作业人员必须正确了解过电压的概念和掌握过电压方面的知识。

过电压一般按以下情况进行分类：

（1）外部过电压：① 雷电过电压；② 大气过电压；③ 直击雷过电压；④ 感应雷过电压。

（2）内部过电压：① 操作过电压（包含操作电容器组过电压、操作空载线路过电压、操作电感负荷过电压、弧光接地过电压、解列过电压等）；② 谐振过电压（包含铁磁谐振过电压、参数谐振过电压、有串联补偿线路中的铁磁谐振过电压、水轮发电机不对称短路或负荷严重不平衡时产生的谐振过电压、在有并联电抗器线路中的非全相合闸下的谐振过电压、线性谐振过电压）；③ 工频过电压［包括工频稳态过电压（包含甩负荷时感性负荷变为容性负荷、不对称接地故障、费朗梯效应）、工频暂态过电压（包含甩负荷时机电过程、动磁调节系统的作用）］。

（一）雷电过电压

雷电过电压是由雷电活动引起的电力系统中电压的升高。而雷电的形成是由含有饱和水蒸气的大气，在受到强烈气流的冲击时，就有可能形成带有大量电荷的云层。带有异性电荷的云层间，当电场强度达到一定数值时，就有可能引起闪络放电。带电的云对大地有静电感应，在地面感应出大量的异性电荷，使地面与雷云间形成电场。雷云底部与地面之间可以达到几百万伏至上亿伏的电位差，局部电场强度可以达到 25～30kV/cm，最终形成闪络，也就是雷云向大地的先导放电——闪电，与此同时释放出几万安培至几百万安培的强大电流，产生强大的光和热，使空气骤然膨胀，发出霹雳轰鸣，即形成雷电。

雷电的进行波沿导线传播到带电作业点，因此应该计算出雷电进行波的最大值。我们知道，当架空线路受到直击雷或感应雷后，雷电波以 30 万 km/s 的光速沿线路向两侧流动，形成雷电进行波。由于导线的电阻、线间及线对地间的电容、导线的集肤效应、空气介质的极化、电晕等的影响，雷电波在导线传播过程中要发生变形

和衰减。雷电进行波传到带电作业点处，其一个电压波的最大值一般采用浮士德提出的经验公式计算，即

$$U=U_0/kxU_0+1$$

式中　U——雷电波传到带电作业点处的最大值，kV；

x——落雷处到带电作业点的距离，km；

k——衰减系数，一般取 0.16～1.2×10；

U_0——雷电波的起始电压，kV。

（二）内部过电压

1. 内部过电压产生的原因

正常运行的电网经常会有操作和故障。例如，切合空载主变压器、电抗器、空载线路、电容器组、发电机，非全相拉合闸（断路器拒动）、非对称短路、接地、断线、突然甩负荷等，使系统电容、电感的参数发生变化，在这种突变过渡过程中，电磁能量发生积聚、振荡，由一个稳态过渡到另一个稳态，从而引起电网内部过电压，其幅度与电网的结构、系统容量和参数、中性点接地方式、断路器的性能、从母线出线的数量及电网运行接线、操作方式等因素有关。在 110kV 及以下的电网中，配备一般的保护措施时，内部过电压一般没有危害；但是对 220kV 及以上的电网，绝缘水平的选择在很大程度上取决于内部过电压。所以，带电作业安全距离和绝缘工具有效长度的确定都要考虑内部过电压的因素。

电力设备按照不同的电压等级，内部过电压的计算倍数也是不同的。内部过电压的计算倍数按 DL/T 620—1997《交流电气装置的过电压保护和绝缘配合》的规定，一般取下列数值：

（1）对地绝缘，以设备的最高运行电压 U_{xy} 为基准。

（2）35～60kV 及以下（非直接接地）为 $4.0U_{xy}$。

（3）110～154kV（非直接接地）为 $3.5U_{xy}$。

（4）110～220kV（直接接地）为 $3.0U_{xy}$。

在确定带电作业安全距离之前，必须对空气和绝缘工具的绝缘特性有足够的了解。

2. 绝缘的击穿与闪络

当绝缘材料在电场的作用下丧失绝缘性能而产生贯穿性的导通和破坏时，叫做绝缘的击穿。对固体绝缘来说，击穿属于永久性的破坏，即永久丧失了绝缘性能；但对其体绝缘来说，击穿却表现为火花放电，外加电场一消失，气体的绝缘很快就会恢复。这是气体绝缘的最大优点之一。所以气体绝缘又叫做自恢复绝缘。

固体绝缘周围的空气在电场作用下发生的放电现象，叫做闪络。因此，离开固体绝缘谈闪络是没有意义的。由于闪络是固体绝缘沿面的气体发生击穿引起的，所以一般情况下，固体绝缘发生闪络并不会导致固体绝缘的破坏。在交流电力系统中，固体绝缘发生闪络引起了点火的作用，随之而来的强电弧和高温则可能烧伤绝缘。因此在带电作业中无论是击穿还是闪络，都被认为是极端危险的现象。

3. 空气的绝缘强度

空气的绝缘强度，是用气体在产生放电时的击穿电场强度或放电电压来衡量的。气体是如何产生放电的？气体放电的机理如何？我们知道，大气中由于存在着宇宙线、红外线等各种射线，空气中的气体分子在射线的作用下游离成正离子和负离子，所以常态下的空气中都存在少量的离子。如果在一段空气上加上一定的电压，上述的正、负离子就会在电场力的作用下产生运动。负离子向正极移动，正离子向负极移动，从而形成了微弱的电流。一般情况下，这种微弱的电流不会造成气体丧失绝缘的后果。只有在间隙上外加电压高到了一定的程度，上述的游离出现了“电子崩”的现象，气体才会发生火花形式的放电。这段间隙中的气体就被击穿，这时的电场强度就叫做气体的击穿电场强度，间隙上的外施电压叫做气体的放电电压或击穿电压。

通过试验发现，相同长度的气体间隙的击穿强度与间隙两侧的电极形状、电压波形及气体的状态（气温、气压和湿度）有关。

4. 绝缘工具的绝缘强度

绝缘工具的绝缘性能主要是指两种绝缘性能：一种是“电气绝缘”，即绝缘体阻挡电流通过的能力；另一种是“抗电强度”，即材料耐受不发生绝缘击穿的最大电位梯度。但是一般材料的击穿电压总比沿绝缘表面发生闪络的电压要高得多。所以从带电作业的安全出发，重点研究绝缘工具闪络电压。闪络是固体绝缘沿面空气的击穿现象，由于两种介质（固体绝缘与空气）交界面上电场的分布会发生畸变，所以固体绝缘的闪络电压总是比空气间隙的放电电压要低。

通过大量的试验与研究发现：固体绝缘无论是3240环氧树脂玻璃布板、尼龙绳、蚕丝绳，还是塑料及木层压板，相同长度的闪络电压（干闪）值没有多大差别。一般认为，同一电极尺寸绝缘工具闪络电压比空气间隙低6%左右。从这种观点出发，同样电压下的绝缘工具长度就应当比空气间隙（安全距离）要求长一点。实际两者的差别可以忽略不计。

第三节　带电作业基本原理

电对人体发生危害作用的方式有两种：一种是不论电压高低，人体直接接触到有电位差的带电体时（如相与相之间或是相对地之间）发生的直接触电；另一种是人体邻近带电体，但是并没有接触到带电体时发生的感应触电。第一种是人体与带电体形成电路，而由电路中的电压和电流引起的触电伤害；而第二种是带电体形成的空间电场对人体的静电感应引起的伤害。但是为什么带电作业人员却可以在运行的电气设备上安全地工作，甚至直接接触高达几十万伏到一百万伏电压的带电体而不会遭受触电伤害，就是因为带电作业是确保了带电作业工作的技术条件，而带电作业技术条件是在带电作业基本原理的基础上制定的。

带电作业是在高压电器设备上进行不停电检修、安装或更换设备及部件以及进行测试的作业工作。也就是采用绝缘操作杆、带电作业车、等电位、水冲洗等操作方法，在带电的情况下，对送、变、配电设备进行检修、安装或更换设备及部件以及进行测试的作业。

在带电作业工作中必须保证的技术条件有三个：

（1）流经人体的电流不超过人体感知水平 1mA（1000μA）。

（2）人体体表场强不超过人的感知水平 2.4kV/cm。

（3）保证不小于可能对人体放电的安全距离。

一、人体的电阻

人站在地上，如果直接接触了高于低电位的带电导体，就会形成一个闭合电路，在电位差的作用下，就会有电流流过人体，这种现象称为触电。触电时流过人体的电流大小是

$$I_r=U/R_r$$

式中　I_r——流经人体的电流，A；

U——相（火）线对地电压，V；

R_r——人体的等值电阻，Ω。

人体的电阻是由皮肤电阻和体内电阻所组成的。其中，皮肤的电阻值最大，体内组织的电阻值由液体（包括血液、淋巴液等）、肌肉、骨骼、脂肪依次增加，全部体内组织的电阻为 800～1000Ω。由于人体的电阻值远远大于体内组织的电阻值，因此决定人体电阻的主要因素是人体的皮肤电阻。而人体的皮肤电阻中起决定作用的是皮肤表皮角质层的电阻。虽然人体的皮肤角质层的厚度一般只有 0.05～0.2mm，

但是人体的电阻值却基本由皮肤角质层的状况所决定。当皮肤角质层完好无损时，人体的电阻值可以达到10 000～100 000Ω。可想而知，人体皮肤角质层一旦受到破坏，人体的电阻将大大下降到800～1000Ω，即只有体内组织电阻值的大小了。由于人体皮肤角质层因人而异，因完好程度而异，因此人体的电阻值一般以1000Ω来计算。这样，当人体在220V电压时触电，就会有220mA的电流流过人体，而这个数量级的电流足以使人触电身亡。

二、流经人体的电流对人体的作用

流过人体的电流对人体的作用主要有以下三种：

（1）热性质的，结果是将人体灼伤。

（2）化学性质的，结果是电流引起对人体体内组织的电解。

（3）生物性质的，结果是人体体内的正常机能受到破坏，由此造成呼吸停止或心脏停止跳动，进而造成死亡。

电击：电击是指电流给人体内组织造成伤害，电击是最危险的触电伤害，绝大多数触电死亡事故都是由于电击造成的。

在发生电击的最初一瞬间，由于人体的电阻比较大，因此伤害电流比较小，只是稍微引起手指的肌肉产生痉挛。这时如果触电者能够迅速脱离电源，就不会造成伤害，然而如果触电者不能迅速脱离电源，人体电阻就会迅速减小，通过人体的电流会很快增大，使肌肉加速收缩，此时人体就不可能脱离电源了，直至引起呼吸系统及心脏麻痹而致死亡。

电击伤害的主要特征是：① 人体外表没有显著的伤害痕迹，有的甚至找不到电流出入人体的出入点痕迹；② 触电电流较小，一般为25～100mA；③ 人体触电时，加于人体的电压不是很高；④ 人体触电时，电流流经人体的时间较长。

当电流流过人体的肌体时，人体内部的液体组织就会发生电解作用，而被电解了的液体组织将给人体的神经系统以强烈的刺激作用，从而引起人的昏迷、心室纤维性颤动和呼吸麻痹等症状，进而导致人体的死亡。

电伤：电伤是指电流对人体表面的局部伤害。电伤包括电灼伤、电烙印和皮肤金属化三种表现形式。

（1）电灼伤。电灼伤是由电流热效应引起的。灼伤可以在电流直接经过人体或不经过人体的两种情况下发生。前者是在人体和电源之间产生电弧的烧伤；后者是强电弧溅起的灼热金属粉末或液体对人体的烫伤。

（2）电烙印。电烙印是在人体与带电体接触良好的时候，在皮肤上形成一种特有的圆形或椭圆形红肿。这里要注意的是，电烙印并不是热效应造成的，而是化学效应和机械效应所引起的，一般情况下不会使人感到痛苦，但是却会造成人体的皮肤或肌肉僵化，从而不得不截肢的后果。

（3）皮肤金属化。这是一种轻微的伤害。往往是由于电流融化了的金属所蒸发的金属微粒深入人体表层所引起的，它会造成人体的皮肤表面粗糙坚硬，使人有被绷紧的感觉。

三、人体对电流的耐受能力

上面讲到的电击和电伤，都是在流经人体的电流达到或超过一定限度后出现的。经过对多次人体触电事故的分析和在动物体上进行的试验表明，流经人体的电流只要不高于某一个标准，如工频交流电流不超过0.5mA，只有电流不超过0.5mA时，人体基本不会感到有电流的存在。因此可以认为，人体对电流有一定的耐受能力。通过多次试验，目前普遍认为1mA工频交流电流是人体对电流的感知水平，同时把1mA工频交流电流作为人体耐受电流的安全极限电流值。实际上，由于性别、电流的频率及流入人体时电流的密度不同，人体的感知水平也是不完全相同的。例如，有的文献资料表明，男子和女子对工频电流的感知水平分别是1.1mA和0.7mA，而对直流电的感知水平却分别是5.2mA和3.5mA；还有的资料表明，流经人体的电流密度达到0.127mA/mm^2，人体就会有麻电的感觉。总之，在带电作业中，只要把人体在各种操作方式下流过人体的电流严格控制在1mA以下，就既不会发生人体的触电伤害，也不会使人体在工作中有任何不舒适的感觉。工频电流对人体的作用见表1-1。

表1-1　　工频电流对人体的作用

流经人体的电流（mA）	流经人体的时间	人体生理反应
0～0.5	连续通电	没有感觉
0.5～5	连续通电	开始有感觉，手指、手腕等处有痛感，但此时人体可以脱离电源
5～30	数分钟以内	人体发生痉挛，不能摆脱电源，呼吸困难，血压升高，是人体可以忍受的极限
30～50	几秒到数分钟	心脏跳动不规则、昏迷，血压升高，强烈痉挛；时间如过长则引起心室颤动
50～数百	低压心脏搏动周期	受强烈冲击，但还未发生心室颤动
	超过心脏搏动周期	昏迷，心室颤动，接触部位留有电流通过的痕迹
超过数百	低于心脏搏动周期	在心脏搏动周期特定的相位触电时，发生心室颤动，昏迷，接触部位留有电流通过的痕迹
	超过心脏搏动周期	心脏停止跳动，昏迷，可能产生致命的电灼伤

要在很高的电压下做到通过人体的电流小于 1mA，唯一的办法就是在电路中加上一段很高的绝缘电阻 R_m 来弥补人体电阻的不足，即用绝缘工具把电路隔绝起来。由于绝缘工具的电阻 R_n 一般在 $10^{10}\Omega$以上，因此，把通过人体的电流限制在 1mA 以下是件很容易的事。因此绝缘工具是带电作业最重要的物质基础。

如果通过人体的电流小于 1mA，则按照人体的电阻是 1000Ω来进行计算，人体在电路内所承受的电压就必然小于 1V。这么小的电压对于人体没有任何影响，因此可以认为人的身体上各点几乎没有电位差。而这就是带电作业人员不会发生触电危险的先决条件之一。这一先决条件，对于人体是处于接地体一侧工作，还是处于带电体一侧工作，要求都是完全一样的。

四、电场对人体的作用

在电力部门工作过的人都有过这样的感受：在高压电场中，尽管人体既没有直接接触带电体，也没有通过绝缘工具去接触带电体，也就是说，人体与带电体之间没有构成闭合回路，但是人体仍然会有各种不同的异样感觉，如风吹感、针刺感、异声感等。

1. 电风（风吹感）

人体在高压电场中的风吹感（电风），可以通过下面的试验进行解释，如图 1-7 所示。

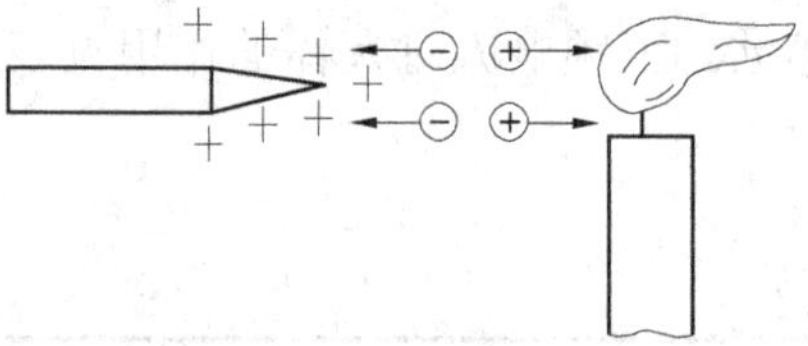

图 1-7　电风的试验

把一个带电的尖端物体靠近燃烧着的蜡烛时，就会看到蜡烛的火焰倒向靠近尖端物体的反方向。好像带电的尖端物体“吹出了一股风”，将蜡烛的火焰吹离了带电的尖端物体。这是因为带电导体上的电荷大部分分布在物体的表面，即趋肤效应。而根据尖端放电的原理，带电的尖端物体容易使电荷密集，于是尖端附近的电场强度就最大，使尖端处的空气分子产生电离。其中与尖端电荷异性的离子向尖端靠拢，与尖端电荷同性的离子则向与尖端的反方向靠拢，从而形成了一股气流，把蜡烛的火焰“吹”向了一方。这种现象称“电风”。同样道理，强电场中的人体也会带电荷（感应电荷），所以人体表面也会产生电荷的堆积现象，这些电荷如果积聚在人体的尖端部分（如指尖、鼻尖等部位），使这里的空气产生游离，出现离子移动所引起的风。这种电风拂过人的皮肤，人体就会有一种特有的“风吹”感。

人体在高压电场中的风吹感的大小与电场的强弱有着直接的关系。经过反复测试证明，人体站在良好的绝缘装置上，裸露的皮肤上开始感觉到有微风拂过感觉的电场强度大约为 2.4kV/cm，当低于这个场强时，人体基本不会感到电场的存在，即感觉不到电风现象；而当高于这个场强时，人体的风吹感就大起来。因此现在把2.4kV/cm作为人体对电场感知水平的临界场强。

2. 异声感

在交流电场中，当电场强度达到某一数值时，许多人的耳朵就会听到“嗡嗡”的响声。经过反复试验研究确认，这种现象是由于交流电场周期性的变化，对人体的耳膜产生某种机械振动所引起的。这种振动与电力变压器的频率是一样的。因此人们听到的这种“嗡嗡”声与变压器运行时的交流声是一样的。这种异声感也会在其他情况下产生，例如，在等电位作业时，一个人手里拿一把金属的扳手，把手伸直并上下、左右摆动，这个人就会听到阵阵的嗡嗡声，其节奏和强弱与手臂晃动的快慢及幅度有关。

3. 蛛网感

人体处在强电场中时，如果人的面部不加以屏蔽，就会产生一种特有的感觉。这是由于尖端放电效应使得人体面部的电荷集中到汗毛，汗毛上的同性电荷所产生的斥力使得一根根的汗毛竖立起来。在交流电场中，人体汗毛的反复竖立牵动了皮肤，使得人体产生了一种特有的异样感觉，即感觉到好像脸上沾上了蜘蛛网一样，所以称为面部的蛛网感。同样人体处在强电场中时，如果不带屏蔽帽，人的头发就会竖立起来，产生类似“怒发冲冠”的样子。

4. 针刺感

当人穿着塑料凉鞋在强电场下的草地上行走时，如果脚下的裸露部分碰到附近的草尖上就会产生明显的刺痛感觉。这种刺痛感有时十分强烈，甚至达到人们无法忍受的程度。这就是强电场中的针刺感。

除了以上介绍的异常感觉外，人体处在强电场中时，还会因人而异地产生其他一些异样的感觉，而这些感觉大多都是由于强电场内能量的转换所引起的。某些人的感觉灵敏些，感触就深些；某些人感觉迟钝些或者习以为常了，感触就轻微些甚至没有感觉。

上面介绍的种种异样感觉使人体感觉不舒服、不适应，使得人的精神和体能都受到影响，因此为了保证带电作业人员工作的安全，强电场引起的这些异样感觉就必须加以限制和克服。

五、电场中的人体电位

由于电场中各点具有不同的电位，因此，人体只要离开了大地（把大地视作零电位），进入电场中，踏上绝缘装置后，人体上就会出现电位，这个电位称“悬浮电位”。人体上的悬浮电位与人体所处的位置有关。一般人体距带电体越近，悬浮电位也就越高。从另一方面来说，人体由于离开地面，就与地面存在电容。因此这个电容器就会充电积蓄电荷，人体上就会出现高于地面的电位。如果这时用一条与大地连接良好的导线（即接地线）去碰触人体，这些电荷就会通过这根导线（接地线）流向大地，产生一个幅值很高的电流，使人产生很不舒服的感觉。高压铁塔上的工作人员，碰触铁塔时的麻电感和针刺感、穿塑料凉鞋在草地上行走时的针刺感，都是由于这个原因产生的。

六、工频电场对人体的影响

人在低于人体知觉场强（2.4kV/cm）以下的工频场强中作业时，虽然不会引起人体的不良感觉，但是对人体的生理有没有不良的影响，特别是人体长期处于这种电场下是否能安然无恙。这些问题值得我们认真地进行研究，以确保带电作业人员的人身安全和健康。

当人在127kV及以上的设备上等电位作业时，如果人的头部带着屏蔽帽，这时人头顶的场强为250～280kV/m，而帽子里人头顶上的电场强度只有1～2kV/m。可见屏蔽帽对人的头顶具有显著的屏蔽作用。此时人面部的电场强度达到110～160kV/m，而身体其他各部位由于都在屏蔽服里面，电场强度都在1～2kV/m之间。从而可以看出，人在身着屏蔽帽和屏蔽服时，电场强度对人体产生影响的部位主要在人的面部。根据文献记载，人体的面部在受到100～180kV/m的电场作用时，人体将会受到一定的影响，等电位工作的电压越高，人体受到的影响就越强。因此，有必要加强带电作业人员面部受电场影响的防护，使人体承受的电场强度达到工频卫生标准以下。

国内外对于工频电场的卫生标准进行了认真的研究和探讨，国际上经过反复论证，得出的结论是工频电场对人体没有有害的影响。我国在20世纪70年代末由电力部和卫生部联合开展了“工频高压电场对肌体影响的研究”课题。这个课题研究的时间长达6年，在这6年中课题组对选定的942名带电作业人员进行了生理学的调查；对124名带电作业人员进行跟踪体检，在带电作业工作过程中进行心电图的检测，还将家兔等动物长期暴露在强电场下进行病理观察。最后的结论是：被调查和跟踪体检的人员，长期在工频高压电场中工作，工频高压电场对肌体没有明显的致病影响；但是对家兔等长期暴露在强电场中动物的心、脑电图进行分析，阳性率与电场强度的增高却有很明显的关系，起始电场强度为50～100kV/m。虽然结论是对人体没有有害的影响，但是为了确保人体的健康，许多国家仍然对电场防护制订了较严格的标准。例如苏联规定：人体在5kV/m的均匀电场中工作可以不受任何限制，即5kV/m及以下的场强是人体的“安全场强”，从而要求设计750kV架空线路时导线下距地面 1.8m 高处的电场强度居民区不超过 5kV/m；公路交叉处不超过 10kV/m；无人区不超过 15kV/m。在对 750kV 线路巡视时，巡线人员应距边侧线在地面投影 20m 以外的地带行走巡视；500kV 线路为 15m 以外；330kV 为 10m 以外等。

第四节 配电线路带电作业方法及其特点

根据 DL/T 5220—2005《10kV 及以下架空配电线路设计技术规程》和 DL/T 601—1996《架空绝缘配电线路设计技术规程》中的规定，配电线路的档距在城镇一般为 40～50m，郊区一般为 60～100m。高压配电线路的导线采用三角排列或水平排列。双回路线路同杆架设时，宜采用三角形排列，或采用垂直三角形排列。低压配电线路的导线宜采用水平排列。城镇的高压配电线路和低压配电线路宜同杆架设，且应是同一回电源，有关要求见表 1-2～表 1-4。

表 1-2　配电线路裸导线间的最小线间距离　m

档距（m） 线路电压	40 及以下	50	60	70	80	90	100
高压	0.6	0.65	0.7	0.75	0.85	0.9	1.0
低压	0.3	0.4	0.45	—	—	—	—

表 1-3　同杆架设线路横担之间的最小垂直距离　m

杆型 电压类型	直　线　杆	分支或转角杆
高压与高压	0.8	0.45/0.6
高压与低压	1.20	1.00
低压与低压	0.60	0.30

表 1-4　裸导线与街道行道树之间的最小距离　m

最大弧垂情况的垂直距离		最大风偏情况的水平距离	
高压	低压	高压	低压
1.5	1.0	2.0	1.0

中压架空绝缘配电线路的线间距离应不小于 0.4m，采用绝缘支架紧凑型架设不应小于 0.25m。中压架空绝缘线路的过引线、引下线与邻相的过引线、引下线及低

压线路的净空距离不应小于 0.2m。中压架空绝缘电线与电杆、拉线或架构间的净空距离不应小于 0.2m。低压架空绝缘导线与电杆、拉线或构架的净空距离不应小于 0.05m。具体要求见表 1-5 和表 1-6。

表 1-5　　同杆架设的中低压绝缘线路横担之间的最小垂直距离和导线制成点间的最小水平距离　　m

类　别	垂直距离	水平距离
中压与中压	0.5	0.5
中压与低压	1.0	—
低压与低压	0.3	0.3

表 1-6　　中压架空绝缘电线与 35kV 及以上线路同杆架设时的最小垂直距离　　m

电压等级（kV）	垂　直　距　离
35	2.0
60～110	3.0

通过对 DL/T 5220—2005 和 DL/T 601—1996 的介绍和学习，可以发现中、低压架空配电线路存在着导线之间的净空距离小，配电设施安装密集，同杆架设的既可能有 35kV 的线路，又可能有 10kV 和低压线路，还可能有弱电的通信线路、光缆线路等，使得在中压架空线路上工作的作业范围很小，使得人体在穿越导线和在活动范围内极容易碰触同电压等级不同相、不同电压等级、带电设备和地，造成相间短路、对地短路等事故。因此在中、低压架空线路上开展带电作业需慎之又慎，做好各项防护措施，确保带电作业人员的安全。另外，由于作业范围小，人体极易碰触不同电压等级的设备，因此在《电力安全工作规程》中明确规定："等电位作业一般在 63（66）、±125kV 及以上电压等级的电力线路和电气设备上进行。若需在 35kV 等电压等级进行等电位作业时，应采取可靠的绝缘隔离措施。20kV 及以下电压等级的电力线路和电气设备上不准进行等电位作业。"这是因为进行等电位作业的人员需要穿着屏蔽服，而由于配电带电作业范围很小，人体很容易碰触不同相的导线、设备，或对地短路，使得短路电流通过屏蔽服，而屏蔽服的通流容量Ⅰ型的是 5A，Ⅱ型的是 30A，短路电流远远大于屏蔽服的通流容量，将造成带电作业人员触电伤亡。所以开展配电带电作业工作，只能采用绝缘杆作业法和绝缘手套作业法。

绝缘杆作业法是指：作业人员与带电体保持安全规程所要求的距离，戴绝缘手套和穿绝缘靴，通过绝缘工具进行作业的方式。在作业范围窄小或线路多回架设，作业人员身体各部位有可能触及不同电位的电力设备时，作业人员应穿戴全套绝缘防护用具，对带电体应进行绝缘遮蔽。绝缘杆作业法既可在登杆作业中采用，也可在斗臂车的工作斗或其他绝缘平台上采用。

绝缘手套作业法是指：作业人员借助绝缘斗臂车或其他绝缘设施（人字梯、靠梯、操作平台等）与大地绝缘并直接接近带电体，作业人员穿戴绝缘防护用具，与周边物体保持绝缘隔离，通过绝缘手套对带电体进行检修和维护的作业方式。采用绝缘手套作业法时，无论作业人员与接地体和邻相的空气间隙是否满足安全规程所规定的安全距离，作业前均需对人体可能触及范围内的带电体和接地体进行绝缘遮蔽。在作业范围窄小，电气设备布置密集处，为保证作业人员对邻相带电体或接地体的有效隔离，在适当位置还应装设绝缘挡板或绝缘罩等限制作业者的活动范围。

第二章

带电作业常用绝缘材料和工器具

第一节 绝缘材料

一、绝缘材料在带电作业中的主要作用

绝缘材料又称为电介质，在恒定的电压作用下，除了有极微小的泄漏电流外，是不导电的。因此，绝缘材料是确保带电作业人员和设备安全的一个重要组成部分，在带电作业中起着重要的作用。绝缘材料在带电作业中的主要作用如下：

（1）使带电体（包括人体）与接地体（包括站在接地体上的人体）相互绝缘。

（2）代替电力设备上的绝缘部件。

（3）传递或操作机械动力。

（4）改善高压电场中的电位梯度。

二、绝缘材料的分类

国际电工委员会（IEC）和我国都是按电气设备正常运行所允许的最高工作温度（耐热性）将绝缘材料分为七类：Y 级 90℃、A 级 105℃、E 级 120℃、B 级 130℃、F 级 155℃、H 级 180℃、C 级 180℃以上。

我国目前带电作业中使用的绝缘材料主要有以下五种：

（1）绝缘板材。包括硬板和软板。种类有层压制品，如 3240 环氧酚醛玻璃布板和工程塑料中使用的聚氯乙烯板及聚乙烯板等。

（2）绝缘管材。包括硬管和软管。种类有层压制品，如 3640 环氧酚醛玻璃布管；带或丝的卷制品，如超长环氧酚醛玻璃布管、椭圆管等。

（3）薄膜。如聚丙烯、聚乙烯、聚氯乙烯、聚酯等塑料薄膜。

（4）绝缘绳索。按编织的材料可以分为尼龙绳（又可分为尼龙丝绳和尼龙线绳）、锦纶绳、聚乙烯绳和蚕丝绳，蚕丝绳又可以分为熟蚕丝绳和生蚕丝绳两种；按编织

的形状可以分为绞制、编织圆形绳和带状编织绳。

（5）绝缘油、绝缘漆和绝缘黏合剂等。

绝缘材料又可以按属性分为漆、树脂和胶，浸渍纤维和薄膜，层压制品，压塑料，云母制品五类。

三、绝缘材料的电气性能

绝缘材料的电气性能主要是指绝缘电阻、介质损耗和绝缘强度。

（1）绝缘电阻。绝缘电阻是指绝缘材料在恒定的电压作用下，虽然不会导电，但是仍会有一微小的泄漏电流通过，这个泄漏电流的大小与绝缘电阻成反比。绝缘材料具有很高的绝缘电阻值，例如，3240 环氧酚醛玻璃布板的体积电阻率和表面电阻率都达到 $10^{13}\Omega$，即 1 万亿Ω，可见其绝缘电阻之大。

（2）介质损耗。绝缘材料在恒定电压作用下，发热所损耗的电能称为介质损耗。受交流电作用下的介质损耗比较大。介质损耗的大小可以用介质损耗角的正切值 $\tan\delta$ 和介质损耗功率 P 表示。介质损耗角的正切值是评价绝缘材料质量或绝缘结构优劣的一个重要指标，要求的数值极小。例如，3240 环氧酚醛玻璃布板的介质损耗正切值不大于 0.05。当绝缘材料受潮后，介质损耗角的正切值就会增高。因此，可以根据材料的介质损耗角正切值的大小来判断绝缘材料是否受潮。

（3）绝缘强度。在了解绝缘强度之前先了解以下定义：

1）绝缘击穿。绝缘材料在电场中由于极化、泄漏电流及高电场区局部放电所产生的热损耗等的作用，当电场强度超过某个数值时，就会在绝缘材料中形成导电通道，从而使绝缘材料破坏，这种现象称为绝缘击穿。

2）绝缘击穿电压。是指绝缘材料被击穿时所施加的最高电压。

3）绝缘强度（击穿强度）。是指绝缘材料抵抗电击穿的能力。

4）闪络。是指绝缘材料在电场作用下尚未发生绝缘结构的击穿，但在其表面或与电极接触的空气中发生了放电现象。

5）闪络电压或表面放电电压。是指当绝缘材料没有发生内部击穿而在表面发生闪络的瞬间所施加的电压。

6）绝缘耐受电压。是指绝缘材料在一定电压作用下和规定的试验时间内，绝缘材料内部没有发生击穿现象的电压值。

由此可见，带电作业使用的绝缘材料必须是绝缘电阻大、介质损耗角正切值小、绝缘强度高的材料；绝缘电阻、介质损耗角正切值和绝缘强度是检验绝缘材料电气性能的主要项目。几种绝缘材料的电气性能指标见表 2-1～表 2-12。

表 2-1　　　　　　　　　　　　**绝缘板材电气性能指标**

项　　目	指　　标	项　　目	指　　标	
表面电阻系数（Ω）	常态≥$1.0×10^{13}$	垂直层向击穿强度（kV/mm）	厚度（mm）	要求
	浸水≥$1.0×10^{11}$		0.5～1	≥22
体积电阻系数（Ω·cm）	常态≥$1.0×10^{13}$		1.1～2	≥20
	浸水≥$1.0×10^{11}$		2.1～3	≥18
平行层向绝缘电阻（Ω）	常态≥$1.0×10^{13}$		3 以上	≥17
	浸水≥$1.0×10^{11}$	平行层向击穿强度（kV）	≥30	
50Hz 介质损耗角正切值	＜0.01			

表 2-2　　　　　　　　　　　　**3240 绝缘板材的电气性能**

名　　称		技 术 要 求
密度（g/cm^3）		1.2～1.9
马丁氏耐热性（不低于）（℃）		200
抗弯强度（不低于）（kN/cm^2）	纵向	35
	横向	29
抗张强度（不低于）（kN/cm^2）	纵向	30
	横向	22
黏合温度（不低于）（℃）		580
抗冲击温度（不低于）（$0.098J/cm^2$）	常态时	150
	浸水后	100
表面电阻率（不低于）（Ω）	常态时	$1.0×10^{13}$
	浸水后	$1.0×10^{11}$
平行层向绝缘电阻（Ω）	常态时	$1.0×10^{10}$
	浸水后	$1.0×10^{8}$
体积电阻率（Ω·cm）	常态时	$1.0×10^{13}$
	浸水后	$1.0×10^{11}$
频率 50Hz 时介质损耗正切值（不高于）		0.05
垂直层向击穿强度，［置于温度为（90±2）℃的变压器油中］（不低于）kV/m		
板厚 0.5～1mm		22
1.1～2mm		20
2.1～3mm		18
3mm 以上		18
平行层向击穿电压［置于温度为（90±2）℃的变压器油中］（不低于）（kV）		30

表 2-3 绝缘管材电气性能指标

项　目	指　标		
体积电阻系数（Ω·cm）	常态≥1.0×10^{12}		
	浸水≥1.0×10^{10}		
平行层向绝缘电阻（Ω）	常态≥1.0×10^{10}		
	浸水≥1.0×10^{7}		
50Hz 介质损耗角正切值	<0.01		
垂直层向 5min 耐受电压(kV)[置于（90±2）℃的变压器油中]	壁厚（mm）	内径 6～25mm	内径 26mm 以上
	1.5	>7	>12
	2.0	>10	>14
	2.5	>13	>16
	3.0	>15	>18

表 2-4 M2-2 型绝缘管的电气性能

名　称		实 测 数 据
密度（g/cm^3）		1.77
吸水率（%）		0.201
抗弯强度（kN/cm^2）		37
抗压强度（kN/cm^2）		48
抗拉强度（kN/cm^2）		32
体积电阻率（Ω·cm）	常态时	（6～13）$\times10^{14}$
	浸水后	（7～8）$\times10^{12}$
表面电阻率（Ω·cm）	常态时	（3～4）$\times10^{12}$
	浸水后	（0.2～2）$\times10^{12}$
介质损耗角正切值		0.007
垂直壁厚耐压（kV）		18（壁厚 2mm）
垂直壁厚击穿电压（kV）		44（壁厚 2mm）

表 2-5 泡沫填充绝缘管电气性能指标

项　目	指　标
干燥状态泄漏电流（μA）（100kV，管径 32mm，管长 300mm）	<10
168h 受潮后泄漏电流（μA）（100kV，管径 32mm，管长 300mm）	<21
1h 淋雨试验（100kV，管长 1m，雨量 1～1.5mm/min）	无滑闪、击穿、烧伤及明显温升

表 2-6　　　　　　　　绝缘棒材电气性能指标

项　目	指　标
平行层向绝缘电阻（Ω）	常态≥1.0×10^{10}
	浸水≥1.0×10^{7}
平行层向击穿强度（kV）	＞15

表 2-7　　　　　　3840 环氧酚醛玻璃布棒的电气性能

项　目		技 术 要 求
密度（不低于）（g/cm^3）		1.75～2.0
抗弯强度（不低于）（kN/cm^2）		35
抗张强度（不低于）（kN/cm^2）		20
平行层向绝缘电阻（不低于）（Ω）	常态时	1.0×10^{10}
	浸水后	1.0×10^{7}

表 2-8　　　　　　　　绝缘绳索电气性能指标

项　目	指　标
高湿度下泄漏电流（μA）（100kV，相对湿度 90%，温度 20℃，受潮 24h，试品长度 0.5m）	＜300
工频干闪电压（kV）（试品长度 0.5m）	＞170

表 2-9　　　　　　　　热塑性塑料电气性能指标

项　目	指　标	项　目	指　标
表面电阻系数（Ω）	≥1.0×10^{12}	50Hz 介质损耗角正切值	＜0.05
体积电阻系数（Ω）	≥1.0×10^{11}	击穿强度（kV/mm）	＞15

表 2-10　　　　　　高分子聚合物塑料薄膜电气性能指标

项　目	指　标
体积电阻系数（Ω）	≥1.0×10^{15}
50Hz 介质损耗角正切值	＜0.01

表 2-11　　　　　　　　绝缘橡胶电气性能指标

项　目	厚度（mm）	指　标
交流耐受电压（kV）	1.4±0.3	＞10
	2.2±0.3	＞20
	2.8±0.3	＞30

续表

项　目	厚度（mm）	指　标
支流耐受电压（kV）	1.4±0.3	＞40
	2.2±0.3	＞40
	2.8±0.3	＞70

表 2-12　绝缘漆电气性能指标

项　目	指　标
表面电阻系数（Ω）	$\geqslant 1.0\times10^{12}$
体积电阻系数（Ω）	常态$\geqslant 1.0\times10^{14}$
	浸水$\geqslant 1.0\times10^{13}$

四、绝缘材料的机械性能

机械性能是指绝缘材料在承受机械负荷作用时所表现出的抵抗能力。由于带电作业工具的机械强度直接涉及人身安全、供电设备的安全运行，因此，带电作业工具的机械强度要求要比一般工程机械更高。表明绝缘材料机械强度的指标主要有以下五项：

1. 抗拉、抗压、抗弯强度

它们分别表示在静态下，固体绝缘材料承受逐步增大的拉力、压力、弯曲力直到被破坏时所承受的最大负荷，单位为N/m^2。抗拉、抗压、抗弯强度这三项机械性能指标是带电作业工具选用绝缘材料的重要指标。

2. 抗冲击强度

抗冲击强度表示绝缘材料承受冲击负荷的能力，单位为$N\cdot m/m^2$。

3. 硬度

硬度表示绝缘材料（表面层）受压后不变形的能力，通常用布氏硬度表示，单位为N/mm^2。

4. 弹性和弹性模数

弹性是指绝缘材料在弯形应力消除后，恢复原来形状的能力。

弹性模数是指绝缘材料发生弹性应变时，材料的应力与应变（相对变形）的比值。

5. 抗扭转强度

抗扭转强度表示绝缘材料构件两端沿横断面方向承受大小相等、方向相反的力偶作用的能力，单位为Nf/cm^2或牛力$/cm^2$。

五、绝缘材料的其他性能

1. 耐热性能

温度升高时绝缘材料的基本性能如电阻、电击穿强度、机械强度等都会相应地降低；而介质损耗、应力变形等却都将增大。耐热性能就是指绝缘材料在某一温度下基本性能基本不变或变化很小的温度值，一般用马丁氏耐热性表示。它表示材料的标准试样在每小时温度升高 50℃的环境中，承受 500N/cm^2 的弯曲力矩负荷达到弯曲变形的温度。例如，3240 环氧酚醛玻璃布板的马丁氏耐热性为 200℃，也就是说，该绝缘材料的标准试样在承受 500N/cm^2 的弯曲力矩时，200℃时才开始弯曲变形。

承力、载人器具的绝缘材料的耐热性要求大于或等于 200℃；非承力器具的主绝缘材料的耐热性要求大于或等于 100℃。

2. 吸水性

绝缘材料的吸水性用吸水率表示。它表示将一块绝缘材料放在温度为（20±5）℃的蒸馏水中，经过 24h 后，这块绝缘材料质量的增加值与未放入蒸馏水中前的质量比值的百分数。

由于水能形成导体或半导体，绝缘材料在吸收水分后，绝缘电阻将减低，介质损耗将增大，因此，绝缘材料中水分的存在将使绝缘材料的绝缘强度降低，性能大大劣化。因此，绝缘材料的吸水性是一个很重要的指标，都有指标要求。例如：绝缘板、棒材的吸水性要求小于或等于 0.1%；绝缘管材的吸水性要求小于或等于 0.2%；雨天作业工具的外表材料吸水性要求小于或等于 0.02%。

3. 相对密度

相对密度是指在相同温度、相同体积的条件下，材料与水的质量之比称为相对密度。

带电作业工具要求绝缘材料的相对密度尽可能地小，以达到尽量减轻绝缘工具的质量，做到轻巧、灵活，便于携带的目的。例如，3640 环氧酚醛玻璃布管的相对密度是 1.4。

4. 工艺性能

绝缘材料的工艺性能主要是指机械加工的性能，如锯、钻孔、车削、刨光等。带电作业使用的绝缘材料必须具有良好的加工性能，以便根据需要加工成各种形状。

六、绝缘绳索

1. 绝缘绳索的种类

我国带电作业使用的绝缘绳索有以下三类：

（1）蚕丝绳。可分为生蚕丝绳和熟蚕丝绳。

（2）尼龙绳。可分为尼龙丝绳和尼龙线绳。

（3）锦纶绳。

2. 绝缘绳索的机械性能

试验证明，1m 长的各种绝缘绳索，不论其直径大小或新旧如何，只要干燥、清洁，它们的干闪电压相差都不大，而且放电电压随长度的增加，基本上成正比例增加。单位长度的干闪电压与空气的放电电压相近，约达 340kV/m。但需注意的是，这个规律只适用于绝缘绳索的长度在 1m 以下。1m 以上的绝缘绳索的干闪电压与绝缘绳索长度的关系呈现饱和趋势。

绝缘绳索在受潮以后，闪络电压显著下降，泄漏电流显著增大，从而引起绝缘绳索发热。

绝缘绳索的机械性能见表 2-13。

表 2-13　　绝缘绳索的机械性能

绳索名称	抗拉强度（N/mm^2）	单位耐磨次数（次/mm^2）	伸长率（%）
熟蚕丝绳	89	8.0	65
生蚕丝绳	63	3.99	40～50
尼龙丝绳	114.7	3.3	60～80
尼龙线绳	114.1	1.59	40～60

由表 2-13 可知，尼龙绳的单位抗拉强度比蚕丝绳的优越。但是尼龙绳在受潮或有水珠时，在击穿电压的作用下，将迅速熔断，蚕丝绳则没有这个缺点。因此在带电作业工作中，建议使用蚕丝绳。蚕丝绳中生蚕丝绳比熟蚕丝绳容易受潮，而且生蚕丝绳的耐磨性比熟蚕丝绳差。综合以上分析，带电作业中推广使用熟蚕丝绳。

3. 带电作业用绝缘绳索标准

绝缘绳索的电气性能和机械性能只有达到表 2-14 中的指标要求时，才可以在带电作业工作中使用。

表 2-14　　绝缘绳索电气试验项目及标准

序号	项　　目		标　　准	试品布置及有效长度
1	绝缘电阻		≥50 000Ω	垂直布置 0.2m
2	交流泄漏电流	正常状态	100kV 不大于 110μA	垂直布置 0.5m
		相对湿度为 90%，温度为 30～40℃，时间为 3h	100kV 不大于 200μA	

续表

序号	项　　目	标　　准	试品布置及有效长度
3	直流泄漏电流	100kV 不大于 70μA	垂直布置 0.5m
4	工频干闪电压	≥170kV	垂直布置 0.5m
5	雷电冲击电压	≥350kV	垂直布置 0.5m
6	操作冲击电压	≥300kV	垂直布置 0.5m
7	工频湿闪电压	蚕丝绳≥45kV 锦纶 6 长丝绳≥60kV 锦纶 6 棕丝绳≥60kV	不平布置 0.5m

第二节　工　器　具

一、绝缘工具

（一）硬质绝缘工具

硬质绝缘工具主要指以环氧树脂玻璃纤维增强型绝缘管、板、棒为主绝缘材料制成的配电作业工具，包括操作工具、运载工具、承力工具等，其电气和机械性能应满足 GB 13398—2008《带电作业用空心绝缘管、泡沫填充绝缘管和实心绝缘棒》的要求。在配电作业中对端部装配不同金属工具的绝缘操作杆，其尺寸及电气性能应满足表 2-15 和表 2-16 的要求。

表 2-15　　绝缘操作杆的尺寸

额定电压（kV）	最小有效绝缘长度（m）	端部金属接头长度（m）不大于	手持部分长度（m）不小于
10	0.70	0.10	0.60

表 2-16　　绝缘操作杆的电气性能要求

额定电压（kV）	试验电极间距离（m）	工频闪络击穿电压（kV）不小于	100kV/1min 工频耐压
10	0.40	120	无闪络、无击穿、无发热

（二）软质绝缘工具

软质绝缘工具主要指以绝缘绳索为主绝缘材料制成的工具，包括吊运工具、承力工具等，其电气性能应满足表 2-17 的要求。

软质绝缘工具的机械性能应满足 GB/T 13035—2008《带电作业用绝缘绳索》的要求。

表 2-17　　软质绝缘工具的电气性能要求

试验电极间距离（m）	工频闪络击穿电压（kV）不小于	90%高湿度下泄漏电流（μA）不大于
0.5	170	300

（三）绝缘斗臂车

（1）6～10kV 绝缘斗臂车的绝缘臂应采用绝缘材料制作，绝缘材料的电气和机械性能应满足 GB 13398—2008 的要求。

（2）绝缘臂的电气性能应符合表 2-18 的规定。

表 2-18　　绝缘臂和绝缘斗的电气性能要求

额定电压（kV）	试验距离（m）	1min 工频耐压（kV）		交流泄漏电流试验	
		型式试验	出厂试验	施加电压（kV）	泄漏电流（μA）不大于
10	0.4	100	50	20	200

（3）绝缘斗应采用绝缘材料制作，电气性能应符合表 2-18 的规定。

（4）对于带有自动平衡装置或上下两套操作系统的绝缘斗臂车，其电气性能要求应符合表 2-19 的规定。

表 2-19　　带有自动平衡装置斗臂车的电气性能要求

额定电压（kV）	试验距离（m）	1min 工频耐压（kV）		交流泄漏电流试验	
		型式试验	出厂试验	施加电压（kV）	泄漏电流（μA）不大于
10	1.0	100	50	20	500

（5）绝缘斗的层间工频耐压试验值为 50kV，耐压时间为 1min±0.5s，试验中应无击穿、无闪络、无发热。

二、遮蔽和隔离用具

1. 遮蔽罩

遮蔽罩包括导线遮蔽罩、耐张装置（绝缘子、线头或拉板）遮蔽罩、针式绝缘子遮蔽罩、棒形绝缘子遮蔽罩、横担遮蔽罩、电杆遮蔽罩、特型遮蔽罩及柔性遮蔽罩。遮蔽罩的电气性能应满足表 2-20 的规定。

表 2-20 遮蔽罩的电气性能要求

额定电压（kV）	工频试验电压（kV）	耐压时间（min）	要　求
10	30	1	无闪络、无击穿、无发热

2. 隔板及绝缘毯

绝缘隔板和绝缘毯的电气性能要求同表 2-21。

3. 遮蔽及隔离用具

遮蔽及隔离用具的机械性能应满足 GB 12168—2006《带电作业用遮蔽罩》的要求。

三、安全防护用具

（一）绝缘手套

绝缘手套是指在配电作业中起电气绝缘作用的手套，用合成橡胶或天然橡胶制成，其形状为分指式。

（1）绝缘手套的电气性能应满足表 2-21 的要求。

表 2-21 绝缘手套的电气性能要求

额定电压（kV）	交流试验			
	工频试验电压（kV）	泄漏电流（μA）		
		手套长度		
		360mm	410mm	460mm
10	20/3min	≤14	≤16	≤18

（2）绝缘手套的机械性能要求为：平均拉伸强度应不低于 14MPa，平均拉断伸长率不低于 600%，拉伸永久变形不应超过 15%，抗机械刺穿强度不小于 18N/mm，还应具有耐老化、耐燃、耐低温性能。

（3）绝缘手套表面必须平滑，内外面应无针孔、裂纹、砂眼、杂质、修剪损伤、夹紧痕迹等各种明显缺陷和明显的波纹及铸模痕迹，应避免阳光直射、挤压折叠，储存环境温度宜为 10～20℃。

绝缘手套的其他性能应满足 GB/T 17622—2008《带电作业用绝缘手套》的要求。

（二）绝缘靴

绝缘靴是指在带电作业时起电气绝缘作用的靴，用合成橡胶或天然橡胶制成。

（1）绝缘靴的电气性能要求应满足表 2-22 的规定。

表 2-22　　绝缘靴的电气性能要求

额定电压（kV）	工频试验电压（kV）	耐压时间（min）	要　求
10	20	3	无闪络、无击穿、无发热

（2）绝缘靴的机械性能应满足表 2-23 的要求。

表 2-23　　绝缘靴的机械性能要求

拉断强度应大于（MPa）		拉断伸长率应大于（%）		硬度（邵氏 A）		黏附强度应大于（N/cm）
靴面	靴底	靴面	靴底	靴面	靴底	靴底与靴面
13.72	11.76	450	360	55～65	55～70	6.36

绝缘靴的其他性能应满足 DL/T 676—1999《带电作业绝缘鞋（靴）通用技术条件》的要求。

（三）绝缘服、披肩、袖套、胸套

绝缘服、披肩、袖套、胸套等是指由橡胶或其他绝缘柔性材料制成的穿戴用具，是保护作业人员接触带电导体和电气设备时免遭电击的安全防护用品。

（1）绝缘服、袖套、披肩的电气性能应满足表 2-24 的要求。

表 2-24　　绝缘服、袖套、披肩的电气性能要求

额定电压（kV）	工频试验电压（kV）	耐压时间（min）	要　求
10	20	3	无闪络、无击穿、无发热

（2）绝缘服、袖套、披肩的机械性能要求为：平均抗拉强度不小于 14MPa，抗机械刺穿强度应不小于 18N/mm。

第三节　工器具的采购、试验、保管、运输及使用

一、带电作业用工器具的采购

购置带电作业工器具时，应选择具备生产资质厂家的产品，其产品制作使用的

材料应通过材料型式试验，产品也应通过型式试验（型式试验报告的有效期一般为5年），并按有关带电作业技术标准进行出厂试验。所购带电作业工器具应按有关规定，经单位指定检测单位交接验收试验合格后，才能投入现场使用。

自行研制的带电作业工器具，应选取通过了型式试验的材料制作，并经过相应的电气、机械试验合格，出具工具制作报告和试验报告报单位技术部门审批后，方可使用。

二、带电作业用工器具的试验

（一）绝缘杆的试验

绝缘杆的试验分为型式试验、出厂试验和预防性试验三个类型。

（1）型式试验。制造厂对每一种新产品在定型前均需进行型式试验，定型后也应每隔5年重新进行一次型式试验；当绝缘杆的制造工艺或所用材料有所改变而可能影响产品的性能时，应重新进行型式试验。

（2）出厂试验。对出厂产品需要逐一进行出厂试验。但其中的机械试验为抽样检验，在一批产品中随机抽取5根绝缘杆，按规定的荷载进行机械试验，持续时间为1min。试验结束后，如果5个试品均无损坏、局部裂纹、永久变形，则认为该产品的机械性能满足规定要求，并通过抽样检验。

（3）预防性试验。为了确保安全，对使用中的绝缘杆应定期进行预防性试验。预防性试验的周期为每年一次。

绝缘杆各类试验的试验项目见表2-25。

表2-25　　绝缘杆各类试验的试验项目

试验项目		试验类型		
		型式试验	出厂试验	预防性试验
绝缘材料试验		√	—	—
外观及尺寸检查		√	√	√
电气试验	工频闪络击穿电压试验	√	—	—
	工频耐压试验	√	√	√
	操作冲击耐压试验	√	√	√
机械试验	弯曲试验	√	抽检	—
	扭曲试验	√	抽检	—
	拉伸试验	√	抽检	—
	压缩试验	√	抽检	—

1. 绝缘杆的试验标准

（1）绝缘杆的耐压试验标准。目前，我国制订的绝缘杆耐压试验标准根据使用电压等级的不同分为两类：一类适用于 10～220kV，另一类适用于 330～500kV。部颁《电业安全工作规程》规定：对用于 10～220kV 的绝缘杆，只进行 1min 工频耐压试验；对用于 330～500kV 的绝缘杆，则需要进行 5min 工频耐压试验和 15 次操作冲击耐压试验。这是由于它们电压等级高、绝缘杆的长度长，在长间隙下的操作冲击放电特性与工频放电特性之间存在着十分明显的差异，因此，工频耐压试验已不能替代操作冲击耐压试验。绝缘杆耐压试验标准见表 2-26。

表 2-26　　　　绝缘杆耐压试验标准

电压等级 U_n（kV）		10	35	110	220	330	500
试验长度 L（m）		0.4	0.6	1.0	1.8	2.8	3.7
1min 工频耐压 U_1（kV）	型式试验、出厂试验	100	150	250	450	—	—
	预防性试验	45	95	220	440	—	—
5min 工频耐压 U_5（kV）	型式试验、出厂试验	—	—	—	—	420	640
	预防性试验	—	—	—	—	380	580
15 次操作冲击耐压 U_{15}（kV）	型式试验、出厂试验	—	—	—	—	900	1175
	预防性试验	—	—	—	—	800	1050
检查性试验	每 30cm，工频耐压 75kV，1min						

（2）材质的泄漏电流标准。对于 300mm 长的材质试品，在 100kV 工频电压下，其泄漏电流值应符合 GB 13398—2008 的规定，见表 2-27。

表 2-27　　　　泄 漏 电 流 值 的 规 定

试 品 规 格			泄漏电流（不大于）（μA）	
			干试验 I_1	受潮后试验 I_2
空心管	标称外径（mm）	30 及以下	10	30
		大于 30	15	35
填充管		20～60	20	40
绝缘板	标称截面面积（mm^2）	600 及以下	20	40

2. 绝缘杆的外观及尺寸检查

用肉眼（或手摸）检查试品表面是否光滑，有无气泡、皱纹或分层裂开，玻璃丝布浸渍环氧树脂是否完善，并测量试品的尺寸是否符合要求。

3. 绝缘杆的电气试验方法

（1）工频闪络（击穿）试验。用直径不小于30mm的单导线作模拟导线，模拟导线的两端应设置均压环（或球），其直径不小于200mm。试品垂直悬挂在模拟导线中央，均压环与试品之间的距离应不小于1.5m。高压试验电极在试品的上端，接地电极在试品的下端，接地电极的对地距离应不小于1m。两电极间的距离等于试品的长度。电极可用宽度为50mm的金属箔或导线密绕制成。试验时，先缓慢升压至试验电压值的75%，然后以每秒2%的升压速率继续升压，直至试品发生闪络或击穿，记下此时的试验电压值。

（2）工频耐压试验。试验时的试品布置与工频闪络电压试验相同。为了提高工效，常采用对多个试品同时加压的方法，但每个试品之间的距离应不小于500mm。

对于10～220kV的绝缘杆，工频耐压的时间规定为1min；对于330～500kV的绝缘杆，则规定为5min。

试验中，试品应不发生闪络或击穿；试验后，试品应不发热。

4. 绝缘杆的机械试验方法

根据作业时实际受力情况，操作杆需进行弯曲、扭曲和拉伸试验，支杆需进行压缩试验，拉（吊）杆需进行拉伸试验。

（1）弯曲试验。按图2-1布置，对试品进行弯曲试验。试验时将操作杆放在两端的滑轮上，在其中间加荷载直至规定值或直至破坏，试验时各参数见表2-28。

（2）扭曲试验。取操作杆的试验长度为2m，将其手持端固定，在另一端（距固定点2m处）施加扭矩直至规定值或直至破坏。

（3）拉伸试验。取试品的试验长度为2m，两端用夹具固定。固定部位的绝缘管内需插入金属棒，以防止试品被夹具夹坏。金属棒的直径应等于绝缘管的内径而略有负公差。

表2-28　　弯曲试验中的参数

参数	管或棒直径ϕ（mm）	两支架间的距离d（mm）
数据	10～16	500
	32	1500
	39～51，51～61，61～77	2000

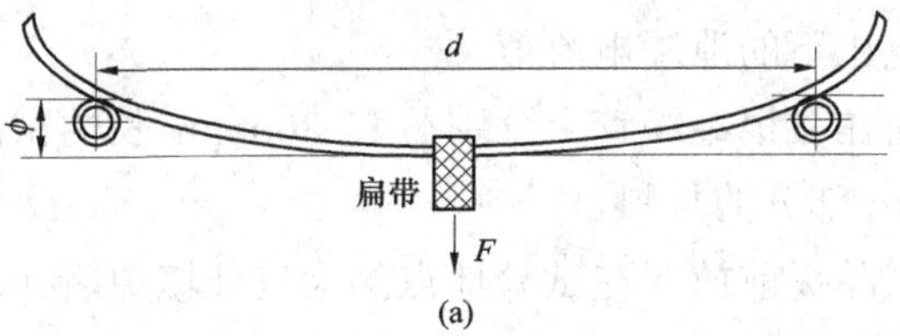

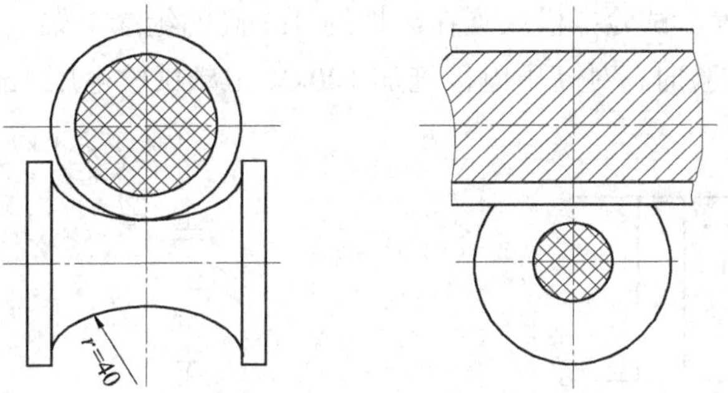

图 2-1　弯曲试验布置图

（a）试验装配图；（b）支架详图

当试品被夹紧后，即对试品施加轴向拉伸荷载直至规定值或直至破坏。

（4）压缩试验。取支杆的试验长度为 2m，试验按图 2-2 布置，将支杆下端固定，上端为自由端，沿端向对支杆施加荷载直至规定值或直至破坏。

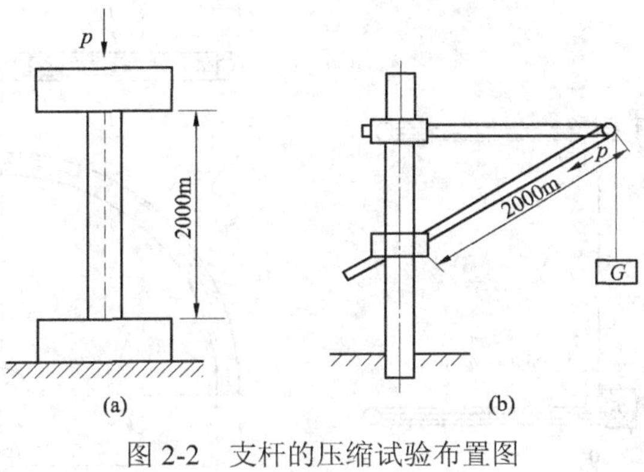

图 2-2　支杆的压缩试验布置图

（a）立式压力机进行材料试验；（b）支杆组装成工况进行工具试验

5. 绝缘杆材质的电气试验方法

用以制造绝缘杆的材料应进行材质电气试验。试品长度为 300mm，电气试验项目为 1min 工频耐压干试验和受潮后试验。

试验时应读取电压下的泄漏电流值。

（1）干试验。需在三根绝缘管上分别截取 300mm 长的试品。取样时应避免使用绝缘管端部 100mm 部分的材料。

试验前，应将试品提前放置在试验地点的大气环境中，并以适当的溶剂（如酒精等）擦拭试品表面，擦净后至少使其在空气中等待 15min，以便溶剂全部挥发。

按图 2-3 布置，试验电极放置在离地约 1m 高的绝缘支架上。试验电极的结构如图 2-4 所示。试验时，对高压电极施加 100kV 工频试验电压 1min，并测量试品的

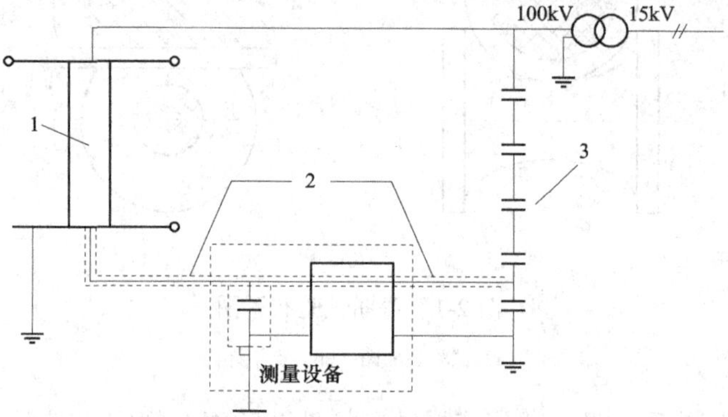

图 2-3　300mm 长试品的电气试验布置图

1—试品；2—屏蔽引线；3—电容（或电阻）分压器

注：测量区应离开任何高压电源至少 2m。

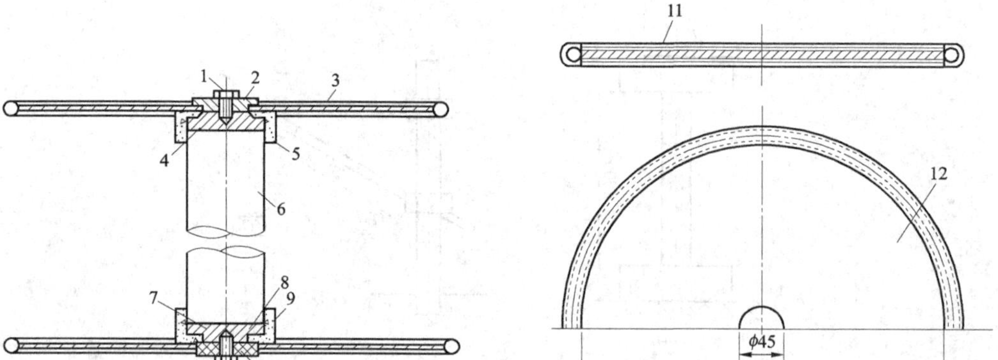

图 2-4　试验电极结构

（a）试验电极详图；（b）保护电极结构图（需要两个）

1—ϕ4 香蕉插头插座；2—黄铜；3—保护电极；4、7—黄铜电极；5、9—电极支座；6—300mm 长的试品；8—用导电黏胶带来保证接触；10—绝缘材料；11—ϕ12 铜管焊至黄铜板上；12—1.5mm 厚黄铜板

泄漏电流 I_1。如果试品的泄漏电流 I_1 小于表 2-27 中的规定值，且试品未发生闪络或击穿，试验后检查试品无灼伤、不发热，则该试品为合格。

（2）受潮后试验。将已通过干试验的试品置于温度为 23℃、相对湿度为 93%的环境中 168h，然后在保持相对湿度为 93%的条件下置于试验地点的温度中，用干布将试品内外表面擦干，按照上述干试验的方法测量试品的泄漏电流 I_2。如果 I_2 小于表 2-27 中的规定值且试品未发生闪络或击穿，试验后检查试品无灼伤、不发热，则该试品为合格。

6. 绝缘杆的机械试验标准

GB 13398—2008 对绝缘杆的机械试验的规定见表 2-29。

表 2-29　　绝缘杆的机械试验规定

试　品			拉伸试验荷载（kN）	压缩试验荷载（kN）	弯曲试验荷载（N·m）	扭曲试验荷载（N·m）
操作杆	标称外径（mm）	28 及以下	1.50	—	225	75
		28 及以上	1.50	—	275	75
支杆、拉（吊）杆	1kN	—	—	2.50	—	—
	3kN	—	—	7.50	—	—
	5kN	—	—	12.50	—	—
	10kN	—	25.0	—	—	—
	30kN	—	75.0	—	—	—
	50kN	—	125.0	—	—	—

（二）绝缘绳试验

（1）工频闪络电压试验。试验前，试品应放在 50℃的干燥箱内，烘干 1h，然后取出在室温下保持 1h。试验环境温度为 10～40℃，相对湿度不大于 80%。

用 50mm 宽的金属箔或直径为 1mm 的铜线缠绕在试品两端作为电极，两电极之间的试品长度为 0.5m。高压电极与直径不小于 30mm 的金属管相连，高压施加在金属管上；接地电极对地的距离应为 1.0～1.2m。试品应垂直悬挂，试验布置如图 2-5 所示，绝缘绳下端挂有一个 4.5kg 的金属重锤。

试验时，先升压到试验电压的 75%，然后以每秒 2%的速度升压，直至试品闪络。

绝缘绳的耐压试验标准与绝缘杆相同，可参见表 2-26。

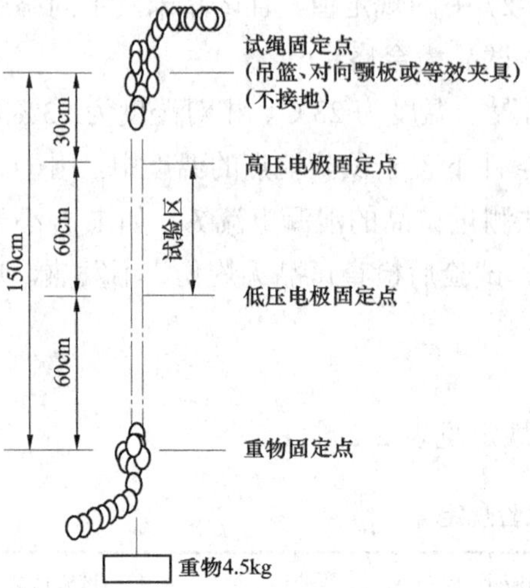

图 2-5　绝缘绳工频闪络电压试验布置图

（2）湿状态下的泄漏电流试验。将清洁干燥的绝缘绳置于相对湿度为 90%、温度为 20℃的环境中 24h，取出后立即进行试验。试验布置与图 2-5 相同。对试品施加 100kV 试验电压 1min，测试泄漏电流值。

（3）浸水后泄漏电流的测量。美国的带电作业试行导则中规定，绝缘绳应进行浸水试验，以检验绝缘绳的内部吸湿性能。具体试验方法如下：将长度为 600mm 的绝缘绳在温度为 18～28℃、电阻率为 $10^4\Omega\cdot cm$（校正到 20℃）的水中浸泡 15min，然后立即施加电压，在 5～15s 的时间内升压到 30kV，并维持 30s。试验中的泄漏电流应不超过 1mA。

（4）拉断强度试验。该试验所需的试品应取三个。试品长度：对于合成纤维绳应大于 600mm，对于天然纤维绳应大于 1800mm。拉力强度试验机的动夹钳，在开始试验阶段时的移动速度为 300mm/min，当拉力值达到预计断裂强度的 50%时，则速度改为 250mm/min，一直到拉断。在未通过试验时，应另取样品复试。绝缘绳的拉断强度应取三个试品试验结果的平均值。

（5）伸长率的测量。将试品放在拉力强度试验机上加上负荷，当拉力值达到测量张力值时，暂停拉力机，量取试品中部 500mm 的长度，并在两端做好标记。然后启动拉力机，继续以 300mm/min 的速度拉伸至断裂强度的 50%时，改变拉伸速度为 250mm/min，继续拉伸到断裂强度的 75%，测量试品两端标记之间的长度。然后，按式（2-1）计算出该试品的伸长率 A，即

$$A=L_a-L_p/L_p\times100\% \tag{2-1}$$

式中　L_a——拉伸试验后的长度；

L_p——拉伸试验前的长度。

三、带电作业工具的保管

（1）带电作业工具应存放于通风良好、清洁干燥的专用工具房内。工具房门窗应密闭严实，地面、墙面及顶面应采用不起尘、阻燃材料制作。室内的相对湿度应保持在 50%～70%。室内温度应略高于室外，且不宜低于 0℃。

（2）带电作业工具房进行室内通风时，应在干燥的天气下进行，并且室外的相

对湿度不得高于75%。通风结束后，应立即检查室内的相对湿度，并加以调控。

（3）带电作业工具房应配备湿度计，温度计，抽湿机（数量以满足要求为准），辐射均匀的加热器，足够的工具摆放架、吊架和灭火器等。

（4）带电作业工具应统一编号、专人保管、登记造册，并建立试验、检修、使用记录。

（5）有缺陷的带电作业工具应及时修复，不合格的应予以报废，严禁继续使用。

（6）高架绝缘斗臂车应存放在干燥通风的车库内，其绝缘部分应有防潮措施。

四、带电作业工具的运输及使用

（1）带电作业工具应绝缘良好、连接牢固、转动灵活，并按厂家使用说明书、现场操作规程正确使用。

（2）带电作业工具使用前应根据工作负荷校核，满足规定的安全系数。

（3）带电作业工具在运输过程中，带电绝缘工具应装在专用工具袋、工具箱或专用工具车内，以防受潮和损伤。当发现绝缘工具受潮或表面损伤、脏污时，应及时处理并经试验或检测合格后方可使用。

（4）进入作业现场，应将使用的带电作业工具放置在防潮的帆布或绝缘垫上，防止绝缘工具在使用中脏污和受潮。

（5）带电作业工具使用前，应仔细检查并确认没有损坏、受潮、变形、失灵，否则禁止使用。同时使用2500V及以上绝缘电阻表或绝缘检测仪进行分段绝缘检测（电极宽2cm，极间宽2cm），绝缘电阻阻值应不低于700MΩ。操作绝缘工具时，应戴清洁、干燥的手套。

第三章

配电线路带电作业用绝缘斗臂车的使用和检测

第一节 概 述

一、绝缘斗臂车定义

绝缘斗臂车通常是指能在电压大于 10kV 的线路上进行带电高空作业的车辆，其工作斗、工作臂、控制油路等都能满足一定的绝缘性能指标，绝缘斗臂车必须带有接地线。

二、配电带电作业用绝缘斗臂车种类

根据绝缘斗臂车工作臂的形式，10kV 配电带电作业用绝缘斗臂车一般采用折叠臂式、伸缩臂式、折叠臂式加伸缩臂式等形式。

第二节 使用与操作

一、配电带电作业用绝缘斗臂车的使用

（1）停车地点的选择，车辆应选择平整坚硬的路面停放，在斜坡上停放时，允许最大倾斜角度为 5°，驾驶室向着坡顶，严禁横放在斜坡上。

（2）在公路上进行工作时，斗臂车应尽量靠路边停放，并开启危险警告信号灯，做好围栏，并派专人看护，防止行人车辆进入工作区域。

（3）斗臂车移动时，必须将臂架收回到行驶状态，绝缘斗中不得有人。驾驶绝缘斗臂车时，应匀速行驶，避免急刹车、急转弯；注意高度限制，躲避过低树木，防止剐伤绝缘斗臂。

二、配电带电作业用绝缘斗臂车的操作

（1）操作取力器前，应检查并确认各个开关及操作杆在中位或 OFF（关）的位置，将离合器踏板踩到底，将取力器开关扳至“开”的位置，缓缓松开离合器踏板。

通过上述操作，使液压系统产生油压，在寒冷的天气，使用前应先使液压系统加温，低速运转不得少于 5min。

（2）放置支腿前，应检查周围环境，提醒人员离开支腿工作区域。支腿支起时，应按照从前到后的顺序，使支腿可靠支撑，轮胎不承载，车身水平。收回支腿的顺序与支起支腿的顺序相反。斗臂车如停在松软不平整的地面上，应使用支腿垫板，不得铺垫混凝土块等易碎物品。支腿垫板重叠使用，不得超过 2 块，应有足够的宽度，禁止将支腿支在沟槽边缘、盖板之上，以防止斗臂车在使用中倾覆。

（3）工作臂操作。

1）使用前，应在预定位置空斗试操作一次，确认液压、回转、升降、伸缩系统工作正常、操作灵活，制动装置可靠。操作伸缩式绝缘斗臂车时，作业前应将工作臂全部伸出，升到最高位置，并保持几分钟，观察工作臂有无自行下降等异常现象。

2）下臂操作。绝缘斗臂车将下臂操作手柄扳至“升”的位置，使下臂上升，扳至“降”的位置，使下臂降下。

3）上臂操作。绝缘斗臂车将上臂操作手柄扳至“升”的位置，使上臂上升，扳至“降”的位置，使上臂降下。

4）斗臂车回转操作。按照操作手柄所指方向进行扳动，使工作斗进行左右回转。

5）工作斗摆动操作。按照工作斗摆动开关箭头所指方向，使工作斗左右摆动。

第三节　注　意　事　项

（1）绝缘斗臂车应经检验合格，斗臂车操作人员熟悉带电作业的有关规定，并经专门培训，考试合格，持证上岗。绝缘斗中的工作人员应正确使用安全带和绝缘工具。斗臂车操作人员应服从工作负责人的指挥，作业时应注意周围环境及操作速度。

（2）工作臂的绝缘部分应保持洁净，松开上臂绑扎带，工作臂工作区域应无妨碍操作的电力线路、通信线路、树木等；工作臂下不得站人，斗臂车操作应平稳、速度均匀，操作速度不应大于 0.5m/s。

（3）绝缘斗荷载不得超过额定荷载，作业前，应考虑工作负荷、工具和人员的质量，禁止使用绝缘斗提升导线。绝缘斗及内衬、绝缘吊臂及绳索应洁净，作业前应用干净软布进行擦拭。

（4）作业过程中，斗内作业人员不得将身体探出绝缘斗外，不得俯身作业。升降过程中，禁止绝缘斗同时触及两相导线；绝缘斗穿越相间及上下回线间时，应保持安全距离。绝缘斗内双人工作时，禁止两人接触不同电位体，禁止将绝缘斗急剧落地或撞击其他物体。作业人员严禁在绝缘斗内吸烟。

（5）绝缘斗臂车绝缘臂下节金属部分，在仰起回转过程中，对带电体的距离应满足安全规定，工作中车体应良好接地。

（6）小吊绳索损伤应及时更换，绳索受潮应充分干燥后再使用。使用小吊吊物时，应使用吊具垂直起吊，起吊重量不得超过额定荷载，吊物下不准站人；吊杆定位调节应在承载负荷之前进行，吊杆上方应预留荷载释放后空间；小吊盘架的绳索应平顺缠绕，防止提升重物时因卡阻产生冲击荷载；操作小吊时，应防止吊绳碰触或靠近带电导线；小吊使用完毕，应及时还原并盖罩。

（7）紧急停止操作。作业人员应熟悉紧急停止按钮的操作方法，作业全过程中应避免遮挡紧急停止按钮。

（8）作业人员应熟悉应急泵操作方法，在发动机出现故障时，启动应急泵，使绝缘斗臂车作业人员安全降落到地面，不允许将应急泵用于常规作业。

（9）使用绝缘斗臂车作业前，应打好接地桩，连接好接地线，将绝缘斗臂车可靠接地，接地线应采用截面面积不小于 $25mm^2$ 的软铜线，接地桩打入地下深度不得小于 0.6m。

（10）未经批准的人员不得操作绝缘斗臂车。进行带电作业时，禁止其他人员触及绝缘斗臂车或进入驾驶室。

（11）作业结束收上臂前，应先降下臂，逐渐减速，避免曲臂触及支架产生冲击荷载，工作臂收回原状并捆扎。及时卸下绝缘斗内的工具、材料，收回支腿，撤出接地装置、三角块等装车备用，脱开取力器。绝缘斗臂车应及时入库保管。

第四节 维护与保养

一、液压油的使用及更换

如果长期使用液压油而不进行更换，在液压油的清洁度降低或变质后，液压油的电气性能会降低，从而影响绝缘斗臂车的性能，所以液压油有几下几点要求：

（1）新车使用 100h 或一个月（计数器读数）后，进行第一次液压油更换，以后每 1200h 或 12 个月更换一次液压油。

（2）加油时，油位控制在游标的 H～L 之间。

（3）每次更换液压油时，都要清洗油箱，清洗或更换回油过滤器及吸油过滤器的滤芯。

二、润滑

按照规定的周期对车辆进行润滑保养，以提高整车的性能，延长绝缘斗臂车的使用寿命。润滑要求如下：

（1）按车辆的润滑图给各部件加油。

（2）每30h或每周一次对以下部件进行润滑：起吊部、摆动部、工作斗回转轴、平衡油缸、升降油缸、工作臂轴、回转臂轴。

（3）每100h或一个月、800h或6个月对以下部件进行润滑：中心回转体、转动轴。

（4）以下部位每1200h或12个月更换一次油脂（第一次更换的时间为100h或一个月）：小吊减速机齿轮油、同轴减速器齿轮油。

第五节 检 测 方 法

斗臂车一般的检测项目如下：

（1）工作斗及内衬斗耐压及泄漏电流检测。

（2）绝缘臂的耐压及泄漏电流检测。

（3）工作斗内小吊车臂耐压检测。

（4）悬臂内绝缘拉杆耐压检测。

（5）整车耐压及泄漏电流检测。

（6）液压软管的性能检测。

（7）液压油耐压检测。

一、工作斗及内衬斗耐压及泄漏电流检测

工作斗成品交流耐压及泄漏电流试验一般采用连续升压法升压，试验电极一般采用宽为12.7mm的导电胶带设置，见表3-1。

表3-1　　工作斗及内衬斗耐压及泄漏电流试验参数

额定电压（kV）	试验距离（m）	1min工频耐压（kV）		交流耐压试验	
		型式试验	成品（出厂）试验	试验电压（kV）	泄漏值（μA）
10	0.4	100	50	20	≤200

工频耐压试验，试验过程中，无火花、飞弧或击穿，无明显发热为合格。

二、绝缘臂的耐压及泄漏电流检测

绝缘臂、悬臂内绝缘拉杆、工作斗内小吊车臂的耐压试验与绝缘臂的耐压检测

相同，一般采用连续升压法升压，试验电极一般采用宽为12.7mm的导电胶带设置。试验过程中，无火花、飞弧或击穿，无明显发热为合格。

三、整车耐压及泄漏电流检测

绝缘斗臂车的绝缘臂按其在接地部分与工作斗之间是否有承受带电作业电压的胶皮管、液压油、光缆、平衡拉杆等情况，试验方法有所不同。

四、液压软管的性能检测

液压软管例行试验包括液压试验、电气试验及抽样漏油试验；型式试验包括例行试验全部项目，以及机械疲劳试验、长度改变试验、冷弯试验、受损后试验等。

五、液压油耐压检测

绝缘斗臂车接地部分与作业斗之间承受带电作业的液压油应进行耐压试验检测。

绝缘液压油的击穿强度试验应连续进行3次，油杯间隙为2.5mm，升压速度为2kV/s（均匀）。每次击穿后，用准备好的玻璃棒在电极间拨弄数次或用其他方法搅动，除掉因击穿而产生的游离碳，并静置1～5min（气泡消失）。试验中，每次单独击穿电压不小于10kV，3次试验的平均击穿电压不小于20kV为合格。

第六节　选　购

绝缘斗臂车因其整车绝缘程度不同，作业高度和幅度不同，自动化程度不同，采用进口件不同等使其价格有很大差异。

（1）所选车型只要能满足本单位带电作业的需要即可，如选购各项技术参数都超过使用要求的车型，则意味着价格更高，而没有实际用途。

（2）注意所选车型的绝缘参数标准，要选择作业线路电压等级或整车绝缘电压等级与本单位需带电作业的线路电压相符的车型，各部分均应满足绝缘要求，如油路系统、操作系统、斗臂接合部、接地线等。

（3）对绝缘车的作业高度和作业幅度（半径）的选择，作业高度要比线路离地高度高1～2m（因作业时有一定的作业半径要求），作业幅度半径一般要大于线杆到马路边的距离。

（4）出于对安全保障的考虑，最好选择有双层绝缘工作斗、有超范围自动停止装置、有应急降落回位装置的车型。

（5）应选择工作斗在空中摆动幅度大的车型，它既平稳又方便，且单斗双人式工作斗比单人双斗式工作斗在空中作业时，更易于互相配合。

（6）根据本单位区域环境，选择 H 型或 A 型支腿。H 型支腿的产品，其优点：① 不损伤路面；② 可分级伸缩，更便于在狭小场地作业；A 型支腿的产品，其优点是支撑牢固，支腿不易损坏。

（7）空中线路状况复杂的地方可选择折臂式或混合臂式车型，而在新建道路、空中线路较单一的地方，则以直伸式车型为好，因其工作效率更高，自动化程度更好。

（8）应选择取得 ISO 9000 质量体系认证和在全国有售后服务网点的企业生产的产品，因其质量更可靠，售后服务更好，维护保养方便，使用户无后顾之忧。

第四章

绝缘遮蔽罩和安全防护用具

第一节 绝缘遮蔽罩

一、遮蔽罩

遮蔽罩由绝缘材料制成，是一种用于遮蔽带电导体或非带电导体的保护罩。在带电作业用具中，遮蔽罩不能起主绝缘作用，它只适用于在带电作业人员发生意外短暂碰撞时，即擦过接触时，起绝缘遮蔽或隔离的保护作用。

二、绝缘遮蔽罩的分类

根据遮蔽对象的不同，遮蔽罩可分为硬壳型、软型或变形型，也可分为定型的或平展型的。根据遮蔽罩的用途不同，可分为不同类型，主要有：

（1）导线遮蔽罩（又称导线的绝缘软管）。是一种用于对裸导线进行绝缘遮蔽的套管式护罩，如图 4-1 所示。

图 4-1　导线遮蔽罩

（2）耐张装置遮蔽罩。是一种用于对耐张绝缘子、线夹、拉板金具等进行绝缘遮蔽的护罩，如图 4-2 所示。

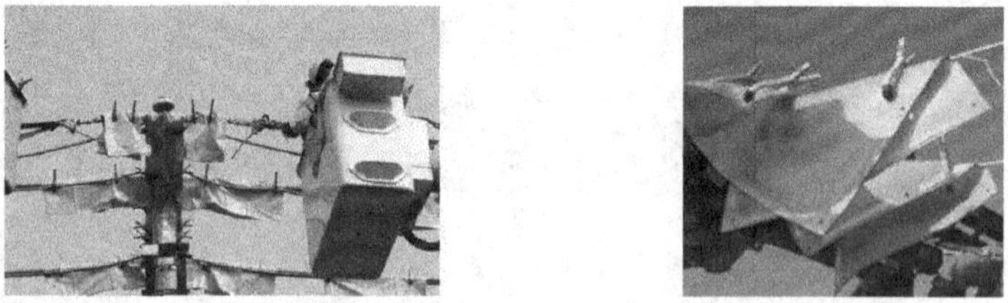

图 4-2　耐张装置遮蔽罩

（3）针式绝缘子遮蔽罩。是一种用于对针式绝缘子进行绝缘遮蔽的护罩，如图 4-3 所示。

（4）棒形绝缘子遮蔽罩。是一种用于对绝缘横担进行绝缘遮蔽的护罩。

（5）横担遮蔽罩。是一种用对于铁、木横担进行绝缘遮蔽的护罩，如图 4-4 所示。

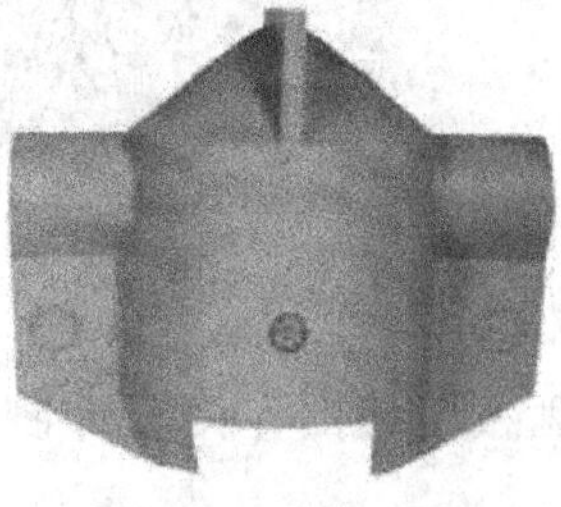

图 4-3　针式绝缘子遮蔽罩

图 4-4　横担遮蔽罩

（6）电杆遮蔽罩。是一种用于对电杆或其头部进行绝缘遮蔽的护罩，如图 4-5 所示。

（7）套管遮蔽罩。是一种用于对断路器等设备的套管进行绝缘遮蔽的护罩。

（8）跌落式熔断器遮蔽罩。用于对配电变压器台区的跌落式熔断器（包括其接线端子）进行绝缘遮蔽的护罩，如图 4-6 所示。

图 4-5　电杆遮蔽罩

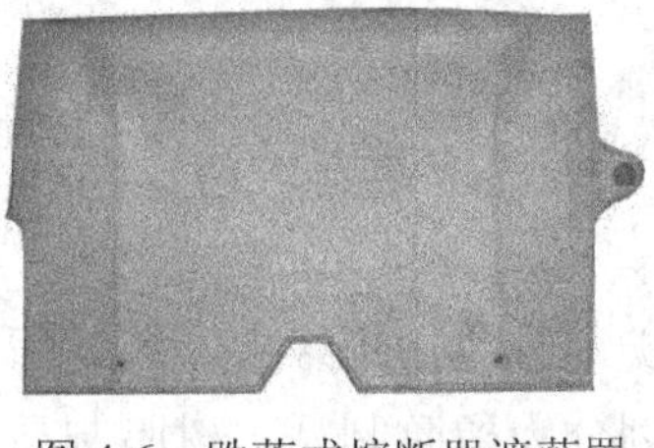

图 4-6　跌落式熔断器遮蔽罩

（9）隔板。是一种用于隔离带电部件、限制带电作业人员活动范围的绝缘平板护罩，如图 4-7 所示。

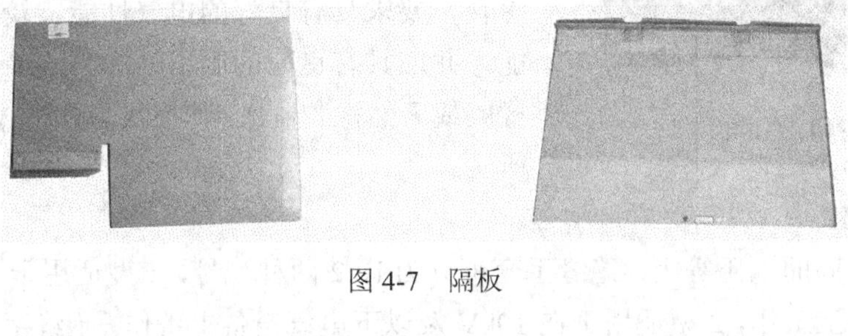

图 4-7　隔板

（10）绝缘毯（布）。是一种用于包、缠各类带电或不带电导体部件的软形绝缘护罩，如图 4-8 所示。

图 4-8　绝缘毯（布）

（11）特殊遮蔽罩。是一种为某些特殊绝缘遮蔽用途而专门设计制作的护罩，如图 4-9 所示。

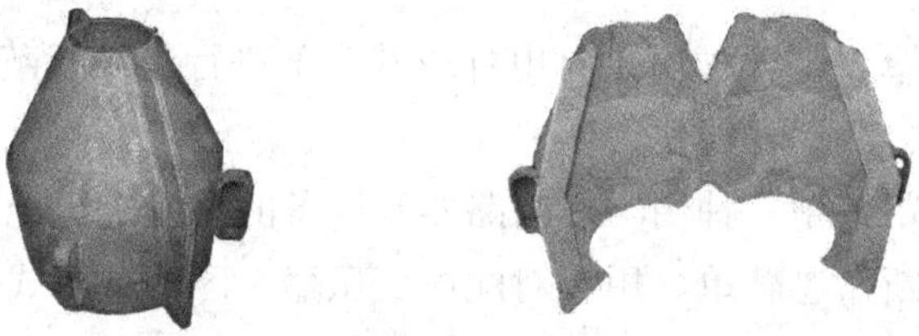

图 4-9　特殊遮蔽罩

第二节　安全防护用具

安全防护用具包括绝缘衣、裤、帽、袖套、手套、鞋等，目前，安全防护用具按材质主要划分为橡胶制品、树脂制品、塑料制品等。

一、绝缘手套

带电作业用绝缘手套是指在高压电器设备上进行带电作业时起电气绝缘作用的手套，该手套有别于一般劳动保护用的安全防护手套，要求具有良好的电气性能、较高的机械性能，并应具有良好的服用性能。绝缘手套用合成橡胶或天然橡胶制成，其形状为分指式，如图 4-10 所示。

图 4-10　绝缘手套

1. 规格

根据不同的电压等级，绝缘手套可分为 1、2 两种型号，1 型适用于在 6kV 及以下电气设备上工作，2 型适用于在 10kV 及以下电气设备上工作。绝缘手套的规格见

表 4-1。

表 4-1　　绝缘手套的规格

型号	总长度 L（mm）	拇指基准线到中指尖长度 L_1（mm）	手掌宽度 L_2（mm）	手指厚度（cm）	手掌厚度（cm）
1	360±10.0	115±5.0	110±5.0	1.5±0.3	1.4±0.3
2	410±10.0	115±5.0	110±5.0	2.3±0.3	2.2±0.3

2. 技术要求

（1）电气特性。手套必须具有良好的电气绝缘特性，应达到表 4-2 电气绝缘性能要求。

表 4-2　　电气绝缘性能要求

型号	标称电压（kV）	交流试验					直流试验	
		验证试验电压（kV）	最低耐受电压（kV）	泄漏电流			验证试验电压（kV）	最低耐受电压（kV）
				手套长度（mm）				
				360	410	460		
1	6	10	20	16	18	20	20	40
2	10	20	30	18	20	22	30	60

（2）机械性能

1）拉伸强度及拉断伸长率。平均拉伸强度应不低于 16MPa，平均拉断伸长率应不低于 600%。

2）拉伸永久变形。拉伸永久变形不应超过 15%。

3）抗机械刺穿力。绝缘手套的抗机械刺穿力应不小于 18N/mm。

（3）耐老化性能。经过热老化试验的绝缘手套，拉伸强度和拉断伸长率所测值应为未进行热老化试验绝缘手套所测值的 80%以上，拉伸永久变形不应超过 15%。并应在不经过吸潮处理情况下通过验证电压。

（4）耐燃性能。经过燃烧试验后的试品，在火焰退出后，观察试品上燃烧试验火焰的蔓延情况。经过 55s，如果燃烧火焰未蔓延至试品末端 55mm 基准线外，则试验合格。

（5）耐低温性能。绝缘手套经过耐低温试验后，在受力情况下经目测应无破损、断裂和裂缝出现，并应在不经过吸潮预处理的情况下，通过绝缘试验。

二、绝缘袖套（绝缘披肩）

由橡胶或环氧树脂绝缘材料制成的袖套，是一种在带电作业人员接触带电导体或电气设备时保护其免遭电击的一种安全防护用具。绝缘袖套按电气性能可分为 0、1、2、3 四级，各级别绝缘袖套的系统标称电压见表 4-3。

表 4-3　　绝缘袖套的系统标称电压　　（V）

级　别	交流有效值	级　别	交流有效值
0	380	2	6000
1	3000	3	10 000

注　系统标称电压在三相系统中是指线电压。

绝缘袖套按外形可分为两种式样：直筒式和曲肘式，如图 4-11 所示。

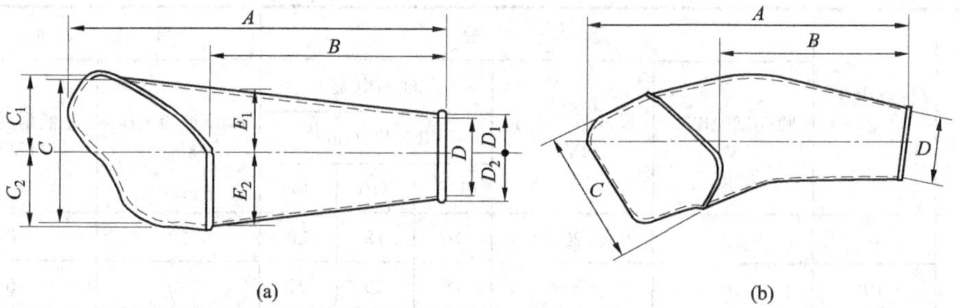

图 4-11　绝缘袖套式样

（a）直筒式袖套；（b）曲肘式袖套

袖套应采用无缝制作方式，袖套上为连接所留的小孔必须用非金属加固边缘，直径为 8mm。

袖套内、外表面应不存在有害的不规则性。有害的不规则性是指：破坏其均匀性，损坏表面光滑轮廓的缺陷，如小孔、裂缝、局部隆起、切口、夹杂导电异物、折缝、空隙、凹凸波纹及铸造标志等。无害的不规则性是指在生产过程中造成的表面不规则性。如果其不规则性属于以下状况，是可以接受的：

（1）凹陷的直径不大于 1.6mm，边缘光滑，当凹陷点的反面包敷于拇指扩展时，正面可不见痕迹。

（2）袖套上如（1）中描述的凹陷在 5 个以下，且任意 2 个凹陷之间的距离大于 15mm。

（3）当拉伸橡胶材料制成的袖套时，凹槽、突起部分或模型标志趋向于平滑的平面。

三、绝缘服

作业人员身穿整套绝缘服在配电线路上进行作业，一般采用两种方法：第一种方法是身穿全套绝缘服，通过绝缘手套直接接触带电体。绝缘服作为人体与带电体间的经验防护，可解决配电线路净空距离过小的问题，在直接作业中，仅作为辅助绝缘而不作为主绝缘。作为相对地绝缘的是绝缘斗臂车或绝缘平台，相间的绝缘防护是空气间隙及绝缘遮蔽罩。第二种方法是通过绝缘工具进行间接作业。绝缘工具作为主绝缘，绝缘服的和绝缘手套作为人身安全的后备保护用具。

一般来说，绝缘服不仅应具有高电气绝缘强度，而且应有较好的防潮性和柔韧性，使作业人员在穿戴绝缘服后仍可便利工作。对绝缘服的要求如下：

（1）外表层材料应具有憎水性，防潮性能好，延面闪络电压高，泄漏电流小的特点。绝缘服还应具有一定的机械强度、耐磨性、耐撕裂性。

（2）内衬材料应选用高绝缘强度材料，且要求憎水、柔软性好，层向击穿电压高，具有一定的机械强度，起主绝缘作用。

（3）内层衬里应柔软，服用性能好。为满足 6～10kV 配电网带电作业的安全技术要求，绝缘服的电气机械性能应达到：击穿电压 $U_1>38$kV；工频耐压 $U_2>20$kV/3min；沿面工频耐压 $U_3>100$kV/0.4m。

对于成品绝缘服，为防止因缝纫连接而造成局部绝缘性能下降，采用了多种方法加强电气绝缘性能：

（1）采用特殊的压接工艺。

（2）采用复叠方式，即对前胸、衣袖等部位采用搭接叠加方式加强绝缘。

经测试，采用以上方式后，其电气击穿电压已明显高于其他部位。

第三节　配电线路带电作业的安全距离及工具的有效绝缘长度

（1）10kV 线路带电作业，人体与带电体的最小安全距离（此距离不包括人体活动范围）不能满足表 4-4 规定时，应采取可靠的绝缘隔离措施。

表 4-4　　10kV 带电作业人身与带电体的最小安全距离

作业方法	绝缘杆作业法	绝缘手套作业法（对邻相带电体）
距离（m）	0.4	0.6

（2）10kV 带电作业绝缘操作杆、绝缘承力工具和绝缘绳索的有效长度不得小于表 4-5 的规定。

表 4-5　　10kV 绝缘工具最小有效绝缘长度

工　具　名　称	绝缘操作杆	绝缘承力工具、绝缘绳索
最小有效绝缘长度（m）	0.7	0.4

（3）10kV 带电作业，绝缘斗臂车绝缘臂的有效长度应大于 1.0m。

（4）采用绝缘手套作业法时，人体未防护部位与相邻未防护设施（包括带电体和非带电体）最小安全距离不得小于 0.6m。

（5）绝缘斗臂车的金属臂在仰起、回转运动中，与带电体间的安全距离不得小于 1m。

（6）带电升起、下落、左右移动导线时，对被跨越物间的交叉、平行的最小距离不得小于 1m。

第四节　绝缘遮蔽罩、安全防护用具和工具的试验要求

一、模拟装置试验

该试验包括两个阶段环境条件，第一阶段环境条件为 4h/70℃；第二阶段环境条件为 4h/−25℃。

先由人工气候室取出 3 件送检试样，进行检测和观察其变形情况。然后在每一个阶段环境条件后进行 10 次连续的模拟使用状态装配操作。试验应在试样自人工气候室取出后 2min 内进行。试样应有承受此种试验的机械强度，在不同环境条件下应不发生形变，装配操作后应不发生损伤、断裂或裂纹痕迹，并能承受下列程序的机械试验检验。

二、低温机械试验

试验前，先进行低温环境处理，将试样送入人工气候室，环境条件为 4h/0℃。

三、软形遮蔽罩折叠试验

在试样进入环境条件的同时，将厚度为 5mm 的两块塑料板也同时放入，一块面积为 100mm×100mm，另一块面积应大于试样。把试样及塑料板自人工气候室取出后，2min 内将试样对等折叠，并使折线置于两块塑料板之间，在上面那块 100mm×100mm 塑料板之上加质量为 10kg 的重块（见图 4-12），30s 后检查折叠处

应无裂痕。然后将试样及塑料板放入人工气候室，环境条件为 15min/0℃。重复上述过程，使试样在 4 个方向上都接收低温折叠试验（见图 4-13）。

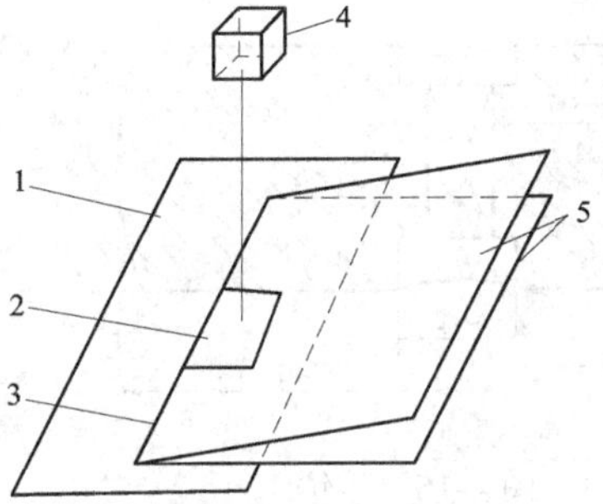

图 4-12　冷折叠示意图

1—冷折叠处；2—塑料板，尺寸为 100mm×100mm；3—塑料板；4—重块，质量为 10kg；5—试样

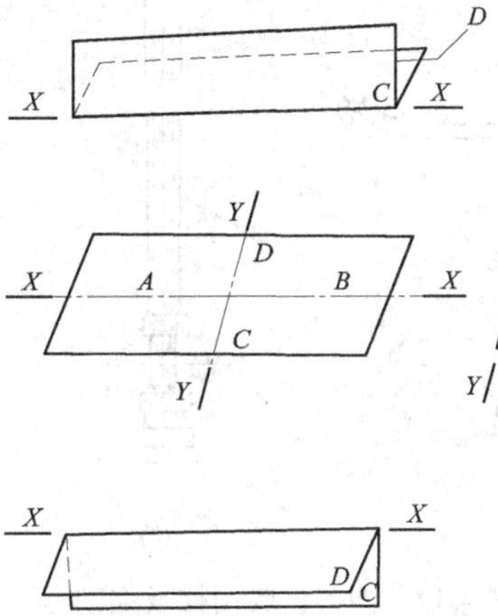

图 4-13　软绝缘板折叠

X–X、Y–Y—折叠方向

四、硬质遮蔽罩耐冲击试验

把试样自人工气候室取出后，2min 内按以下机械冲击试验的方案Ⅰ或方案Ⅱ进行，两种方案具有同等效力。试验冲击的能量为 20J。

试验中，试样位置应使其最脆弱部分，特别是接缝部分承受重锤冲击，冲击的位置可选在几个点上，一个点只冲击一次。在进行下一次冲击前，仍然需进行低温条件 15min/0℃的处理。

试验结果，冲击处必须无裂痕、无明显损伤，但出现直径小于 5mm 凹痕不算失效。

五、机械冲击试验

1. 方案Ⅰ

冲击摆具有一个可绕水平轴转动的摆动臂见图 4-14，在其上固定着一个打击锤，见图 4-15。重锤依靠重力可以在一个铅垂面上做惯性运动。摆动臂由外径为 ϕ9mm、内径为ϕ8mm 的钢管作成，钢管的长度能使重锤到摆动轴的距离达到 1m。在摆动臂［见图 4-14（b）］上部为一固定用部件并有摆动轴，摆动臂长度可调，冲击摆则仅能在与试验装置的支撑结构面相垂直的平面内运动，在其另一端有一固定重锤的结构，重锤硬度为洛氏硬度 100HRB。

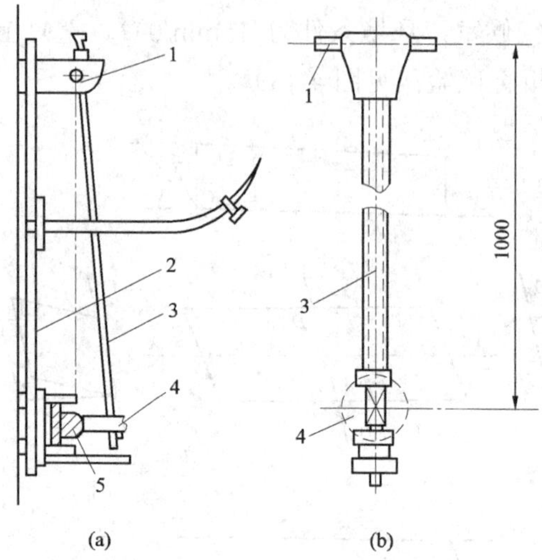

图 4-14　冲击试验用摆及摆动臂

（a）试验用摆；（b）摆动臂

1—可调摆动轴；2—框架；3—摆动臂；4—重锤；5—试样

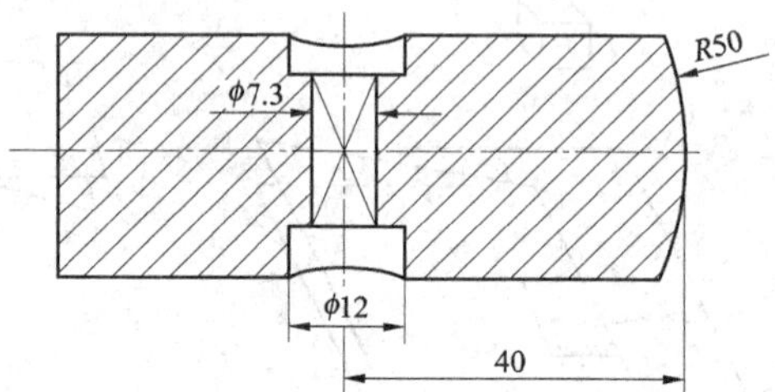

图 4-15　重锤

被试材料与重锤的位置应互相配合，以使重锤运动轨迹与通过摆动轴的垂直平面的交点和冲击点相重合。如试样表面是平的，则这个垂直平面应与其表面重合；如试样表面是弯曲的，则此垂直平面与其相切于冲击点。

试样所承受的冲击力由重锤质量和落下高度确定。落下高度即为重锤原始位置与冲击点之间的垂直距离。

2. 方案Ⅱ

该方案利用聚氯乙烯塑材冲击试验用的器具来进行遮蔽罩的冲击试验，其原理为使遮蔽罩承受由已知高度落下的重物的冲击。

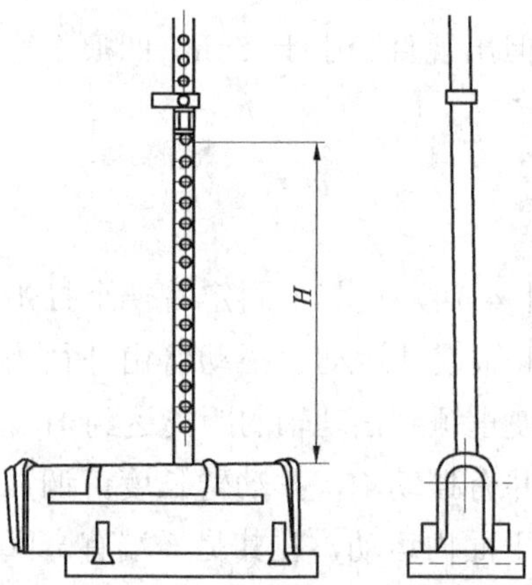

图 4-16　试验用器具

试验用器具包括一个在具有很小摩擦阻力的导杆上垂直下落的重锤，其下落高度 H 最大可以变化到 2m，重锤的质量最大可以变化到 7.5kg。

试样被固定在一个大的钢铁板上，重锤能垂直地打击在试样的表面上。重锤与试样接触的部分是一个半球形钢铁头部，其半径为 12.5mm，见图 4-16。

选择重锤的质量和落下的高度以获得试验主遮蔽罩时的 20J 的冲击能。

六、绝缘表面工频耐压及泄漏试验

试验电压波形、试验设备、试验条件与试验程序应符合 GB/T 311.2—2002《绝缘配合　第 2 部分：高压输变电设备的绝缘配合使用导则》、GB/T 311.3—2007《绝缘配合　第 3 部分：高压直流换流站绝缘配合程序》、GB/T 16927.2—1997《高电压试验技术　第二部分：测量系统》、GB/T 311.6—2005《高电压测量标准空气间隙》及 GB/T 1408《绝缘材料电气强度试验方法》的有关规定。

试验接线原理图、布置图及试验槽形电极见图 4-17～图 4-19。

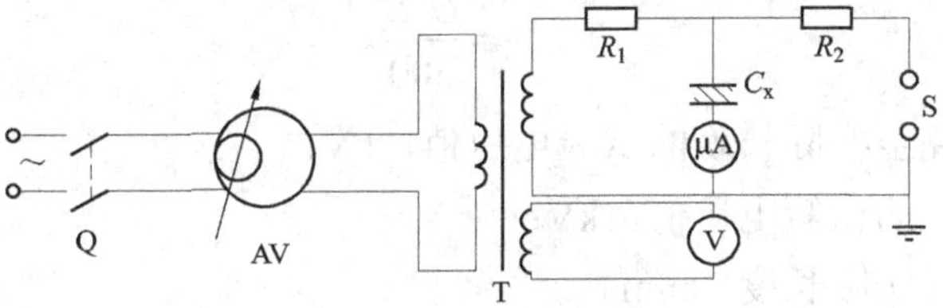

图 4-17　试验接线原理图

AV—调压器；T—试验变压器；R_1、R_2—保护电阻；

Q—开关；S—放电间隙；C_x—试验电极及试样

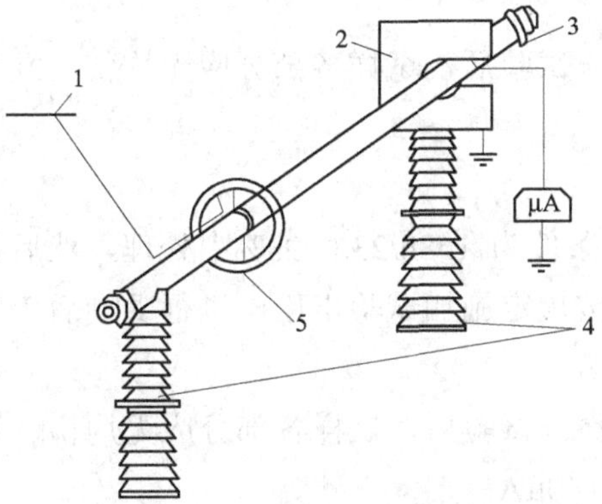

图 4-18　试验布置图

1—试验高压引线；2—槽形电极；3—试样（导线遮蔽罩）；4—支柱绝缘子；5—高压电晕环形电极

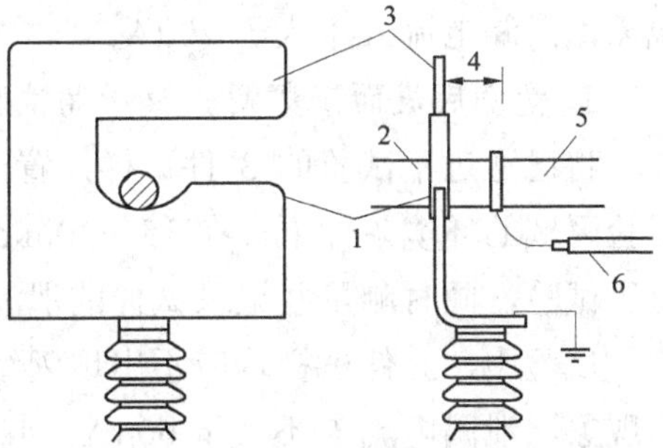

图 4-19　试验槽形电极

1—塑料绝缘垫；2—试样高压侧；3—铝板接地电极，尺寸为 500mm×500mm×3mm；4—间隙，距离 25mm；5—试样接地侧；6—屏蔽导线，接于电流表

注：槽形电极开口尺寸自定。

七、电气试验

1. 一般试验条件

试验区环境应处于标准大气条件下，或者控制在 t 为 18～28℃，RH（湿度）为

45%～75%条件下。

试验前，每一试样应用适用的溶剂（如三氟三氯乙烷溶剂）擦净，并在空气中暴露15min，以保证溶剂完全挥发。

试验应在3件试样上进行。每件试样应保证得到长300mm、宽70mm的平展部分。如果某些试样不规则，其高度与平展表面差不超过40mm，仍认为有效。如果得不到300mm长的试样，可按能够得到的实际长度作为试样长度，试验电压按式（4-1）确定，即

$$U=\frac{U_{s}L}{300} \tag{4-1}$$

式中 U——换算至实际长度的试验电压值，kV；

U_s——规定的试验电压值，kV；

L——试样实际长度，mm。

2. 受潮前表面工频耐压及泄漏试验（干试验）

试验前，预先将试样置于试验区24h，以适应试验环境。在试样上距离为300mm的两电极间施加工频有效值电压100kV，持续时间1min，测量并记录试样的泄漏电流 I_1。

试验中3件试样均应不出现闪络或击穿。试验后，试样各部分应无灼伤、发热现象，泄漏电流 I_1 不大于20μA。

3. 受潮后表面工频耐压及泄漏试验

将已通过干试验的3件试样，置于环境条件为168h/23℃/93%中处理，然后在试验区域的环境条件下，在15～30min内，按规定施加试验电压，进行受潮后工频耐压试验，同时测量并记录试样的泄漏电流 I_2。

试验中，3件试样均应不出现闪络或击穿。试验后，试样各部分应无灼伤、发热现象，泄漏电流 I_2 不大于60μA，或 $I_2 \leqslant I_1+40\mu A$。

八、绝缘耐电压试验

1. 一般试验条件

把3件试样浸于自来水中进行预处理，环境条件为16h/23℃/浸水。然后用干布将试样内外表面擦干，并于试验区进行试验。从试样取出到试验完毕不应超过5min。试验区环境条件应为标准大气条件，或者控制在 T=18～28℃，RH=45%～75%条件下。

对于功能类型不同的遮蔽罩试样，应使用不同形式电极，使试样在模拟网络的部件器具上接收试验。

硬质遮蔽罩内部遮蔽的是高压电极（导线、绝缘子等），为一金属芯棒，并置

于遮蔽罩内中心处，如图 4-20 所示。

遮蔽罩外部电极为接地电极，由导电材料（如金属箔或导电漆等）制成，应分布在整个遮蔽罩保护区内。接地电极任两点间表面电阻应小于 100Ω。对于软形遮蔽罩，其试验电极如图 4-21 所示。

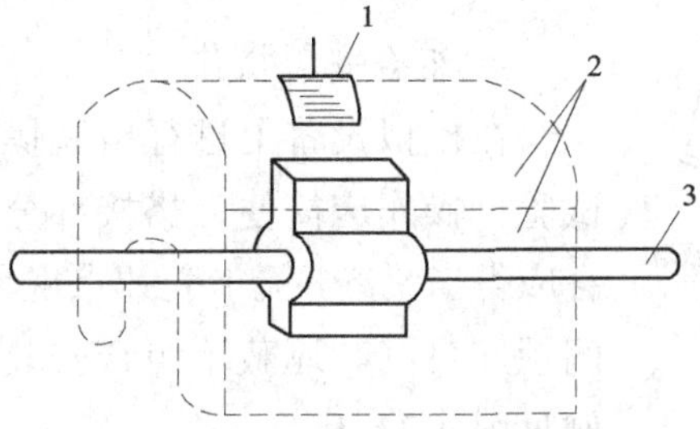

图 4-20　硬质遮蔽罩试验电极

1—接地电极；2—金属箔或导电漆，分布在遮蔽罩保护区内；3—高压电极

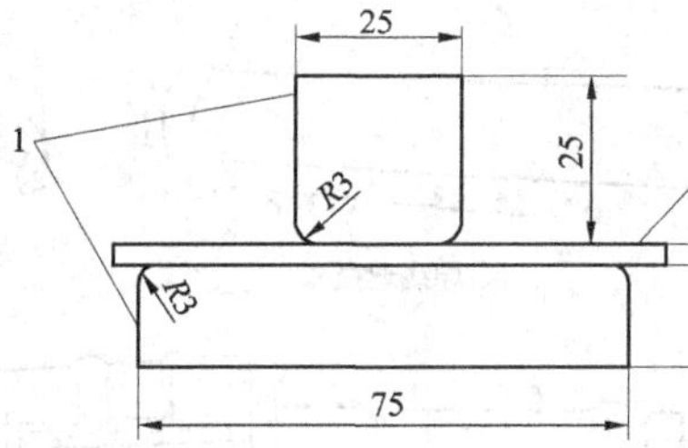

图 4-21　软形遮蔽罩试验电极

1—试验电极；2—软形遮蔽罩

2. 试验方式

在试验电极间，按表 4-6 规定施加工频有效值电压，持续时间 1min。试验接线原理见图 4-22。试验中，3 件试样均应不出现闪络和击穿。试验后，试样各部位应无灼伤、发热现象。

表 4-6　　　　**工频有效值电压**

绝缘罩系列	额定电压（kV）	最高工作电压（kV）	试验电压（kV）	耐压时间（min）
系列 1—S3	3	3.5	10	
系列 1—S6	6	6.9	20	1
系列 1—S10	10	11.5	30	

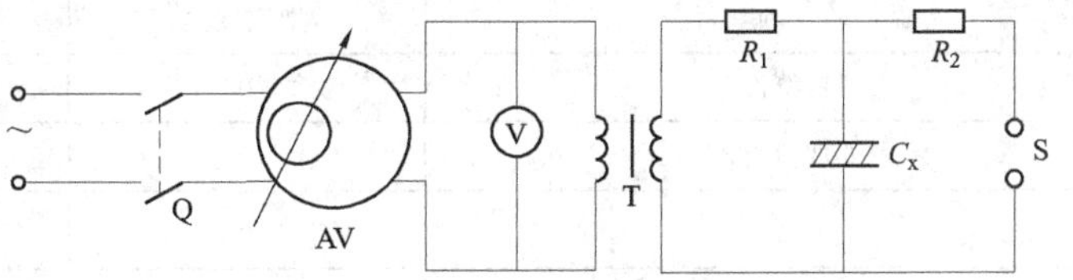

图 4-22　试验接线原理图

AV—调压器；T—试验变压器；R_1、R_2—保护电阻；Q—开关；S—放电间隙；C_x—试验电极与试样

九、绝缘遮蔽系统的组合试验

功能类型不同的单个遮蔽罩组成一个绝缘遮蔽系统使用时，应进行组合试验。如果组成绝缘遮蔽系统的不同类型遮蔽罩来自同一生产厂家，则此项试验由生产厂家进行。如果组成绝缘遮蔽系统的不同类型遮蔽罩来自不同生产厂家，则此项试验由使用单位进行。

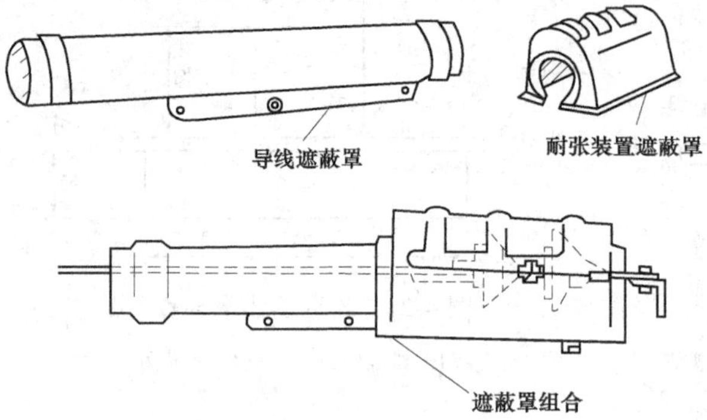

图 4-23　遮蔽罩组合安装示例

1. 组合安装操作

在模拟设备上进行组装操作试验。操作应简便，搭接部分配合应得当紧凑，无卡壳死点现象，闭锁应良好。遮蔽罩组合安装示例见图 4-23。

2. 电气试验

该试验在组合状态下，按本节七、八进行。试验电压应加在整个绝缘遮蔽系统之间，包括接合部位在内。

十、型式检验

制造厂家对定型前的产品，必须按以上规定程序进行型式检验。如改变定型产品所使用的材料或改变制作工艺，可能会影响到产品的性能时，应重新进行型式检验。

为了通过型式检验验证产品的性能，制造厂家应提供 3 套完整的成品试样作为一个试验单元。不同类型的成品试样，按类型作为单元分别进行型式检验。

型式检验所包含的试验项目为表 4-7 所规定的全部项目。

表 4-7　　　　型式试验项目

序号	试　验　项　目	型式试验	出厂试验
1	材料特性	0	0
2	外观检查	0	0
3	工艺	0	0
4	尺寸检查	0	0
5	模拟装配试验	0	—
6	低温机械试验	0	0

续表

序号	试 验 项 目	型式试验	出厂试验
7	绝缘表面工频耐压及泄漏试验	0	0
8	绝缘耐压试验	0	0
9	组合安装操作	0	—
10	组合电气试验	0	—

注 0表示执行，—表示不执行。

十一、出厂检验

该检验由生产厂家进行，如用户提出要求，可亲自参加监督。

按规定，应对每一个产品逐个检查外观和尺寸，并对每一个产品逐个进行规定的电气试验。产品出厂时，应对每件产品出具试验合格证，包括试验数据和结论、试验日期和试验人员。

十二、绝缘袖套试验

（一）环境条件

试验前，袖套必须放在温度为（23±2）℃、相对湿度为（50±5）%的环境中（2±0.5）h。

（二）外观检查和测量外形检查

袖套外形应进行目测检验，袖套内、外表面应均匀。

1. 尺寸检查

（1）直筒式袖套，如图 4-11（a）所示。检测设备是划有中心线的木板，将袖套置于其上，要求 $D_1=D_2$、$E_1=E_2$，允许 $C_1>C_2$，应检测以下尺寸是否符合要求。

A——平行于直筒式袖套的水平中心线，测量从袖口边缘到肩部外缘的总长度；

B——平行于水平中心线，测量从袖口边缘到腋下最低点的长度；

C——垂直于水平中心线，测量 C_1+C_2 并减去袖套 2 倍的厚度；

D——垂直于水平中心线，测量 D_1+D_2 并减去袖套 2 倍的厚度。

（2）曲肘式袖套，如图 4-11（b）所示，检测以下尺寸是否符合要求。

A——平行于曲肘式袖套的水平中心线，测量从袖口边缘到肩部开口处中间点的总长度；

B——平行于水平中心线，测量从袖口边缘到肩部最低处的长度；

C——肩部开口处的最大宽度减去袖套 2 倍的厚度；

D——袖口加固边处的最大宽度减去袖套 2 倍的厚度。

2. 厚度检查

在袖套上应抽取 8 个以上的点进行厚度测量，可使用千分尺或同样精度的仪器进行测量。千分尺的精度应在 0.02mm 以内，应具有直径为（3.17+0.25）min 的压脚。压脚应能施加（0.83+0.03）N 的压力。袖套应平展放置，以使千分尺测量面之间是平滑的表面。

（三）标志检查

对标志应进行目测检查和持久性试验。

标志的持久性试验可以通过用肥皂水浸泡的软麻布擦 15s，然后再用汽油浸泡过的软麻布刮 15s 来检查。试验结束时标志仍应是清晰的。

（四）机械性能试验

试验前应将试品预置在温度为（23±2）℃、相对湿度（50±5）%的环境中 24h。

1. 拉伸强度和伸长率试验

从袖套上剪下 4 个哑铃形测试块，每个测试块的外形如图 4-24 所示。在哑铃形的窄处量出基准长度 L_0 为 200mm 的间距，并在两边标上印记线，用拉力机进行测试。拉力机以（500±50）mm/min 的速度拉伸至 L。抗拉强度定义为拉断所需力除以试块试验前的截面积，4 个测试块拉断的平均抗拉强度应不小于 14MPa。最低抗拉强度应不低于平均强度的 90%。

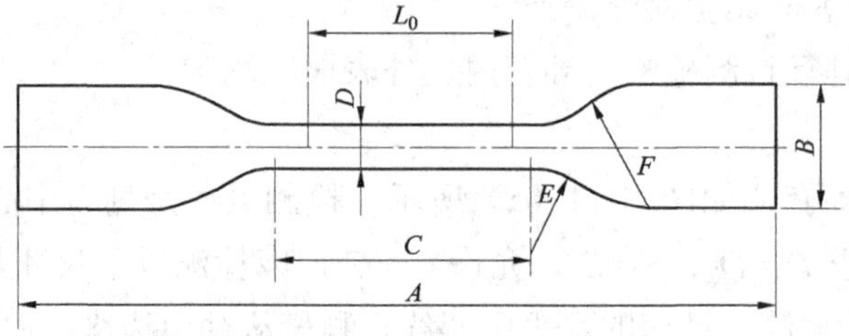

图 4-24　哑铃形测试块

拉断伸长率 S 定义为拉断时两印记线之间的距离 L 与 L_0 之差除以 L_0 的百分比，即

$$\delta = \frac{L - L_0}{L_0} \tag{4-2}$$

4 个测试块的平均拉断伸长率应不小于 600%。

2. 抗机械刺穿试验

从被试袖套上切取 2 个直径为 50mm 的圆形试品。将试品紧夹在 2 个直径为 50mm 的圆板之间，上板开有直径为 6mm 的孔，下板开有直径为 25mm 的孔，2 孔边缘倒角为半径 0.8mm 的圆弧，如图 4-25 所示。

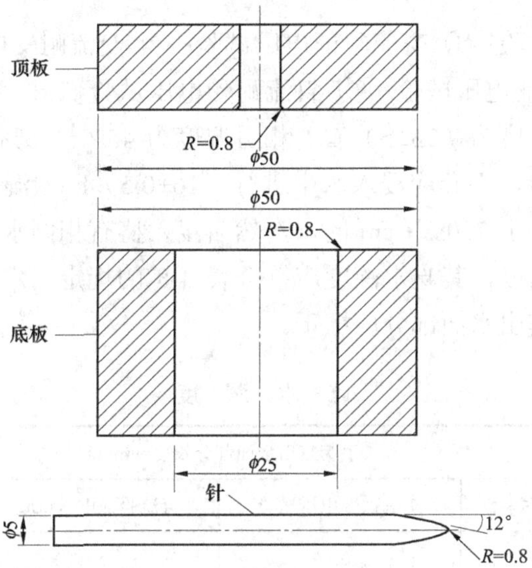

图 4-25　倒角

将一根直径为 5mm 的金属棒加工成一端锥度为 12°、顶端半径为 0.8mm 的锥形针，将锥形针垂直置于试品上方，以（500±50）mm/min 的速度向试品加力，测量出穿透试品所需的刺穿力。抗机械刺穿力强度 p 等于刺穿力 F 除以试品的厚度 d。要求刺穿强度应不小于 18N/mm。

3. 拉伸永久变形试验

拉伸变形前的基准长度（L_0）的测量误差应在 0.1mm 之内，将试品装在夹架上后，以 2～10mm/s 的速度拉伸试品，使其伸长率达到（400±10）%，此时长度为 L_s，并保持 10min。然后以相同的速度将试品放松，取下试品置于平面上，经过 10min 的形变恢复时间，再测量两基准线之间的距离 L_1。拉伸永久变形$\varDelta$按式（4-3）计算，即

$$\varDelta = 100\% \times \frac{L_1 - L_0}{L_s - L_0} \tag{4-3}$$

式中　L_0——拉伸变形前的基准长度；

L_s——拉伸后的长度；

L_1——恢复后的基准长度。

拉伸永久变形不应超过 15%。

十三、绝缘手套试验

1. 电气试验

采用以下电气试验：① 交流验证电压试验；② 交流耐受电压试验；③ 泄漏电流试验；④ 直流验证电压试验；⑤ 直流耐受电压试验。

试验应在环境温度为（23±5）℃、相对湿度为 45%～75%的条件下进行。对于型式试验和抽样试验，手套应浸入水中进行（16±0.5）h 预湿。将预湿的被试手套内部注入电阻率不大于 750Ω·cm 的水，然后浸入盛有相同水的器皿中，并使手套内外水平面呈相同高度，其吃水深度应符合表 4-8 的规定。水中应无气泡和气隙。试验前，手套上端露出水面部分应擦干。

表 4-8　　吃　水　深　度

型号	手套露出水面部分长度（mm）			
	交流验证电压试验	交流耐受电压试验	直流验证电压试验	直流耐受电压试验
1	40	65	50	100
2	65	75	75	130

注　吃水深度允许误差为±13mm。

（1）交流验证电压试验。对于型式试验、常规试验和抽样试验，应进行交流验证电压试验。该试验装置接线示意图见图 4-26。

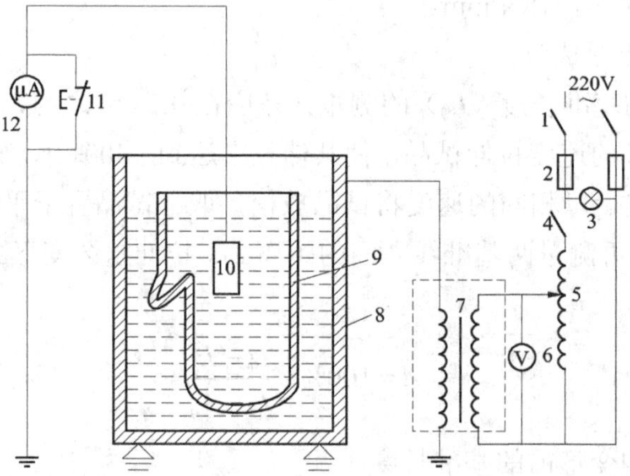

图 4-26　交流验证电压试验装置接线示意图

1—刀开关；2—可断熔丝；3—电源指示灯；4—过负荷开关（也可用过电流继电器）；5—调压器；6—电压表；7—变压器；8—盛水金属器皿；9—试样；10—电极；11—毫安表短路开关；12—毫安表

对手套进行交流验证电压试验时，交流电压应从较低值开始，以大约 1000V/s 的恒定速度逐渐升压，直至达到表 4-2 所规定的验证试验电压值，不应发生电气击穿。

对于型式试验和抽样试验，所施电压应保持 3min；对于常规试验，所施电压应保持 1min。施压时间从达到规定电压值的瞬间开始计算。在试验结束断开回路前，所加电压必须降低 1/2。

（2）交流耐受电压试验。对于型式试验和抽样试验，应进行交流耐受电压试验。按规定施加交流试验电压，直至达到表 4-2 所规定的最低耐受电压值，不应发生电气击穿。试验结束时，立即降低所加电压，并断开试验回路。

（3）泄漏电流试验。对于型式试验、常规试验和抽样试验，应进行泄漏电流试验。

按表 4-2 施加所规定的交流验证电压下测量泄漏电流，其值不大于表 4-2 的规定值。

（4）直流验证电压试验。对于型式试验、常规试验和抽样试验，应进行直流验证电压试验。对手套进行直流验证电压试验时，直流电压应从较低值开始，以大约 3000V/s 的恒定速度逐渐加压，直至达到表 4-2 所规定的耐受电压值，不应发生电气击穿。

对型式试验和抽样试验，所施电压应保持 3min，对常规试验，所施电压应保持 1min，施压时间从达到规定值的瞬间开始计算。

在试验结束断开回路前，所加电压必须降低 1/2。

（5）直流耐受电压试验。对于型式试验和抽样试验，应进行直流耐受电压试验。按规定施加直流试验电压，直至达到表 4-2 所规定的最低耐受电压值，不应发生电气击穿。试验结束时，立即降低所加电压，并断开试验回路。

2. 机械性能试验

（1）拉伸强度及拉断伸长率试验。对于型式试验和抽样试验，应进行拉伸强度及拉断伸长率试验。试验时，从被试手套上切取哑铃形试品 4 件（手掌、手背各 1 件、手腕 2 件）进行试验（见图 4-24）。拉伸强度和拉断伸长率的定义、试验条件、试验程序、计算方法等应符合 GB/T 528—2009《硫化橡胶或热塑性橡胶　拉伸应力应变性能的测定》的规定。

（2）拉伸永久变形试验。对于型式试验和抽样试验，应进行拉伸永久变形试验。试验时，从被试手套上切取哑铃形试品 3 件（手掌、手背和手腕各 1 件）进行试验（见图 4-24）。将试品固定在应变仪的夹架上，使一端固定，另一端可随夹架在导轨上移动。试验方法见绝缘袖套的拉伸永久变形试验方法。4 件测试块的平均拉伸强度应不低于 16MPa，平均拉断伸长率应不低于 600%，试验通过。

（3）抗机械刺穿试验。对于型式试验和抽样试验，应进行抗机械刺穿试验。试验方法见绝缘袖套抗机械刺穿试验方法。

3. 热老化试验

对于型式试验和抽样试验，应进行热老化试验。按要求切取 7 件试品，在温度为（70±2）℃、相对湿度为 20%以下的空气恒温器中放置 168h。在空气恒温器中，需有每小时交换 3～10 次的空气环流。空气恒温器中不应有铜或铜合金部件，并应有悬挂试品的位置。各试品之间的间距至少为 10mm。试品与恒温器内表面之间的间距至少为 50mm。加热结束后，从恒温器中取出试品，冷却时间不少于 16h。然后按照规定对其中 4 件试品进行拉伸强度和拉断伸长率试验。对其余 3 件试品进行拉伸永久变形试验。

4. 耐燃试验

对于型式试验和抽样试验，应进行耐燃试验，如图 4-27 所示。从绝缘手套的第二指或第三指切取 60～70mm 长度的试品，在离末端 55mm 处标明基准线。将手指内部填充石膏，并安装于直为 5mm、长度为 120mm 的钢棒上。钢棒应对准手指中心轴线，石膏需经 24h 硬化。

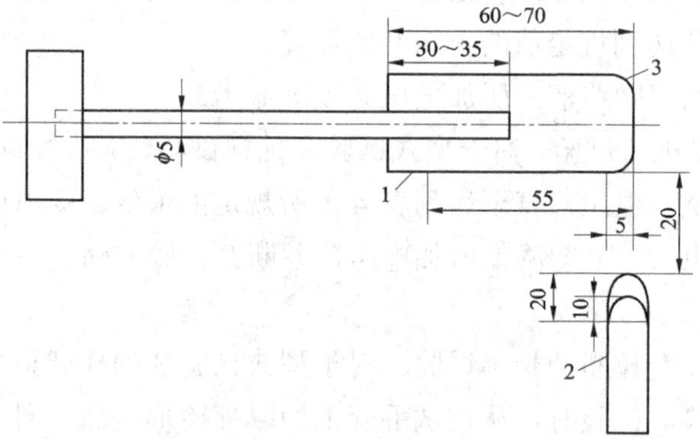

图 4-27　耐燃试验

1—标记；2—燃烧喷嘴；3—试品

将燃烧喷嘴置于试品垂直下方，喷嘴轴线与试品末端距离为 5mm，喷嘴直径为（9.5±0.5）mm，可产生（20±2）mm 高的蓝色火焰。火焰在加热试品 10s 后退出，加热应在无风或无空气流扰动的试验室中进行。

5. 耐低温试验

对于型式试验和抽样试验，应进行耐低温试验。将成品手套及聚乙烯板置于温度为（−25±3）℃的低温容器中 1h，在室温为（23±2）℃时取出后 1min 内，在手套腕部折叠，施力 30s。

第五章 配电线路带电作业操作

第一节 使用绝缘工具作业

编制依据

北京电力公司电力安全工作规程（国家电网安监〔2009〕664号）

北京电力公司电力 10kV 架空配电线路带电作业操作规程（试行）（京电生〔2009〕）18号

中低压架空配电线路施工质量标准（京电生〔2004〕97号）

北京市电力公司带电作业工作管理规定（试行）（京电生〔2008〕109号）

GB/T 17622—2008《带电作业用绝缘手套》

GB 13035—2008《带电作业用绝缘绳》

GB/T 12168—2006《带电作业遮蔽罩》

GB/T 880—2004《带电作业用导线软质遮蔽罩》

GB/T 14286—2008《带电作业工具设备术语》

DL/T 887—2004《带电作业工具、装置和设备使用的一般要求》

GB/T 13034—2008《带电作业用绝缘滑车》

GB/T 17620—2008《带电作业用绝缘硬梯》

一、使用绝缘杆带电断引流线

（一）施工前准备

1. 准备工作

（1）对工作地点进行现场勘察，并根据勘察结果判断能否进行带电作业。

（2）依据现场勘察结果，确定施工作业方案及应采取的安全技术措施，填写带电作业工作票。

（3）依据工作现场情况及需要开展的作业项目，判断是否需停用线路重合闸。如需停用线路重合闸，应提前向调度部门申请。

（4）进行事故抢修工作时，在到达工作地点后要先对现场进行全面勘察，找出作业中的危险点，制定相应的安全措施，向全体工作班成员交底并确认其清楚、明白后，方可开始工作。

2. 人员要求

（1）身体健康，无妨碍工作的疾病。

（2）带电作业人员需经相关部门培训合格，持证上岗。

（3）带电作业人员应熟练掌握紧急救护法。

（4）带电作业人员应全面掌握相关技术标准及操作规程。

3. 所用工器具

序号	名　称	单　位	数　量
1	绝缘两用操作杆	根	1
2	绝缘钳	把	1
3	绝缘卡线钩	根	3
4	绝缘引流线夹操作杆	根	1
5	导线遮蔽罩	根	若干
6	绝缘绑扎线剪	把	1
7	绝缘大剪	把	1
8	绝缘传递绳	条	1
9	拉（合）闸操作杆	副	1
10	遮蔽罩操作杆	根	1
11	绝缘安全帽	顶	2
12	普通安全帽	顶	2
13	绝缘手套	副	2
14	安全带	条	2
15	脚扣	副	2
16	护目镜	副	2
17	高压电流检测仪	台	1
18	绝缘测试仪	块	1
19	个人工具	套	若干
20	苫布	块	1

4. 材料

根据各地区实际情况选择所用材料。

5. 危险点分析

序号	内容
1	在接引流线前，未检查负荷控制开关处于拉开位置，造成带负荷断引流线
2	专责监护人未尽到监护职责，使作业人员失去监护
3	登电杆工作前，未检查安全工具及电杆情况，盲目登电杆造成事故
4	作业人员未按操作顺序进行工作，引发相间短路或接地事故
5	未遵守交通法规，引发交通事故

6. 安全措施

措施分类	条款	内容
6.1 气象条件	6.1.1	此项工作应在良好天气下进行。如遇雷电（听见雷声、看见闪电）、雪雹、雨雾等天气，不得进行带电作业。风力大于5级（风速为10.7m/s）、空气相对湿度大于80%时，不宜进行该项工作
	6.1.2	在工作过程中如天气突然变化，并可能危及人身或设备安全时，应立即停止工作，尽快恢复设备正常运行状态或采取临时过渡措施
6.2 作业点周围环境	6.2.1	根据道路及工作现场周边环境情况，设置围栏或警示标志，防止非工作人员进入工作区域
	6.2.2	夜间抢修，带电作业工作地点应有足够的照明
6.3 绝缘工具最小有效绝缘长度及工作中最小安全距离	6.3.1	工作中，要保证绝缘操作杆最小有效绝缘长度不小于700mm，绝缘承力工具和绝缘绳索的最小有效绝缘长度不小于400mm
	6.3.2	进行地电位作业时，保证人身与带电体的最小安全距离不小于0.4m
	6.3.3	绝缘工具使用前，应用2500V及以上绝缘电阻表或绝缘检测仪进行分段绝缘检测（电极宽20mm，极间宽20mm），绝缘电阻阻值应不低于700MΩ
6.4 其他相关措施	6.4.1	工作前，确认负荷控制开关处于拉开位置，用电流检测仪检查电流情况，确认所断引流线确已空载
	6.4.2	专责监护人应履行监护职责，不得直接操作，监护范围不得超过一个作业点，要根据工作人员位置变化随时变换监护角度，以保证监护视线最佳
	6.4.3	在三相引线未全部拆除前，已拆除引线的导线应视为带电导线，作业时严禁身体碰触
	6.4.4	带电作业时，作业人员严禁同时接触两个不同的电位
	6.4.5	上下传递物品必须使用绝缘绳索
	6.4.6	带电作业时，要保持带电体与人体、相间及对地的安全距离
	6.4.7	严格遵守交通法规，安全行车

7. 作业分工

序号	作 业 人 员
1	工作负责人（监护人）1 名
2	电杆上电工 2 名
3	地面电工 1 名

（二）作业步骤（程序）

1. 工作前准备

序号	内 容
1	工作负责人填写带电作业工作票
2	工作负责人在带电作业工作开始前，应与值班调度员联系。如需要停用线路重合闸，应由值班调度员履行许可手续
3	全体人员列队，由工作负责人向全体工作班成员宣读工作票及安全措施，进行危险点告知，并履行确认手续
4	在作业现场周围布置好安全、警示围栏
5	绝缘工具使用前，应用 2500V 及以上绝缘电阻表或绝缘检测仪进行分段绝缘检测（电极宽 20mm，极间宽 20mm），绝缘电阻阻值应不低于 700MΩ
6	检查并确认电杆及所用安全工具符合安全要求

2. 作业内容及标准

序号	作业步骤	作业标准、内容	危险点控制措施	备注
1	登电杆、传递工具	（1）第一、第二电工分别登电杆至适当位置。 （2）地面电工通过绝缘绳向电杆上电工传递所需绝缘工具	（1）第一、第二电工登电杆至适当位置，同时必须保证距下层带电导线的安全距离不小于 400mm。 （2）传递工具应使用绝缘绳及绝缘滑车。 （3）所传工具应绑扎牢固，在传递过程中操作平稳	
2	施工	（1）断开引流线。可视现场实际情况，选择： 1）拆除缠绕法。第二电工用绝缘卡线钩固定住靠近电源侧的边相引流线，由第一电工用绝缘绑扎线剪将引流线与线路主线连接的绑扎线头剪断并拆开，第二电工用绝缘三齿扒拆除绑扎线。 2）并沟线夹法。第一电工用并沟线夹装拆杆固定住靠近电源侧的边相并沟线夹，由第二电工用绝缘套筒扳手拆卸并沟线夹。	（1）使用绝缘断线剪剪断引线时，应注意防止剪伤主导线。 （2）拆卸引流线连接固定装置时，应注意保持其与周围带电体及接地体的安全距离。 （3）剪断一相引流线后，其剪断的引流线不得用手直接触及，是因为在其他两相还没有断开时，会有感应电存在。 （4）断开的三相引流线应牢固固定在无电构件上。	

续表

序号	作业步骤	作业标准、内容	危险点控制措施	备注
2	施工	3）引流线夹法。第一电工用绝缘钳（或绝缘卡线钩）固定住靠近电源侧的边相引流线，第二电工用引流线夹操作杆拆卸引流线夹。 4）直接剪断法。第一电工用绝缘钳（或绝缘卡线钩）固定住靠近电源侧的边相引流线，第二电工用绝缘大剪在靠近电源侧剪断引流线。 （2）第一电工用绝缘钳（或绝缘卡线钩）控制引流线，使其脱离带电体，缓慢松开。 （3）按照相同方法断开另一边相引流线，最后进行断中相引流线工作。 （4）待三相引流线全部断开后，两电工配合用绝缘操作杆将已断开的引流线固定	（5）在松开引流线后要防止其弹起或因大风等其他原因再次接近带电体。 （6）控制引流线使其脱离带电体时，要保证断开引流线与带电体最小距离不小于400mm	
3	施工质量检查	电杆上电工检查作业质量	（1）检查电杆上有无遗漏的工具、材料等。 （2）检查并确认作业质量符合施工质量标准	
4	完工	电杆上电工将所有工具传至地面，下电杆	（1）传递工具应使用绝缘绳及绝缘滑车。 （2）所传工具应绑扎牢固，在传递过程中操作平稳	

3. 竣工

序号	内容
1	工作负责人全面检查工作完成情况无误后，组织清理现场及工具
2	通知调度值班员，工作结束；停用线路重合闸的履行恢复程序
3	终结工作票

4. 验收总结

序号	检修总结	
1	验收评价	
2	存在问题及处理意见	

5. 指导书执行情况评估

<table>
<tr><td rowspan="4">评估内容</td><td rowspan="2">符合性</td><td>优</td><td></td><td>可操作项</td><td></td></tr>
<tr><td>良</td><td></td><td>不可操作项</td><td></td></tr>
<tr><td rowspan="2">可操作性</td><td>优</td><td></td><td>修改项</td><td></td></tr>
<tr><td>良</td><td></td><td>遗漏项</td><td></td></tr>
<tr><td>存在问题</td><td colspan="5"></td></tr>
<tr><td>改进意见</td><td colspan="5"></td></tr>
</table>

6. 使用绝缘杆带电断引流线程序

使用绝缘杆带电断引流线程序见图 5-1。

（a）（b）（c）（d）

图 5-1　使用绝缘杆带电断引流线程序（一）

（a）交代工作任务；（b）断引流线所需工具；（c）拆除缠绕法；（d）引流线夹法

（e）

（f）

图 5-1　使用绝缘杆带电断引流线程序（二）

（e）引流线夹法；（f）直接剪断法

二、使用绝缘杆带电接引流线

（一）施工前准备

1. 准备工作

（1）对工作地点进行现场勘察，并根据勘察结果判断能否进行带电作业。

（2）依据现场勘察结果，确定施工作业方案及应采取的安全技术措施，填写带电作业工作票。

（3）依据工作现场情况及需要开展的作业项目，判断是否需停用线路重合闸。如需停用线路重合闸，应提前向调度部门申请。

（4）进行事故抢修工作时，在到达工作地点后要先对现场进行全面勘察，找出作业中的危险点，制定相应的安全措施，向全体工作班成员交底并确认其清楚、明白后，方可开始工作。

2. 人员要求

（1）身体健康，无妨碍工作的疾病。

（2）带电作业人员需经相关部门培训合格，持证上岗。

（3）带电作业人员应熟练掌握紧急救护法。

（4）带电作业人员应全面掌握相关技术标准及操作规程。

3. 所用工器具

序号	名　称	单　位	数　量
1	绝缘三齿扒操作杆	根	1
2	绝缘钳	把	1
3	绝缘卡线钩	根	3
4	绝缘绕线器杆	根	2
5	遮蔽罩操作杆	根	1

续表

序号	名　称	单　位	数　量
6	绝缘引流线夹操作杆	根	1
7	导线遮蔽罩	根	若干
8	绝缘导线剥皮器操作杆	根	1
9	绝缘传递绳	条	1
10	拉（合）闸操作杆	副	1
11	绝缘安全帽	顶	2
12	普通安全帽	顶	2
13	绝缘手套	副	2
14	安全带	条	2
15	剥皮器	把	1
16	脚扣	副	2
17	护目镜	副	2
18	绝缘测试仪	块	1
19	高压电流检测仪	台	1
20	个人工具	套	若干
21	苫布	块	1

4. 材料

根据各地区实际情况选择所用材料。

5. 危险点分析

序号	内　容
1	在接引流线前，未检查负荷控制开关处于拉开位置，造成带负荷接引流线
2	专责监护人未尽到监护职责，使作业人员失去监护
3	登电杆工作前，未检查安全工具及电杆情况，盲目登电杆造成事故
4	作业人员未按操作顺序进行工作，引发相间短路或接地事故
5	未遵守交通法规，引发交通事故

6. 安全措施

措施分类	条款	内　容
6.1　气象条件	6.1.1	此项工作应在良好天气下进行。如遇雷电（听见雷声、看见闪电）、雪雹、雨雾等天气，不得进行带电作业。风力大于5级（风速为10.7m/s）、空气相对湿度大于80%时，不宜进行该项工作
	6.1.2	在工作过程中如天气突然变化，并可能危及人身或设备安全时，应立即停止工作，尽快恢复设备正常运行状态或采取临时过渡措施

续表

措施分类	条款	内容
6.2 作业点周围环境	6.2.1	根据道路及工作现场周边环境情况，设置围栏或警示标志，防止非工作人员进入工作区域
	6.2.2	夜间抢修，带电作业工作地点应有足够的照明
6.3 绝缘工具最小有效绝缘长度及工作中最小安全距离	6.3.1	工作中，要保证绝缘操作杆最小有效绝缘长度不小于700mm，绝缘承力工具和绝缘绳索的最小有效绝缘长度不小于400mm
	6.3.2	进行地电位作业时，保证人身与带电体的最小安全距离不小于400mm
	6.3.3	绝缘工具使用前，应用2500V及以上绝缘电阻表或绝缘检测仪进行分段绝缘检测（电极宽20mm，极间宽20mm），绝缘电阻阻值应不低于700MΩ
6.4 其他相关措施	6.4.1	工作前，确认负荷控制开关处于拉开位置，所接引流线确已空载，确认准备送电线路上无他人作业，地线已拆除
	6.4.2	专责监护人应履行监护职责，不得直接操作，监护范围不得超过一个作业点，要根据工作人员位置变化随时变换监护角度，以保证监护视线最佳
	6.4.3	在一相引线搭接完毕后，另外两相导线应视为带电导线，作业时严禁身体碰触
	6.4.4	带电作业时，作业人员严禁同时接触两个不同的电位
	6.4.5	上下传递物品必须使用绝缘绳索
	6.4.6	带电作业时，要保持带电体与人体、相间及对地的安全距离
	6.4.7	严格遵守交通法规，安全行车

7. 作业分工

序号	作业人员
1	工作负责人（监护人）1名
2	电杆上电工2名
3	地面电工1名

（二）作业步骤（程序）

1. 工作前准备

序号	内容
1	工作负责人填写带电作业工作票
2	工作负责人在带电作业工作开始前，应与值班调度员联系。如需要停用线路重合闸，应由值班调度员履行许可手续

序号	内容
3	全体人员列队，由工作负责人向全体工作班成员宣读工作票及安全措施，进行危险点告知，并履行确认手续
4	在作业现场周围布置好安全、警示围栏
5	绝缘工具使用前，应用 2500V 及以上绝缘电阻表或绝缘检测仪进行分段绝缘检测（电极宽 20mm，极间宽 20mm），绝缘电阻阻值应不低于 700MΩ
6	检查并确认电杆及所用安全工具符合安全要求

2. 作业内容及标准

序号	作业步骤	作业标准、内容	危险点控制措施	备注
1	登电杆、传递工具	（1）第一、第二电工分别登电杆至适当位置。 （2）地面电工通过绝缘绳向电杆上电工传递所需绝缘工具	（1）第一、第二电工登电杆至适当位置，同时必须保证距下层带电导线安全距离不小于 400m。 （2）传递工具应使用绝缘绳及绝缘滑车。 （3）所传工具应绑扎牢固，在传递过程中操作平稳	
2	施工	（1）接引流线。可视现场实际情况，选择： 1）缠绕法。第一电工用绝缘操作杆量取中相引流线长度，同时确定与主导线连接位置，截取引流线至合适长度。第一、第二电工相互配合，用绝缘导线剥皮器操作杆在搭接位置剥除主导线绝缘层（剥削长度为 250mm 左右），再用绝缘剥线器将引流线端头绝缘层剥除（剥削长度为 220mm 左右）。第二电工用绝缘钳（或绝缘卡线钩）固定住引流线端头，缓慢送至引流线固定位置，第一电工用绝缘卡线钩将引流线与主导线固定牢固，第二电工松开绝缘钳（或绝缘卡线钩），用绝缘绕线器进行绑缠。 2）安普线夹法。量取引流线长度及剥削导线绝缘层与缠绕法相同。第一电工用并沟线夹装拆杆固定住并沟线夹及中相导线，确认与主导线连接处接触良好后，由第二电工用绝缘套筒扳手拧紧并沟线夹螺栓。 3）引流线夹法。量取引流线长度及剥削导线绝缘层与缠绕法相同。第二电工用绝缘钳（或绝缘卡线钩）固定住中相引流线端头，缓慢送至引流线固定位置，第一电工用引流线夹操作杆将引流线夹送至连接处，并拧紧螺栓。 （2）按照相同方法进行另外两边相引流线的搭接工作	（1）剥削绝缘层时，应防止伤及导线。 （2）引流线在接近带电导线前，要确认其与周围人体、横担、电杆等保持足够的安全距离。 （3）使用需上下拉动的绕线器时，要用力均匀，防止因用力过猛造成导线摆动过大而造成事故。 （4）使用绕线器进行绑缠时，要随时注意防止绑扎线重叠。 （5）使用并沟线夹时，要确认主导线、引流线并沟线夹接触牢固、紧密。 （6）在将引流线夹螺栓拧紧后，检查并确认引流线与主导线接触紧密，固定牢固	此环节均按照绝缘导线进行操作，如为裸导线，则可跳过绝缘层剥削步骤，直接按下一步骤进行搭接工作

续表

序号	作业步骤	作业标准、内容	危险点控制措施	备注
3	施工质量检查	电杆上电工检查作业质量	（1）检查电杆上有无遗漏的工具、材料等。 （2）检查并确认作业质量符合施工质量标准	
4	完工	电杆上电工将所有工具传至地面，下电杆	（1）传递工具应使用绝缘绳及绝缘滑车。 （2）所传工具应绑扎牢固，在传递过程中操作平稳	

3. 竣工

序号	内　容
1	工作负责人全面检查工作完成情况无误后，组织清理现场及工具
2	通知调度值班员，工作结束；停用线路重合闸的履行恢复程序
3	终结工作票

4. 验收总结

序号	检　修　总　结	
1	验收评价	
2	存在问题及处理意见	

5. 指导书执行情况评估

评估内容	符合性	优		可操作项	
		良		不可操作项	
	可操作性	优		修改项	
		良		遗漏项	
存在问题					
改进意见					

6. 使用绝缘杆带电接引流线程序

使用绝缘杆带电接引流线见图 5-2。

图 5-2　使用绝缘杆带电接引流线程序（一）

（a）交代工作任务及注意事项；（b）接引流线工具；（c）、（e）绝缘线剥皮；（d）缠绕法 1；

（f）缠绕法 2；（g）使用安普线夹 1；（h）使用安普线夹 2

(i)

(j)

(k)

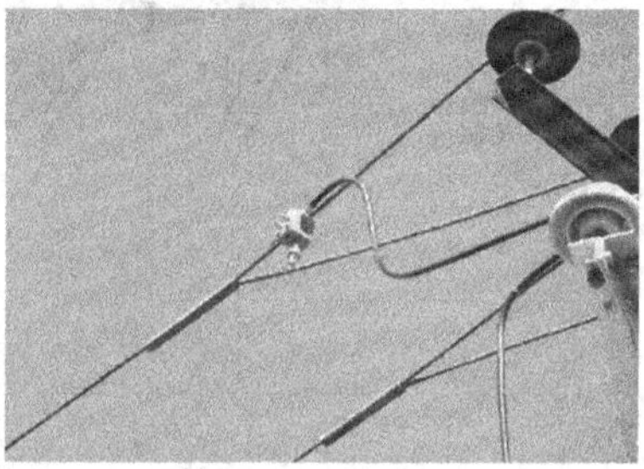

(l)

图 5-2　使用绝缘杆带电接引流线程序（二）

（i）使用安普线夹 3；（j）使用安普线夹 4；（k）使用引流线夹 1；（l）使用引流线夹 2

三、使用绝缘杆带电更换横担

（一）施工前准备

1. 准备工作

（1）对工作地点进行现场勘察，并根据勘察结果判断能否进行带电作业。

（2）依据现场勘察结果，确定施工作业方案及应采取的安全技术措施，填写带电作业工作票。

（3）依据工作现场情况及需要开展的作业项目，判断是否需停用线路重合闸。如需停用线路重合闸，应提前向调度部门申请。

（4）进行事故抢修工作时，在到达工作地点后要先对现场进行全面勘察，找出作业中的危险点，制定相应的安全措施，向全体工作班成员交底并确认其清楚、明白后，方可开始工作。

2. 人员要求

（1）身体健康，无妨碍工作的疾病。

（2）带电作业人员需经相关部门培训合格，持证上岗。

（3）带电作业人员应熟练掌握紧急救护法。

（4）带电作业人员应全面掌握相关技术标准及操作规程。

3. 所用工器具

序号	名　称	单　位	数　量
1	绝缘三齿扒操作杆	根	1
2	绝缘支线杆	根	2
3	绝缘拉线杆	把	2
4	拉线杆固定器	套	2
5	支线杆提线器	套	2
6	遮蔽罩操作杆	根	1
7	导线遮蔽罩	根	若干
8	针式绝缘子遮蔽罩	个	2
9	横担遮蔽罩	套	2
10	绝缘测试仪	台	1
11	绝缘扎线剪	把	1
12	绝缘传递绳	条	1
13	绝缘安全帽	顶	2
14	普通安全帽	顶	2
15	绝缘手套	副	2
16	安全带	条	2
17	脚扣	副	2
18	护目镜	副	2
19	个人工具	套	若干
20	苫布	块	1

4. 材料

根据各地区实际情况选择所用材料。

5. 危险点分析

序号	内　容
1	在更换横担前，未检查横担损坏情况及螺母紧固情况，造成更换过程中横担突然松脱，从而引发事故

续表

序号	内　容
2	专责监护人未尽到监护职责，使作业人员失去监护
3	登电杆工作前，未检查安全工具及电杆情况，盲目登电杆造成事故
4	作业人员未按操作顺序进行工作，引发相间短路或接地事故
5	未遵守交通法规，引发交通事故

6. 安全措施

措施分类	条款	内　容
6.1　气象条件	6.1.1	此项工作应在良好天气下进行。如遇雷电（听见雷声、看见闪电）、雪雹、雨雾等天气，不得进行带电作业。风力大于5级（风速为10.7m/s）、空气相对湿度大于80%时，不宜进行该项工作
	6.1.2	在工作过程中如天气突然变化，并可能危及人身或设备安全时，应立即停止工作，尽快恢复设备正常运行状态或采取临时过渡措施
6.2　作业点周围环境	6.2.1	根据道路及工作现场周边环境情况，设置围栏或警示标志，防止非工作人员进入工作区域
	6.2.2	夜间抢修，带电作业工作地点应有足够的照明
6.3　绝缘工具最小有效绝缘长度及工作中最小安全距离	6.3.1	工作中，要保证绝缘操作杆最小有效绝缘长度不小于700mm，绝缘承力工具和绝缘绳索的最小有效绝缘长度不小于400mm
	6.3.2	进行地电位作业时，保证人身与带电体的最小安全距离不小于400mm
	6.3.3	绝缘工具使用前，应用2500V及以上绝缘电阻表或绝缘检测仪进行分段绝缘检测（电极宽20mm，极间宽20mm），绝缘电阻阻值应不低于700MΩ
6.4　其他相关措施	6.4.1	工作前，检查并确认横担损坏及螺母固定情况。如横担损坏严重、螺母松动严重，要提前采取防范措施，防止工作中导线突然滑落
	6.4.2	专责监护人应履行监护职责，不得直接操作，监护范围不得超过一个作业点，要根据工作人员位置变化随时变换监护角度，以保证监护视线最佳
	6.4.3	带电作业时，作业人员严禁同时接触两个不同的电位
	6.4.4	上下传递物品必须使用绝缘绳索
	6.4.5	带电作业时，要保持带电体与人体、相间及对地的安全距离
	6.4.6	严格遵守交通法规，安全行车

7. 作业分工

序号	作业人员
1	工作负责人（监护人）1 名
2	电杆上电工 2 名
3	地面电工 1 名

（二）作业步骤（程序）

1. 工作前准备

序号	内容
1	工作负责人填写带电作业工作票
2	工作负责人在带电作业工作开始前，应与值班调度员联系。如需要停用线路重合闸，应由值班调度员履行许可手续
3	全体人员列队，由工作负责人向全体工作班成员宣读工作票及安全措施，进行危险点告知，并履行确认手续
4	在作业现场周围布置好安全、警示围栏。
5	绝缘工具使用前，应用 2500V 及以上绝缘电阻表或绝缘检测仪进行分段绝缘检测（电极宽 20mm，极间宽 20mm），绝缘电阻阻值应不低于 700MΩ
6	检查并确认电杆及所用安全工具符合安全要求

2. 作业内容及标准

序号	作业步骤	作业标准、内容	危险点控制措施	备注
1	登电杆、传递工具	（1）第一、第二电工分别登电杆至适当位置。 （2）地面电工通过绝缘绳向电杆上电工传递所需工具	（1）第一、第二电工登电杆至适当位置，同时必须保证距下层带电导线安全距离不小于400mm。 （2）传递工具应使用绝缘绳及绝缘滑车。 （3）所传工具应绑扎牢固，在传递过程中操作平稳	
2	安装绝缘遮蔽用具	第一、第二电工相互配合，分别在两边相依次安装导线遮蔽罩、针式绝缘子遮蔽罩、横担遮蔽罩等遮蔽用具	（1）遮蔽罩间连接应有不小于150mm 的重叠部分。 （2）按照从近至远、从下到上的原则对作业范围内不满足安全距离的带电体进行绝缘遮蔽	

续表

序号	作业步骤	作业标准、内容	危险点控制措施	备注
3	施工	（1）第二电工取下针式绝缘子遮蔽罩，将拉线杆安装在电源侧，拉线杆端头在距针式绝缘子 400mm 左右的距离钩住导线，并适当拧紧。然后继续在电源侧安装支线杆，支线杆端头固定在绝缘子与拉线杆端头之间。 （2）第一电工在距横担下方 800mm 处安装拉线杆固定器，并将拉线杆放入卡箍内。第二电工比照支线杆最下端安装支线杆提线器，并将支线杆下端固定环与提线器用销钉连接牢固。 （3）第一、第二电工分别用绝缘扎线剪将针式绝缘子两侧的绑扎线剪断，然后用绝缘三齿扒操作杆配合拆除绑扎线。 （4）待绑扎线拆开后，第二电工降至支线杆提线器处，第一电工移至拉线杆固定器处控制住拉线杆。此时，第二电工在抬起提线器使导线高于绝缘子 400mm 以上时，第一电工操作拉线杆，缓慢将导线支出到距接地体 700mm 以外，第二电工放下提线器，第一电工旋紧拉线杆卡箍，拆下导线上的遗留绑扎线。 （5）按照上述方法将另一边相导线支出到规定距离以外。 （6）将旧横担拆除，更换新横担。 （7）恢复横担绝缘遮蔽。 （8）第二电工再次降至支线杆提线器处，第一电工移至拉线杆固定器处旋松卡箍，第二电工在抬起提线器使导线高于绝缘子 400mm 以上后，第一电工操作拉线杆，缓慢将导线收回，配合第二电工将导线放置绝缘子顶端线槽上，然后用绝缘三齿扒操作杆绑扎针式绝缘子。 （9）按照上述方法将另一边相导线放置绝缘子顶端线槽上，用绝缘三齿扒操作杆绑扎针式绝缘子。 （10）拆除支、拉杆及固定器	（1）支、拉杆端头金属钩要拧紧，拉线杆金属钩开口在电杆侧，防止在工作中导线脱落，造成事故，危及人身安全。 （2）拆除针式绝缘子绑扎线时，应随拆随剪断绑扎线，防止绑扎线过长造成接地。 （3）剪断绑扎线时，应防止剪伤导线。使用绝缘三齿扒操作杆绑扎针式绝缘子时，要绑扎牢固。 （4）安装支线杆、拉线杆应用力平稳，防止横担突然滑落引发接地事故。 （5）在针式绝缘子绑扎线未绑扎牢固前，不得拆卸支线杆和拉线杆。 （6）更换横担时，动作要小，要时刻注意与周围带电体最小安全距离不小于 400mm	
4	拆除绝缘遮蔽	第一、第二电工相互配合，依次拆除横担遮蔽罩、针式绝缘子遮蔽罩、导线遮蔽罩等遮蔽用具	按照从远至近、从上到下的原则拆除绝缘遮蔽	
5	施工质量检查	电杆上电工检查作业质量	（1）检查电杆上有无遗漏的工具、材料等。 （2）检查并确认作业质量符合施工质量标准	

续表

序号	作业步骤	作业标准、内容	危险点控制措施	备注
6	完工	电杆上电工将所有工具传至地面，下电杆	（1）传递工具应使用绝缘绳及绝缘滑车。 （2）所传工具应绑扎牢固，在传递过程中操作平稳	

3. 竣工

序号	内容
1	工作负责人全面检查工作完成情况无误后，组织清理现场及工具
2	通知调度值班员，工作结束；停用线路重合闸的履行恢复程序
3	终结工作票

4. 验收总结

序号	检修总结	
1	验收评价	
2	存在问题及处理意见	

5. 指导书执行情况评估

评估内容	符合性	优		可操作项	
		良		不可操作项	
	可操作性	优		修改项	
		良		遗漏项	
存在问题					
改进意见					

6. 使用绝缘杆带电更换横担程序

使用绝缘杆带电更换横担程序见图 5-3。

（a） （b） （c） （d） （e） （f）

图 5-3　使用绝缘杆带电更换横担程序

（a）交代工作任务和注意事项；（b）带电更换横担所需工具；（c）安装导线遮蔽罩；（d）安装边相直拉杆；（e）安装另一边相直拉杆；（f）支开两边相导线

四、使用绝缘杆带电更换避雷器

（一）施工前准备

1. 准备工作

（1）对工作地点进行现场勘察，并根据勘察结果判断能否进行带电作业。

（2）依据现场勘察结果，确定施工作业方案及应采取的安全技术措施，填写带电作业工作票。

（3）依据工作现场情况及需要开展的作业项目，判断是否需停用线路重合闸。如需停用线路重合闸，应提前向调度部门申请。

（4）进行事故抢修工作时，在到达工作地点后要先对现场进行全面勘察，找出作业中的危险点，制定相应的安全措施，向全体工作班成员交底并确认其清楚、明白后，方可开始工作。

2. 人员要求

（1）身体健康，无妨碍工作的疾病。

（2）带电作业人员需经相关部门培训合格，持证上岗。

（3）带电作业人员应熟练掌握紧急救护法。

（4）带电作业人员应全面掌握相关技术标准及操作规程。

3. 所用工器具

序号	名　称	单　位	数　量
1	绝缘三齿扒操作杆	根	1
2	并沟线夹装拆杆	根	1
3	绝缘夹钳	把	1
4	绝缘钳	把	1
5	绝缘卡线钩	根	3
6	绝缘引流线夹操作杆	根	1
7	绝缘导线剥皮器操作杆	根	1
8	遮蔽罩操作杆	根	1
9	绝缘绕线器杆	根	1
10	导线遮蔽罩	根	若干
11	针式绝缘子遮蔽罩	个	若干
12	绝缘扎线剪	把	1
13	绝缘套筒扳手	根	1
14	绝缘大剪	把	1
15	绝缘传递绳	条	1
16	拉（合）闸操作杆	副	1
17	绝缘安全帽	顶	2
18	普通安全帽	顶	2

续表

序号	名　称	单 位	数　量
19	绝缘手套	副	2
20	安全带	条	2
21	脚扣	副	2
22	护目镜	副	2
23	高压电流检测仪	台	1
24	绝缘测试仪	台	1
25	个人工具	套	若干
26	苫布	块	1

4. 材料

根据各地区实际情况选择所用材料。

5. 危险点分析

序号	内　容
1	在断避雷器电源侧引线前，未检查避雷器状态及引线连接情况，造成接地或相间短路事故
2	专责监护人未尽到监护职责，使作业人员失去监护
3	登电杆工作前，未检查安全工具及电杆情况，盲目登电杆造成事故
4	作业人员未按操作顺序进行工作，引发相间短路或接地事故
5	未遵守交通法规，引发交通事故

6. 安全措施

措施分类	条款	内　容
6.1　气象条件	6.1.1	此项工作应在良好天气下进行。如遇雷电（听见雷声、看见闪电）、雪雹、雨雾等天气，不得进行带电作业。风力大于5级（风速为10.7m/s）、空气相对湿度大于80%时，不宜进行该项工作
	6.1.2	在工作过程中如天气突然变化，并可能危及人身或设备安全时，应立即停止工作，尽快恢复设备正常运行状态或采取临时过渡措施
6.2　作业点周围环境	6.2.1	根据道路及工作现场周边环境情况，设置围栏或警示标志，防止非工作人员进入工作区域
	6.2.2	夜间抢修，带电作业工作地点应有足够的照明

续表

措施分类	条款	内　容
6.3　绝缘工具最小有效绝缘长度及工作中最小安全距离	6.3.1	工作中要保证绝缘操作杆最小有效绝缘长度不小于700mm，绝缘承力工具和绝缘绳索的最小有效绝缘长度不小于400mm
	6.3.2	进行地电位作业时，保证人身与带电体的最小安全距离不小于400mm
	6.3.3	绝缘工具使用前，应用2500V及以上绝缘电阻表或绝缘检测仪进行分段绝缘检测（电极宽20mm，极间宽20mm），绝缘电阻阻值应不低于700MΩ
6.4　其他相关措施	6.4.1	工作前，认真检查避雷器运行状态及损坏情况，注意上引线连接位置，当发现有安全隐患时要提前采取保护措施
	6.4.2	专责监护人应履行监护职责，不得直接操作，监护范围不得超过一个作业点，要根据工作人员位置变化随时变换监护角度，以保证监护视线最佳
	6.4.3	在三相引线未全部拆除前，已拆除引线的导线应视为带电导线，作业时严禁身体碰触
	6.4.4	带电作业时，作业人员严禁同时接触两个不同的电位
	6.4.5	上下传递物品必须使用绝缘绳索
	6.4.6	带电作业时，要保持带电体与人体、相间及对地的安全距离
	6.4.7	严格遵守交通法规，安全行车

7. 作业分工

序号	作　业　人　员
1	工作负责人（监护人）1名
2	电杆上电工2名
3	地面电工1名

（二）作业步骤（程序）

1. 工作前准备

序号	内　容
1	工作负责人填写带电作业工作票
2	工作负责人在带电作业工作开始前，应与值班调度员联系。如需要停用线路重合闸，应由值班调度员履行许可手续
3	全体人员列队，由工作负责人向全体工作班成员宣读工作票及安全措施，进行危险点告知，并履行确认手续

序号	内　容
4	在作业现场周围布置好安全、警示围栏
5	绝缘工具使用前，应用 2500V 及以上绝缘电阻表或绝缘检测仪进行分段绝缘检测（电极宽 20mm，极间宽 20mm），绝缘电阻阻值应不低于 700MΩ
6	检查并确认电杆及所用安全工具符合安全要求
7	用 2500V 及以上绝缘电阻表对准备新装的避雷器进行绝缘检测，绝缘电阻阻值不小于 1000MΩ
8	登电杆前，用验电笔对避雷器接地引线、电杆、拉线等进行验电，确认无漏电现象

2. 作业内容及标准

序号	作业步骤	作业标准、内容	危险点控制措施	备注
1	登电杆、传递工具	（1）第一、第二电工分别登电杆至适当位置。 （2）地面电工通过绝缘绳向电杆上电工传递所需绝缘工具	（1）第一、第二电工登电杆至适当位置，同时必须保证距下层带电导线安全距离不小于 400mm。 （2）传递工具应使用绝缘绳及绝缘滑车。 （3）所传工具应绑扎牢固，在传递过程中操作平稳	
2	安装绝缘遮蔽用具	第一、第二电工相互配合，安装导线遮蔽罩、横担遮蔽罩、针式绝缘子遮蔽罩等遮蔽用具	（1）遮蔽罩间连接应有不小于 150mm 的重叠部分。 （2）按照从近至远、从下到上、从大到小的原则对作业范围内不满足安全距离的带电体进行绝缘遮蔽	
3	施工	（1）断开避雷器电源侧引线。可视现场实际情况，选择： 1）拆除缠绕法。第二电工用绝缘卡线钩固定住边相的避雷器电源侧引线，由第一电工用绝缘扎线剪将引流线与线路主线连接的绑扎线头剪断并拆开，第二电工用绝缘三齿扒拆除绑扎线。 2）并沟线夹法。第一电工用并沟线夹装拆杆固定住边相的避雷器电源侧引线并沟线夹，由第二电工用绝缘套筒扳手拆卸并沟线夹。 3）引流线夹法。第一电工用绝缘钳（或绝缘卡线钩）固定住边相的避雷器电源侧引线，第二电工用引流线夹操作杆拆卸引流线夹。	（1）使用绝缘断线剪剪断引线时，应注意防止剪伤主导线。 （2）拆卸引线连接固定装置时，应注意保持其与周围带电体及接地体的安全距离。 （3）剪断一相引线后，其剪断的引流线不得用手直接触及，是因为在其他两相还没有断开时，会有感应电存在。 （4）在松开引流线后要防止其弹起或因大风等其他原因再次接近带电体。 （5）控制引流线使其脱离带电体时，要保证断开引流线与带电体最小距离不小于 400mm	

续表

序号	作业步骤	作业标准、内容	危险点控制措施	备注
3	施工	4）直接剪断法。第一电工用绝缘钳（或绝缘卡线钩）固定住边相的避雷器电源侧引线，第二电工用绝缘大剪在靠近电源侧剪断引线。 （2）第一电工用绝缘钳（或绝缘卡线钩）控制避雷器上引线，使其脱离带电体，缓慢松开。 （3）按照相同方法断开另一边相避雷器引流线，最后进行断中相引流线工作。 （4）待三相引流线全部断开后，第一、第二电工相互配合，用绝缘操作杆将已断开的引线固定。 （5）第二电工用绝缘套筒扳手松开避雷器下端，固定的螺栓，第一电工用绝缘夹钳取下旧避雷器，安装新避雷器。 （6）接避雷器电源侧引线。可视现场实际情况，选择： 1）缠绕法。第二电工用绝缘钳（或绝缘卡线钩）固定住引线端头，缓慢送至引线固定位置，第一电工用绝缘卡线钩将引线与主导线固定牢固，第二电工松开绝缘钳（或绝缘卡线钩），用绝缘绕线器进行绑缠。 2）并沟线夹法。第一电工用并沟线夹装拆杆固定住并沟线夹及中相导线，确认与主导线连接处接触良好后，由第二电工用绝缘套筒扳手拧紧并沟线夹螺栓。 3）引流线夹法。第二电工用绝缘钳（或绝缘卡线钩）固定住中相引线端头，缓慢送至引线固定位置，第一电工用引流线夹操作杆将引流线夹送至连接处，并拧紧螺栓。 （7）按照相同方法进行另外两边相引线的搭接工作	（6）引线在接近带电导线前，要确认其与周围人体、横担、电杆等保持足够的安全距离。 （7）使用需上下拉动的绕线器时要用力均匀，防止因用力过猛造成导线摆动过大而造成事故。 （8）使用绕线器进行绑缠时，要随时注意防止绑扎线重叠。 （9）使用并沟线夹时，要确认主导线、引流线并沟线夹接触牢固、紧密。 （10）在将引流线夹螺栓拧紧后，检查并确认引流线与主导线接触紧密，固定牢固	
4	拆除绝缘遮蔽	第一、第二电工相互配合，拆除导线遮蔽罩、横担遮蔽罩、针式绝缘子遮蔽罩等遮蔽用具	按照从远至近、从上到下、从小到大的原则拆除绝缘遮蔽	
5	施工质量检查	电杆上电工检查作业质量	（1）检查电杆上有无遗漏的工具、材料等。 （2）检查并确认作业质量符合施工质量标准	
6	完工	电杆上电工将所有工具传至地面，下电杆	（1）传递工具应使用绝缘绳及绝缘滑车。 （2）所传工具应绑扎牢固，在传递过程中操作平稳	

3. 竣工

序号	内　　容
1	工作负责人全面检查工作完成情况无误后，组织清理现场及工具
2	通知调度值班员，工作结束；停用线路重合闸的履行恢复程序
3	终结工作票

4. 验收总结

序号	检　修　总　结	
1	验收评价	
2	存在问题及处理意见	

5. 指导书执行情况评估

评估内容	符合性	优		可操作项	
		良		不可操作项	
	可操作性	优		修改项	
		良		遗漏项	
存在问题					
改进意见					

五、使用绝缘杆带电更换边相针式绝缘子

（一）施工前准备

1. 准备工作

（1）对工作地点进行现场勘察，并根据勘察结果判断能否进行带电作业。

（2）依据现场勘察结果，确定施工作业方案及应采取的安全技术措施，填写带电作业工作票。

（3）依据工作现场情况及需要开展的作业项目，判断是否需停用线路重合闸。如需停用线路重合闸，应提前向调度部门申请。

（4）进行事故抢修工作时，在到达工作地点后要先对现场进行全面勘察，找出作业中的危险点，制定相应的安全措施，向全体工作班成员交底并确认其清楚、明白后，方可开始工作。

2. 人员要求

（1）身体健康，无妨碍工作的疾病。

（2）带电作业人员需经相关部门培训合格，持证上岗。

（3）带电作业人员应熟练掌握紧急救护法。

（4）带电作业人员应全面掌握相关技术标准及操作规程。

3. 所用工器具

序号	名　称	单 位	数　量
1	绝缘三齿扒操作杆	根	1
2	绝缘支线杆	根	1
3	绝缘拉线杆	把	1
4	拉线杆固定器	套	1
5	支线杆提线器	套	1
6	遮蔽罩操作杆	根	1
7	绝缘滑轮组	组	1
8	导线遮蔽罩	根	若干
9	针式绝缘子遮蔽罩	个	1
10	横担遮蔽罩	套	1
11	绝缘测试仪	台	1
12	绝缘扎线剪	把	1
13	绝缘传递绳	条	1
14	绝缘安全帽	顶	2
15	普通安全帽	顶	2
16	绝缘手套	副	2
17	安全带	条	2
18	脚扣	副	2
19	护目镜	副	2
20	个人工具	套	若干
21	苫布	块	1

4. 材料

根据各地区实际情况选择所用材料。

5. 危险点分析

序号	内　容
1	在更换针式绝缘子前，未检查针式绝缘子损坏情况及螺母紧固情况，造成更换过程中绝缘子突然炸裂、松脱，从而引发事故
2	专责监护人未尽到监护职责，使作业人员失去监护

续表

序号	内　容
3	登电杆工作前，未检查安全工具及电杆情况，盲目登电杆造成事故
4	作业人员未按操作顺序进行工作，引发相间短路或接地事故
5	未遵守交通法规，引发交通事故

6. 安全措施

措施分类	条款	内　容
6.1　气象条件	6.1.1	此项工作应在良好天气下进行。如遇雷电（听见雷声、看见闪电）、雪雹、雨雾等天气，不得进行带电作业。风力大于5级（风速为10.7m/s）、空气相对湿度大于80%时，不宜进行该项工作
	6.1.2	在工作过程中如天气突然变化，并可能危及人身或设备安全时，应立即停止工作，尽快恢复设备正常运行状态或采取临时过渡措施
6.2　作业点周围环境	6.2.1	根据道路及工作现场周边环境情况，设置围栏或警示标志，防止非工作人员进入工作区域
	6.2.2	夜间抢修，带电作业工作地点应有足够的照明
6.3　绝缘工具最小有效绝缘长度及工作中最小安全距离	6.3.1	工作中，要保证绝缘操作杆最小有效绝缘长度不小于700mm，绝缘承力工具和绝缘绳索的最小有效绝缘长度不小于400mm
	6.3.2	进行地电位作业时，保证人身与带电体的最小安全距离不小于400mm
	6.3.3	绝缘工具使用前，应用2500V及以上绝缘电阻表或绝缘检测仪进行分段绝缘检测（电极宽20mm，极间宽20mm），绝缘电阻阻值应不低于700MΩ
6.4　其他相关措施	6.4.1	工作前，检查并确认针式绝缘子损坏及螺母固定情况。如绝缘子损坏严重、绑扎线松脱、螺母松动严重，要提前采取防范措施，防止工作中导线突然滑落
	6.4.2	专责监护人应履行监护职责，不得直接操作，监护范围不得超过一个作业点，要根据工作人员位置变化随时变换监护角度，以保证监护视线最佳
	6.4.3	带电作业时，作业人员严禁同时接触两个不同的电位
	6.4.4	上下传递物品必须使用绝缘绳索
	6.4.5	带电作业时，要保持带电体与人体、相间及对地的安全距离
	6.4.6	严格遵守交通法规，安全行车

7. 作业分工

序号	作　业　人　员
1	工作负责人（监护人）1名

续表

序号	作业人员
2	电杆上电工2名
3	地面电工1名

（二）作业步骤（程序）

1. 工作前准备

序号	内容
1	工作负责人填写带电作业工作票
2	工作负责人在带电作业工作开始前，应与值班调度员联系。如需要停用线路重合闸，应由值班调度员履行许可手续
3	全体人员列队，由工作负责人向全体工作班成员宣读工作票及安全措施，进行危险点告知，并履行确认手续
4	在作业现场周围布置好安全、警示围栏
5	绝缘工具使用前，应用2500V及以上绝缘电阻表或绝缘检测仪进行分段绝缘检测（电极宽20mm，极间宽20mm），绝缘电阻阻值应不低于700MΩ
6	检查并确认电杆及所用安全工具符合安全要求

2. 作业内容及标准

序号	作业步骤	作业标准、内容	危险点控制措施	备注
1	登电杆、传递工具	（1）第一、第二电工分别登电杆至适当位置。 （2）地面电工通过绝缘绳向电杆上电工传递所需工具	（1）第一、第二电工登电杆至适当位置，同时必须保证距下层带电导线安全距离不小于400mm。 （2）传递工具应使用绝缘绳及绝缘滑车。 （3）所传工具应绑扎牢固，在传递过程中操作平稳	
2	安装绝缘遮蔽用具	第一、第二电工相互配合，分别在两边相依次安装导线遮蔽罩、针式绝缘子遮蔽罩、横担遮蔽罩等遮蔽用具	（1）遮蔽罩间连接应有不小于150mm的重叠部分。 （2）按照从近至远、从下到上的原则对作业范围内不满足安全距离的带电体进行绝缘遮蔽	
3	施工	（1）第二电工取下针式绝缘子遮蔽罩，将拉线杆安装在电源侧，拉线杆端头在距针式绝缘子400mm左右的距离钩住导线，并适当拧紧。然后继续在电源侧安装支线杆，支线杆端头固定在绝缘子与拉线杆端头之间。	（1）支、拉杆端头金属钩要拧紧，拉线杆金属钩开口在电杆侧，防止在工作中导线脱落，造成事故，危及人身安全。	

续表

序号	作业步骤	作业标准、内容	危险点控制措施	备注
3	施工	（2）第一电工在距横担下方 800mm 处安装拉线杆固定器，并将拉线杆放入卡箍内。第二电工比照支线杆最下端安装支线杆提线器，并将支线杆下端固定环与提线器用销钉连接牢固。 （3）第一、第二电工分别用绝缘扎线剪将针式绝缘子两侧的绑扎线剪断，然后用绝缘三齿扒操作杆配合拆除绑扎线。 （4）待绑扎线拆开后，第二电工降至支线杆提线器处，第一电工移至拉线杆固定器处控制住拉线杆。此时，第二电工在抬起提线器使导线高于绝缘子 400mm 以上时，第一电工操作拉线杆，缓慢将导线支出到距接地体 700mm 以外，第二电工放下提线器，第一电工旋紧拉线杆卡箍，拆下导线上的遗留绑扎线。 （5）第一电工将旧针式绝缘子拆下，把已做好绑扎线的新针式绝缘子安装好，并恢复横担遮蔽。 （6）第二电工再次降至支线杆提线器处，第一电工移至拉线杆固定器处旋松卡箍，第二电工在抬起提线器使导线高于绝缘子 400mm 以上后，第一电工操作拉线杆，缓慢将导线收回，配合第二电工将导线放置绝缘子顶端线槽上，然后用绝缘三齿扒操作杆绑扎针式绝缘子。 （7）拆除支、拉杆及固定器	（2）拆除针式绝缘子绑扎线时，应随拆随剪断绑扎线，防止绑扎线过长造成接地。 （3）剪断绑扎线时，应防止剪伤导线。使用绝缘三齿扒操作杆绑扎针式绝缘子时，要绑扎牢固。 （4）安装支线杆、拉线杆应用力平稳，防止绝缘子突然碎裂引发接地事故。 （5）在针式绝缘子绑扎线未绑扎牢固前，不得拆卸支线杆和拉线杆	
4	拆除绝缘遮蔽	第一、第二电工相互配合，依次拆除横担遮蔽罩、针式绝缘子遮蔽罩、导线遮蔽罩等遮蔽用具	按照从远至近、从上到下的原则拆除绝缘遮蔽	
5	施工质量检查	电杆上电工检查作业质量	（1）检查电杆上有无遗漏的工具、材料等。 （2）检查并确认作业质量符合施工质量标准	
6	完工	电杆上电工将所有工具传至地面，下电杆	（1）传递工具应使用绝缘绳及绝缘滑车。 （2）所传工具应绑扎牢固，在传递过程中操作平稳	

3. 竣工

序号	内 容
1	工作负责人全面检查工作完成情况无误后，组织清理现场及工具
2	通知调度值班员，工作结束；停用线路重合闸的履行恢复程序
3	终结工作票

4. 验收总结

序号	检修总结	
1	验收评价	
2	存在问题及处理意见	

5. 指导书执行情况评估

评估内容	符合性	优		可操作项	
		良		不可操作项	
	可操作性	优		修改项	
		良		遗漏项	
存在问题					
改进意见					

6. 使用绝缘杆带电更换边相针式绝缘子程序

使用绝缘杆带电更换边相针式绝缘子程序见图 5-4。

（a）

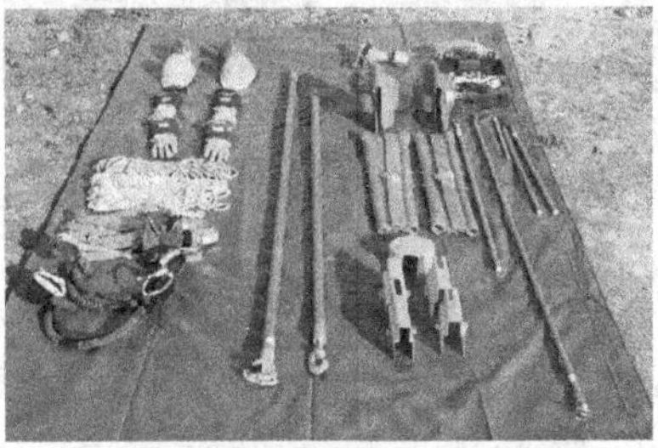

（b）

（c）

（d）

图 5-4　使用绝缘杆带电更换边相针式绝缘子程序（一）

（a）交代工作任务和注意事项；（b）更换绝缘子所需工具；（c）另一边相做好绝缘遮蔽后安装支拉杆；（d）剪断针式绝缘子绑扎线

（e） （f）

（g） （h）

图 5-4　使用绝缘杆带电更换边相针式绝缘子程序（二）

（e）拆除针式绝缘子绑扎线；（f）将边相导线支出；（g）将已做好绑扎线的新针式绝缘子安装好；

（h）将导线放置在绝缘子顶端线槽上进行绑扎

六、使用绝缘杆带电更换跌落式熔断器

（一）施工前准备

1. 准备工作

（1）对工作地点进行现场勘察，并根据勘察结果判断能否进行带电作业。

（2）依据现场勘察结果，确定施工作业方案及应采取的安全技术措施，填写带电作业工作票。

（3）依据工作现场情况及需要开展的作业项目，判断是否需停用线路重合闸。如需停用线路重合闸，应提前向调度部门申请。

（4）进行事故抢修工作时，在到达工作地点后要先对现场进行全面勘察，找出作业中的危险点，制定相应的安全措施，向全体工作班成员交底并确认其清楚、明白后，方可开始工作。

2. 人员要求

（1）身体健康，无妨碍工作的疾病。

（2）带电作业人员需经相关部门培训合格，持证上岗。

（3）带电作业人员应熟练掌握紧急救护法。

（4）带电作业人员应全面掌握相关技术标准及操作规程。

3. 所用工器具

序号	名　称	单　位	数　量
1	绝缘人字梯	架	1
2	绝缘手钳	把	1
3	绝缘隔板	块	2
4	绝缘卡线钩	根	2
5	绝缘棘轮扳手操作杆	根	1
6	绝缘测试仪	块	1
7	引线遮蔽罩	个	1
8	绝缘传递绳	条	4
9	拉（合）闸操作杆	副	1
10	绝缘断线剪	把	1
11	绝缘剥皮刀	把	1
12	绝缘安全帽	顶	2
13	普通安全帽	顶	2
14	绝缘手套	副	2
15	安全带	条	1
16	脚扣	副	1
17	护目镜	副	2
18	大锤	把	1
19	钎子	根	2
20	个人工具	套	若干
21	苫布	块	1

4. 材料

根据各地区实际情况选择所用材料。

5. 危险点分析

序号	内　容
1	在更换熔断器前，未认真检查熔断器本体损坏情况，造成工作过程中熔断器突然掉落，引发相间短路或接地事故
2	专责监护人未尽到监护职责，使作业人员失去监护

续表

序号	内　容
3	登电杆工作前未检查安全工具及电杆情况，盲目登电杆造成事故
4	作业人员未按操作顺序进行工作，引发相间短路或接地事故
5	绝缘梯未支平稳或两侧晃绳未系牢固，造成工作中绝缘梯晃动过大、倾倒，造成人员伤害
6	未遵守交通法规，引发交通事故

6. 安全措施

措施分类	条款	内　容
6.1　气象条件	6.1.1	此项工作应在良好天气下进行。如遇雷电（听见雷声、看见闪电）、雪雹、雨雾等天气，不得进行带电作业。风力大于5级（风速为10.7m/s）、空气相对湿度大于80%时，不宜进行该项工作
	6.1.2	在工作过程中如天气突然变化，并可能危及人身或设备安全时，应立即停止工作，尽快恢复设备正常运行状态或采取临时过渡措施
6.2　作业点周围环境	6.2.1	根据道路及工作现场周边环境情况，设置围栏或警示标志，防止非工作人员进入工作区域
	6.2.2	夜间抢修，带电作业工作地点应有足够的照明
6.3　绝缘工具最小有效绝缘长度及工作中最小安全距离	6.3.1	工作中，要保证绝缘操作杆最小有效绝缘长度不小于700mm，绝缘承力工具和绝缘绳索的最小有效绝缘长度不小于400mm
	6.3.2	进行地电位作业时，保证人身与带电体的最小安全距离不小于400mm
	6.3.3	绝缘工具使用前，应用2500V及以上绝缘电阻表或绝缘检测仪进行分段绝缘检测（电极宽20mm，极间宽20mm），绝缘电阻阻值应不低于700MΩ
6.4　其他相关措施	6.4.1	工作前，认真检查熔断器损坏情况，尤其要注意上引线连接位置和瓷件的细小裂纹，当发现有安全隐患时，要提前采取保护措施
	6.4.2	专责监护人应履行监护职责，不得直接操作，监护范围不得超过一个作业点，要根据工作人员位置变化随时变换监护角度，以保证监护视线最佳
	6.4.3	绝缘梯应支在平整的地面上，两侧固定晃绳的铁钎要打入地下足够深度，角度合适，晃绳要采用高强度绝缘绳，绑扎牢固
	6.4.4	带电作业时，作业人员严禁同时接触两个不同的电位
	6.4.5	上下传递物品必须使用绝缘绳索
	6.4.6	带电作业时，要保持带电体与人体、相间及对地的安全距离
	6.4.7	严格遵守交通法规，安全行车

7. 作业分工

序号	作 业 人 员
1	工作负责人（监护人）1 名
2	绝缘梯上电工 1 名
3	电杆上电工 1 名
4	地面电工 1 名

（二）作业步骤（程序）

1. 工作前准备

序号	内 容
1	工作负责人填写带电作业工作票
2	工作负责人在带电作业工作开始前，应与值班调度员联系。如需要停用线路重合闸，应由值班调度员履行许可手续
3	全体人员列队，由工作负责人向全体工作班成员宣读工作票及安全措施，进行危险点告知，并履行确认手续
4	在作业现场周围布置好安全、警示围栏
5	绝缘工具使用前，应用 2500V 及以上绝缘电阻表或绝缘检测仪进行分段绝缘检测（电极宽 20mm，极间宽 20mm），绝缘电阻阻值应不低于 700MΩ
6	检查并确认电杆及所用安全工具符合安全要求

2. 作业内容及标准

序号	作业步骤	作业标准、内容	危险点控制措施	备注
1	固定绝缘梯	作业人员相互配合，将绝缘梯立起，并提升至合适作业高度，打好绝缘晃绳	（1）绝缘梯头及两侧晃绳地面固定点应为三点一线。 （2）绝缘梯固定牢固后，要满足工作人员工作时人体与带电体最小安全距离不小于 400mm	
2	登电杆、登绝缘梯、传递工具	（1）电杆上电工在合适位置对高压母线进行验电、装设接地线，然后穿越母线登电杆至合适位置。 （2）绝缘梯上电工携带绝缘绳登绝缘梯至适当位置。 （3）地面电工通过绝缘绳向电杆、绝缘梯上电工传递所需绝缘工具	（1）电杆、绝缘梯上电工登至适当位置后，必须保证距周围带电体最小安全距离不小于 400mm。 （2）传递工具应使用绝缘绳及绝缘滑车。 （3）所传工具应绑扎牢固，在传递过程中操作平稳	
3	安装绝缘遮蔽用具	（1）绝缘梯上电工将绝缘隔板安装在熔断器横担上，起到隔离相间设备的作用。 （2）绝缘梯上电工对横担进行绝缘遮蔽（用横担遮蔽罩、绝缘毯包裹等）	安装绝缘隔板及横担遮蔽罩时，要保证人体与带电体最小安全距离不小于 400mm	

续表

序号	作业步骤	作业标准、内容	危险点控制措施	备注
4	施工	（1）可视现场实际情况，选择： 1）原拆原搭法。电杆上电工先用绝缘卡线钩固定住熔断器上引线，再用绝缘棘轮扳手操作杆将熔断器上引线固定螺栓松开，绝缘梯上电工用绝缘手钳配合将上引线向上拉起，用绝缘卡线钩固定在该相的引下线上。 2）上引线端头剥皮法。第一、第二电工相互配合在熔断器上引线固定螺栓向上适当位置，用绝缘剥皮刀削除绝缘层100mm，露出导线金属部分。电杆上电工用绝缘卡线钩固定住熔断器上引线，绝缘梯上电工用绝缘断线剪紧贴螺栓部分剪断上引线（此时已经剥除绝缘层的导线为上引线端头），绝缘梯上电工用绝缘手钳配合将上引线向上拉起，用绝缘卡线钩固定在该相的引下线上。 （2）绝缘梯上电工安装绝缘子、引下线遮蔽罩，对绝缘子和引下线进行绝缘遮蔽。 （3）绝缘梯上电工拆除熔断器下引线。 （4）更换跌落式熔断器并连接好下引线。 （5）绝缘梯上电工用绝缘手钳夹住上引线，电杆上电工松开绝缘卡线钩，绝缘梯上电工将上引线端头入进熔断器上端固定螺栓连接片内，电杆上电工用绝缘棘轮扳手操作杆旋紧螺栓。 （6）按照相同方法进行另外两相熔断器的更换工作	（1）在整个施工过程中，要时刻保证人体与带电体最小安全距离不小于400mm，绝缘杆最小有效绝缘长度不小于700mm。 （2）在向熔断器上端固定连接片内入上引线时要控制好方向和力度。 （3）由于绝缘断线剪、绝缘卡线钩等工具前端金属部分较长，因此使用时要注意与接地体的安全距离。 （4）由于上引线较细，容易变形，因此在固定时要用力均匀，防止摆动或变形过大造成对地、相间距离不够	
5	拆除绝缘遮蔽	依次拆除横担遮蔽罩、绝缘隔板	拆除时按照由远到近的原则进行	
6	施工质量检查	电杆上电工检查作业质量	（1）检查电杆上有无遗漏的工具、材料等。 （2）检查并确认作业质量符合施工质量标准	
7	完工	电杆上电工将所有工具传至地面，下电杆	（1）传递工具应使用绝缘绳及绝缘滑车。 （2）所传工具应绑扎牢固，在传递过程中操作平稳	

3. 竣工

序号	内容
1	工作负责人全面检查工作完成情况无误后，组织清理现场及工具
2	通知调度值班员，工作结束；停用线路重合闸的履行恢复程序
3	终结工作票

4. 验收总结

序号	检修总结	
1	验收评价	
2	存在问题及处理意见	

5. 指导书执行情况评估

评估内容	符合性	优		可操作项	
		良		不可操作项	
	可操作性	优		修改项	
		良		遗漏项	
存在问题					
改进意见					

6. 使用绝缘杆带电更换跌落式熔断器程序

使用绝缘杆带电更换跌落式熔断器程序见图 5-5。

（a）　　　　（b）

图 5-5　使用绝缘杆带电更换跌落式熔断器程序（一）

（a）交代工作任务和注意事项；（b）所需工具

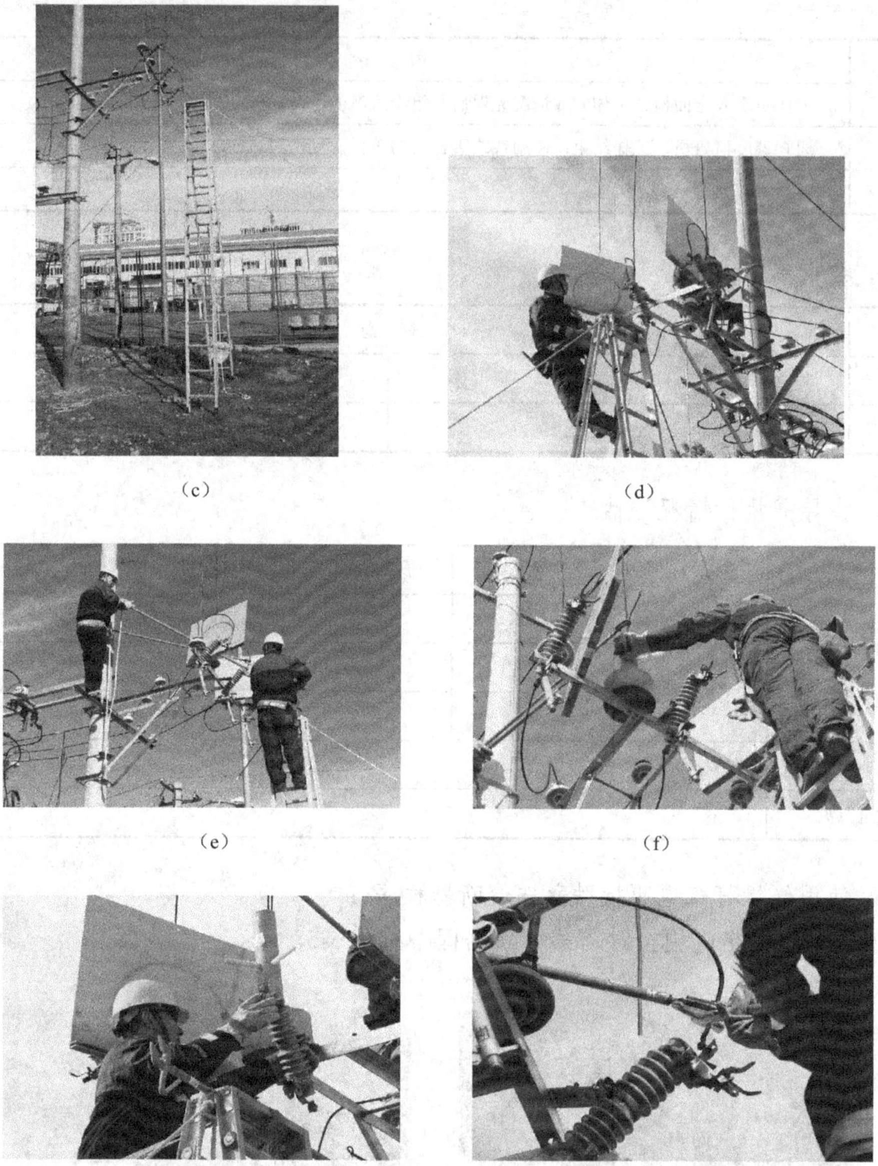

(c)　　(d)　　(e)　　(f)　　(g)　　(h)

图 5-5　使用绝缘杆带电更换跌落式熔断器程序（二）

（c）将绝缘梯立起并升至适合高度；（d）安装绝缘隔板；（e）拆除上、下引线；

（f）安装遮蔽罩；（g）更换跌落式熔断器；（h）恢复上、下引线

七、使用绝缘杆更换中相针式绝缘子（直线杆多功能绝缘抱杆法）

（一）施工前准备

1. 准备工作

（1）对工作地点进行现场勘察，并根据勘察结果判断能否进行带电作业。

（2）依据现场勘察结果，确定施工作业方案及应采取的安全技术措施，填写带电作业工作票。

（3）依据工作现场情况及需要开展的作业项目，判断是否需停用线路重合闸。如需停用线路重合闸，应提前向调度部门申请。

（4）进行事故抢修工作时，在到达工作地点后要先对现场进行全面勘察，找出作业中的危险点，制定相应的安全措施，向全体工作班成员交底并确认其清楚、明白后，方可开始工作。

2. 人员要求

（1）身体健康，无妨碍工作的疾病。

（2）带电作业人员需经相关部门培训合格，持证上岗。

（3）带电作业人员应熟练掌握紧急救护法。

（4）带电作业人员应全面掌握相关技术标准及操作规程。

3. 所用工器具

序号	名　称	单　位	数　量
1	绝缘三齿扒操作杆	根	1
2	多功能绝缘抱杆	套	1
3	遮蔽罩操作杆	根	1
4	绝缘滑轮组	组	1
5	导线遮蔽罩	根	若干
6	针式绝缘子遮蔽罩	个	2
7	杆顶绝缘遮蔽罩	套	1
8	绝缘测试仪	台	1
9	绝缘扎线剪	把	1
10	绝缘传递绳	条	1
11	绝缘安全帽	顶	2
12	普通安全帽	顶	2
13	绝缘手套	副	2
14	安全带	条	2

序号	名　称	单 位	数　量
15	脚扣	副	2
16	护目镜	副	2
17	个人工具	套	若干
18	苫布	块	1

4. 材料

根据各地区实际情况选择所用材料。

5. 危险点分析

序号	内　容
1	在更换针式绝缘子前，未检查针式绝缘子损坏情况及螺母紧固情况，造成更换过程中绝缘子突然炸裂、松脱，从而引发事故
2	专责监护人未尽到监护职责，使作业人员失去监护
3	登电杆工作前未检查安全工具及电杆情况，盲目登电杆造成事故
4	作业人员未按操作顺序进行工作，引发相间短路或接地事故
5	未遵守交通法规，引发交通事故

6. 安全措施

措施分类	条款	内　容
6.1　气象条件	6.1.1	此项工作应在良好天气下进行。如遇雷电（听见雷声、看见闪电）、雪雹、雨雾等天气，不得进行带电作业。风力大于5级（风速为10.7m/s）、空气相对湿度大于80%时，不宜进行该项工作
	6.1.2	在工作过程中如天气突然变化，并可能危及人身或设备安全时，应立即停止工作，尽快恢复设备正常运行状态或采取临时过渡措施
6.2　作业点周围环境	6.2.1	根据道路及工作现场周边环境情况，设置围栏或警示标志，防止非工作人员进入工作区域
	6.2.2	夜间抢修，带电作业工作地点应有足够的照明
6.3　绝缘工具最小有效绝缘长度及工作中最小安全距离	6.3.1	工作中，要保证绝缘操作杆最小有效绝缘长度不小于700mm，绝缘承力工具和绝缘绳索的最小有效绝缘长度不小于400mm

续表

措施分类	条款	内　容
6.3　绝缘工具最小有效绝缘长度及工作中最小安全距离	6.3.2	进行地电位作业时，保证人身与带电体的最小安全距离不小于400mm
	6.3.3	绝缘工具使用前，应用2500V及以上绝缘电阻表或绝缘检测仪进行分段绝缘检测（电极宽20mm，极间宽20mm），绝缘电阻阻值应不低于700MΩ
6.4　其他相关措施	6.4.1	工作前，检查并确认针式绝缘子损坏及螺母固定情况，如绝缘子损坏严重、绑扎线松脱、螺母松动严重，要提前采取防范措施，防止工作中导线突然滑落
	6.4.2	专责监护人应履行监护职责，不得直接操作，监护范围不得超过一个作业点，要根据工作人员位置变化随时变换监护角度，以保证监护视线最佳
	6.4.3	带电作业时，作业人员严禁同时接触两个不同的电位
	6.4.4	上下传递物品必须使用绝缘绳索
	6.4.5	带电作业时，要保持带电体与人体、相间及对地的安全距离
	6.4.6	严格遵守交通法规，安全行车

7. 作业分工

序号	作　业　人　员
1	工作负责人（监护人）1名
2	电杆上电工2名
3	地面电工1名

（二）作业步骤（程序）

1. 工作前准备

序号	内　容
1	工作负责人填写带电作业工作票
2	工作负责人在带电作业工作开始前，应与值班调度员联系。如需要停用线路重合闸，应由值班调度员履行许可手续
3	全体人员列队，由工作负责人向全体工作班成员宣读工作票及安全措施，进行危险点告知，并履行确认手续
4	在作业现场周围布置好安全、警示围栏
5	绝缘工具使用前，应用2500V及以上绝缘电阻表或绝缘检测仪进行分段绝缘检测（电极宽20mm，极间宽20mm），绝缘电阻阻值应不低于700MΩ
6	检查并确认电杆及所用安全工具符合安全要求

2. 作业内容及标准

序号	作业步骤	作业标准、内容	危险点控制措施	备注
1	登电杆、传递工具	（1）第一、第二电工分别登电杆至适当位置。 （2）地面电工通过绝缘绳向电杆上电工传递所需工具	（1）第一、第二电工登电杆至适当位置，同时必须保证距下层带电导线安全距离不小于400mm。 （2）传递工具应使用绝缘绳及绝缘滑车。 （3）所传工具应绑扎牢固，在传递过程中操作平稳	
2	安装绝缘遮蔽用具	（1）第一、第二电工相互配合，分别在两边相依次安装导线遮蔽罩、针式绝缘子遮蔽罩、横担遮蔽罩等遮蔽用具。 （2）在电杆顶部安装杆顶绝缘遮蔽罩	（1）遮蔽罩间连接应有不小于150mm的重叠部分。 （2）按照从近至远、从下到上的原则对作业范围内不满足安全距离的带电体进行绝缘遮蔽	
3	施工	（1）第一、第二电工相互配合，在适当的位置安装多功能绝缘抱杆，使绝缘抱杆的横担支撑导线。 （2）多功能绝缘抱杆检查安装无误后，第一、第二电工分别用绝缘扎线剪将针式绝缘子两侧的绑扎线剪断，然后用绝缘三齿扒操作杆配合拆除绑扎线。 （3）电杆上电工操作多功能抱杆使导线高于针式绝缘子顶端600mm以上，拆下导线上的遗留绑扎线。 （4）第一电工将旧针式绝缘子拆下，把已做好绑扎线的新针式绝缘子安装好，并恢复横担遮蔽。 （5）电杆上电工摇降多功能抱杆丝杠，将导线放在针式绝缘子顶端线槽上。同时相互配合，用绝缘三齿扒操作杆绑扎针式绝缘子。 （6）拆除多功能绝缘抱杆	（1）拆除针式绝缘子绑扎线时，应随拆随剪断绑扎线，防止绑扎线过长造成接地。 （2）剪断绑扎线时，应防止剪伤导线。使用绝缘三齿扒操作杆绑扎针式绝缘子时，要绑扎牢固。 （3）安装多功能绝缘抱杆时，应用力平稳，防止绝缘子突然碎裂而引发接地事故。 （4）在针式绝缘子绑扎线未绑扎牢固前，不得拆卸多功能绝缘抱杆	
4	拆除绝缘遮蔽	（1）第一电工拆除电杆顶部绝缘遮蔽罩。 （2）第一、第二电工相互配合，依次拆除两边相横担遮蔽罩、针式绝缘子遮蔽罩、导线遮蔽罩等遮蔽用具	按照从远至近、从上到下的原则拆除绝缘遮蔽	
5	施工质量检查	电杆上电工检查作业质量	（1）检查电杆上有无遗漏的工具、材料等。 （2）检查并确认作业质量符合施工质量标准	
6	完工	电杆上电工将所有工具传至地面，下电杆	（1）传递工具应使用绝缘绳及绝缘滑车。 （2）所传工具应绑扎牢固，在传递过程中操作平稳	

3. 竣工

序号	内容
1	工作负责人全面检查工作完成情况无误后，组织清理现场及工具
2	通知调度值班员，工作结束；停用线路重合闸的履行恢复程序
3	终结工作票

4. 验收总结

序号	检修总结	
1	验收评价	
2	存在问题及处理意见	

5. 指导书执行情况评估

<table>
<tr><td rowspan="4">评估内容</td><td rowspan="2">符合性</td><td>优</td><td></td><td>可操作项</td><td></td></tr>
<tr><td>良</td><td></td><td>不可操作项</td><td></td></tr>
<tr><td rowspan="2">可操作性</td><td>优</td><td></td><td>修改项</td><td></td></tr>
<tr><td>良</td><td></td><td>遗漏项</td><td></td></tr>
<tr><td>存在问题</td><td colspan="5"></td></tr>
<tr><td>改进意见</td><td colspan="5"></td></tr>
</table>

八、使用绝缘杆更换中相针式绝缘子（直线杆直拉杆法）

（一）施工前准备

1. 准备工作

（1）对工作地点进行现场勘察，并根据勘察结果判断能否进行带电作业。

（2）依据现场勘察结果，确定施工作业方案及应采取的安全技术措施，填写带电作业工作票。

（3）依据工作现场情况及需要开展的作业项目，判断是否需停用线路重合闸。如需停用线路重合闸，应提前向调度部门申请。

（4）进行事故抢修工作时，在到达工作地点后要先对现场进行全面勘察，找出作业中的危险点，制定相应的安全措施，向全体工作班成员交底并确认其清楚、明白后，方可开始工作。

2. 人员要求

（1）身体健康，无妨碍工作的疾病。

（2）带电作业人员需经相关部门培训合格，持证上岗。

（3）带电作业人员应熟练掌握紧急救护法。

（4）带电作业人员应全面掌握相关技术标准及操作规程。

3. 所用工器具

序号	名 称	单 位	数 量
1	绝缘三齿扒操作杆	根	1
2	绝缘支线杆	根	1
3	支线杆固定器	套	2
4	遮蔽罩操作杆	根	1
5	绝缘滑轮组	组	1
6	杆顶绝缘遮蔽罩	套	1
7	导线遮蔽罩	根	若干
8	针式绝缘子遮蔽罩	个	2
9	绝缘测试仪	台	1
10	绝缘扎线剪	把	1
11	绝缘传递绳	条	1
12	绝缘安全帽	顶	2
13	普通安全帽	顶	2
14	绝缘手套	副	2
15	安全带	条	2
16	脚扣	副	2
17	护目镜	副	2
18	个人工具	套	若干
19	苫布	块	1

4. 材料

根据各地区实际情况选择所用材料。

5. 危险点分析

序号	内 容
1	在更换针式绝缘子前，未检查针式绝缘子损坏情况及螺母紧固情况，造成更换过程中绝缘子突然炸裂、松脱，从而引发事故
2	专责监护人未尽到监护职责，使作业人员失去监护
3	登电杆工作前未检查安全工具及电杆情况，盲目登电杆造成事故
4	作业人员未按操作顺序进行工作，引发相间短路或接地事故
5	未遵守交通法规，引发交通事故

6. 安全措施

措施分类	条款	内容
6.1 气象条件	6.1.1	此项工作应在良好天气下进行。如遇雷电（听见雷声、看见闪电）、雪雹、雨雾等天气，不得进行带电作业。风力大于5级（风速为10.7m/s）、空气相对湿度大于80%时，不宜进行该项工作
	6.1.2	在工作过程中如天气突然变化，并可能危及人身或设备安全时，应立即停止工作，尽快恢复设备正常运行状态或采取临时过渡措施
6.2 作业点周围环境	6.2.1	根据道路及工作现场周边环境情况，设置围栏或警示标志，防止非工作人员进入工作区域
	6.2.2	夜间抢修，带电作业工作地点应有足够的照明
6.3 绝缘工具最小有效绝缘长度及工作中最小安全距离	6.3.1	工作中，要保证绝缘操作杆最小有效绝缘长度不小于700mm，绝缘承力工具和绝缘绳索的最小有效绝缘长度不小于400mm
	6.3.2	进行地电位作业时，保证人身与带电体的最小安全距离不小于400mm
	6.3.3	绝缘工具使用前，应用2500V及以上绝缘电阻表或绝缘检测仪进行分段绝缘检测（电极宽20mm，极间宽20mm），绝缘电阻阻值应不低于700MΩ
6.4 其他相关措施	6.4.1	工作前，检查并确认针式绝缘子损坏及螺母固定情况。如绝缘子损坏严重、绑扎线松脱、螺母松动严重，要提前采取防范措施，防止工作中导线突然滑落
	6.4.2	专责监护人应履行监护职责，不得直接操作，监护范围不得超过一个作业点，要根据工作人员位置变化随时变换监护角度，以保证监护视线最佳
	6.4.3	带电作业时，作业人员严禁同时接触两个不同的电位
	6.4.4	上下传递物品必须使用绝缘绳索
	6.4.5	带电作业时，要保持带电体与人体、相间及对地的安全距离
	6.4.6	严格遵守交通法规，安全行车

7. 作业分工

序号	作业人员
1	工作负责人（监护人）1名
2	电杆上电工2名
3	地面电工1名

（二）作业步骤（程序）

1. 工作前准备

序号	内容
1	工作负责人填写带电作业工作票

续表

序号	内容
2	工作负责人在带电作业工作开始前，应与值班调度员联系。如需要停用线路重合闸，应由值班调度员履行许可手续
3	全体人员列队，由工作负责人向全体工作班成员宣读工作票及安全措施，进行危险点告知，并履行确认手续
4	在作业现场周围布置好安全、警示围栏
5	绝缘工具使用前，应用2500V及以上绝缘电阻表或绝缘检测仪进行分段绝缘检测（电极宽20mm，极间宽20mm），绝缘电阻阻值应不低于700MΩ
6	检查并确认电杆及所用安全工具符合安全要求

2. 作业内容及标准

序号	作业步骤	作业标准、内容	危险点控制措施	备注
1	登电杆、传递工具	（1）第一、第二电工分别登电杆至适当位置。 （2）地面电工通过绝缘绳向电杆上电工传递所需工具	（1）第一、第二电工登电杆至适当位置，同时必须保证距下层带电导线安全距离不小于400mm。 （2）传递工具应使用绝缘绳及绝缘滑车。 （3）所传工具应绑扎牢固，在传递过程中操作平稳	
2	安装绝缘遮蔽用具	（1）第一、第二电工相互配合，分别在两边相依次安装导线遮蔽罩、针式绝缘子遮蔽罩、横担遮蔽罩等遮蔽用具。 （2）在电杆顶部安装杆顶绝缘遮蔽罩	（1）遮蔽罩间连接应有不小于150mm的重叠部分。 （2）按照从近至远、从下到上的原则对作业范围内不满足安全距离的带电体进行绝缘遮蔽	
3	施工	（1）第一电工在横担下方安装上端支线杆固定器，第二电工在距上端支线杆固定器1.2m处安装下端支线杆固定器，两固定器在同一垂直线上。 （2）第一电工将支线杆上端钩住导线，并适当紧固。然后将支线杆放进上、下固定器的卡箍内，旋紧螺栓。 （3）第一、第二电工分别用绝缘扎线剪将针式绝缘子两侧的绑扎线剪断，然后用绝缘三齿扒操作杆配合拆除绑扎线。	（1）拆除针式绝缘子绑扎线时，应随拆随剪断绑扎线，防止绑扎线过长造成接地。 （2）剪断绑扎线时，应防止剪伤导线。使用绝缘三齿扒操作杆绑扎针式绝缘子时，要绑扎牢固。	

续表

序号	作业步骤	作业标准、内容	危险点控制措施	备注
3	施工	（4）待绑扎线拆开后，第二电工降至支线杆下端固定器处，第一、第二电工分别将支线杆两固定器卡箍适当旋松。此时，第二电工握紧支线杆下端向上顶起导线，使导线高于针式绝缘子顶端600mm以上时，第一电工分别旋紧拉线杆上、下端固定器卡箍，两电工相互配合拆下导线上的遗留绑扎线（大截面导线可采用绝缘滑轮组进行导线提升工作）。 （5）第一电工将旧针式绝缘子拆下，把已做好绑扎线的新针式绝缘子安装好。 （6）第二电工再次降至支线杆下端固定器处握紧支线杆下端，第一电工分别适当旋松两固定器卡箍，第二电工缓慢将导线收回，放置在针式绝缘子顶端线槽上，然后用绝缘三齿扒操作杆绑扎针式绝缘子。 （7）拆除支、拉线杆及固定器	（3）安装支线杆时，应用力平稳，防止绝缘子突然碎裂引发接地事故。 （4）在针式绝缘子绑扎线未绑扎牢固前，不得拆卸支线杆	
4	拆除绝缘遮蔽	（1）第一电工拆除电杆顶部绝缘遮蔽罩。 （2）第一、第二电工相互配合，依次拆除两边相横担遮蔽罩、针式绝缘子遮蔽罩、导线遮蔽罩等遮蔽用具	按照从远至近、从上到下的原则拆除绝缘遮蔽	
5	施工质量检查	电杆上电工检查作业质量	（1）检查电杆上有无遗漏的工具、材料等。 （2）检查并确认作业质量符合施工质量标准	
6	完工	电杆上电工将所有工具传至地面，下电杆	（1）传递工具应使用绝缘绳及绝缘滑车。 （2）所传工具应绑扎牢固，在传递过程中操作平稳	

3. 竣工

序号	内容
1	工作负责人全面检查工作完成情况无误后，组织清理现场及工具
2	通知调度值班员，工作结束；停用线路重合闸的履行恢复程序
3	终结工作票

4. 验收总结

序号	检修总结	
1	验收评价	
2	存在问题及处理意见	

5. 指导书执行情况评估

评估内容	符合性	优		可操作项	
		良		不可操作项	
	可操作性	优		修改项	
		良		遗漏项	
存在问题					
改进意见					

6. 使用绝缘杆更换中相针式绝缘子程序

使用绝缘杆更换中相针式绝缘子程序见图 5-6。

（a）

（b）

（c）

（d）

图 5-6　使用绝缘杆更换中相针式绝缘子程序（一）

（a）交代工作及注意事项；（b）所需工具；（c）安装好遮蔽用具；（d）安装好支线杆

（e）（f）（g）

（h）

图 5-6 使用绝缘杆更换中相针式绝缘子程序（二）

（e）剪断针式绝缘子两侧的绑扎线；（f）用三齿扒拆除针式绝缘子绑扎线；

（g）握紧支线杆向上支起导线；（h）更换绝缘子

九、使用绝缘杆带电更换隔离开关

（一）施工前准备

1. 准备工作

（1）对工作地点进行现场勘察，并根据勘察结果判断能否进行带电作业。

（2）依据现场勘察结果，确定施工作业方案及应采取的安全技术措施，填写带电作业工作票。

（3）依据工作现场情况及需要开展的作业项目，判断是否需停用线路重合闸。如需停用线路重合闸，应提前向调度部门申请。

（4）进行事故抢修工作时，在到达工作地点后要先对现场进行全面勘察，找出作业中的危险点，制定相应的安全措施，向全体工作班成员交底并确认其清楚、明白后，方可开始工作。

2. 人员要求

（1）身体健康，无妨碍工作的疾病。

（2）带电作业人员需经相关部门培训合格，持证上岗。

（3）带电作业人员应熟练掌握紧急救护法。

（4）带电作业人员应全面掌握相关技术标准及操作规程。

3. 所用工器具

序号	名　称	单 位	数　量
1	绝缘三齿扒操作杆	根	1
2	绝缘钳	把	1
3	绝缘卡线钩	根	3
4	绝缘引流线夹操作杆	根	1
5	绝缘导线剥皮器操作杆	根	1
6	遮蔽罩操作杆	根	1
7	绝缘绕线器杆	根	1
8	导线遮蔽罩	根	若干
9	绝缘扎线剪	把	1
10	绝缘大剪	把	1
11	绝缘传递绳	条	1
12	拉（合）闸操作杆	副	1
13	绝缘安全帽	顶	2
14	普通安全帽	顶	2
15	绝缘手套	副	2
16	安全带	条	2
17	脚扣	副	2
18	护目镜	副	2
19	高压电流检测仪	台	1
20	个人工具	套	若干
21	苫布	块	1

4. 材料

根据各地区实际情况选择所用材料。

5. 危险点分析

序号	内　　容
1	在断引流线前，未检查负荷控制开关处于拉开位置，造成带负荷接引流线
2	专责监护人未尽到监护职责，使作业人员失去监护
3	登电杆工作前未检查安全工具及电杆情况，盲目登电杆造成事故
4	作业人员未按操作顺序进行工作，引发相间短路或接地事故
5	未遵守交通法规，引发交通事故

6. 安全措施

措施分类	条款	内　　容
6.1　气象条件	6.1.1	此项工作应在良好天气下进行。如遇雷电（听见雷声、看见闪电）、雪雹、雨雾等天气，不得进行带电作业。风力大于5级（风速为10.7m/s）、空气相对湿度大于80%时，不宜进行该项工作
	6.1.2	在工作过程中如天气突然变化，并可能危及人身或设备安全时，应立即停止工作，尽快恢复设备正常运行状态或采取临时过渡措施
6.2　作业点周围环境	6.2.1	根据道路及工作现场周边环境情况，设置围栏或警示标志，防止非工作人员进入工作区域
	6.2.2	夜间抢修，带电作业工作地点应有足够的照明
6.3　绝缘工具最小有效绝缘长度及工作中最小安全距离	6.3.1	工作中，要保证绝缘操作杆最小有效绝缘长度不小于700mm，绝缘承力工具和绝缘绳索的最小有效绝缘长度不小于400mm
	6.3.2	进行地电位作业时，保证人身与带电体的最小安全距离不小于400mm
	6.3.3	绝缘工具使用前，应用2500V及以上绝缘电阻表或绝缘检测仪进行分段绝缘检测（电极宽20mm，极间宽20mm），绝缘电阻阻值应不低于700MΩ
6.4　其他相关措施	6.4.1	工作前，确认开关处于拉开位置，用电流检测仪检查电流情况，确认所断引流线确已空载
	6.4.2	专责监护人应履行监护职责，不得直接操作，监护范围不得超过一个作业点，要根据工作人员位置变化随时变换监护角度，以保证监护视线最佳
	6.4.3	在三相引线未全部拆除前，已拆除引线的导线应视为带电导线，作业时严禁身体碰触
	6.4.4	带电作业时，作业人员严禁同时接触两个不同的电位
	6.4.5	上下传递物品必须使用绝缘绳索
	6.4.6	带电作业时，要保持带电体与人体、相间及对地的安全距离
	6.4.7	严格遵守交通法规，安全行车

7. 作业分工

序号	作 业 人 员
1	工作负责人（监护人）1 名
2	电杆上电工 2 名
3	地面电工 1 名

（二）作业步骤（程序）

1. 工作前准备

序号	内 容
1	工作负责人填写带电作业工作票
2	工作负责人在带电作业工作开始前，应与值班调度员联系。如需要停用线路重合闸，应由值班调度员履行许可手续
3	全体人员列队，由工作负责人向全体工作班成员宣读工作票及安全措施，进行危险点告知，并履行确认手续
4	在作业现场周围布置好安全、警示围栏
5	绝缘工具使用前，应用 2500V 及以上绝缘电阻表或绝缘检测仪进行分段绝缘检测（电极宽 20mm，极间宽 20mm），绝缘电阻阻值应不低于 700MΩ
6	检查并确认电杆及所用安全工具符合安全要求
7	将准备更换隔离开关负荷侧的所有电缆、变压器高压侧跌落式熔断器或线路开关拉开，使隔离开关负荷侧空载，用电流检测仪检查电流情况，确认所断引流线确已空载

2. 作业内容及标准

序号	作业步骤	作业标准、内容	危险点控制措施	备注
1	登电杆、传递工具	（1）第一、第二电工分别登电杆至适当位置。 （2）地面电工通过绝缘绳向电杆上电工传递所需绝缘工具	（1）第一、第二电工登电杆至适当位置，同时必须保证距下层带电导线安全距离不小于400mm。 （2）传递工具应使用绝缘绳及绝缘滑车。 （3）所传工具应绑扎牢固，在传递过程中操作平稳	
2	施工	（1）第二电工用拉（合）闸操作杆将隔离开关拉开。 （2）断开引流线。可视现场实际情况，选择：	（1）拉开后的隔离开关动触头应垂直朝下，保证与静触头之间的净空距离不小于 200mm。 （2）使用绝缘断线剪剪断引线时，应注意防止剪伤主导线。	

续表

序号	作业步骤	作业标准、内容	危险点控制措施	备注
2	施工	1）拆除缠绕法。第二电工用绝缘卡线钩固定住靠近电源侧的边相引流线，由第一电工用绝缘扎线剪将引流线与线路主线连接的绑扎线头剪断并拆开，第二电工用绝缘三齿扒拆除绑扎线。 2）并沟线夹法。第一电工用并沟线夹装拆杆固定住靠近电源侧的边相并沟线夹，由第二电工用绝缘套筒扳手拆卸并沟线夹。 3）引流线夹法。第一电工用绝缘钳（或绝缘卡线钩）固定住靠近电源侧的边相引流线，第二电工用引流线夹操作杆拆卸引流线夹。 4）直接剪断法。第一电工用绝缘钳（或绝缘卡线钩）固定住靠近电源侧的边相引流线，第二电工用绝缘大剪在靠近电源侧剪断引流线。 （3）第一电工用绝缘钳（或绝缘卡线钩）控制引流线，使其脱离带电体，缓慢松开。 （4）按照相同方法断开另一边相引流线，最后进行断中相引流线工作。 （5）待三相引流线全部断开后，第一、第二电工相互配合，用绝缘操作杆将已断开的引流线固定。 （6）在隔离开关负荷侧验电，挂地线。然后从边相依次拆除旧隔离开关，安装新隔离开关。 （7）对安装好的新隔离开关进行拉合试操作。 （8）拆除地线。 （9）第一、第二电工下移至适当位置，确保对下层带电体保证足够的最小安全距离，开始接引流线工作。可视现场实际情况，选择： 1）缠绕法。第二电工用绝缘钳（或绝缘卡线钩）固定住引流线端头，缓慢送至引流线固定位置，第一电工用绝缘卡线钩将引流线与主导线固定牢固，第二电工松开绝缘钳（或绝缘卡线钩），用绝缘绕线器进行绑缠。 2）并沟线夹法。第一电工用并沟线夹装拆杆固定住并沟线夹及中相导线确认与主导线连接处接触良好后，由第二电工用绝缘套筒扳手拧紧并沟线夹螺栓。	（3）拆卸引流线连接固定装置时，应注意保持其与周围带电体及接地体的安全距离。 （4）剪断一相引流线后，其剪断的引流线不得用手直接触及，是因为在其他两相还没有断开时，会有感应电存在。 （5）断开的三相引流线应牢固固定在无电构件上。 （6）在松开引流线后，要防止其弹起或因大风等其他原因再次接近带电体。 （7）更换隔离开关时，要时刻注意保证与带电体最小安全距离不小于400mm。 （8）控制引流线使其脱离带电体时，要保证断开引流线与带电体最小距离不小于400mm。 （9）引流线在接近带电导线前，要确认其与周围人体、横担、电杆等保持足够的安全距离。 （10）使用需上下拉动的绕线器时，要用力均匀，防止因用力过猛造成导线摆动过大而造成事故。 （11）使用绕线器进行绑缠时，要随时注意防止绑扎线重叠。	

续表

序号	作业步骤	作业标准、内容	危险点控制措施	备注
2	施工	3）引流线夹法。第二电工用绝缘钳（或绝缘卡线钩）固定住中相引流线端头，缓慢送至引流线固定位置，第一电工用引流线夹操作杆将引流线夹送至连接处，并拧紧螺栓。 （10）按照相同方法进行另外两边相引流线的搭接工作	（12）使用并沟线夹时，要确认主导线、引流线并沟线夹接触牢固、紧密。 （13）在将引流线夹螺栓拧紧后，检查并确认引流线与主导线接触紧密，固定牢固	
3	施工质量检查	电杆上电工检查作业质量	（1）检查电杆上有无遗漏的工具、材料等。 （2）检查并确认作业质量符合施工质量标准	
4	完工	电杆上电工将所有工具传至地面，下电杆	（1）传递工具应使用绝缘绳及绝缘滑车。 （2）所传工具应绑扎牢固，在传递过程中操作平稳	

3. 竣工

序号	内　容
1	工作负责人全面检查工作完成情况无误后，组织清理现场及工具
2	通知调度值班员，工作结束；停用线路重合闸的履行恢复程序
3	终结工作票

4. 验收总结

序号	检　修　总　结	
1	验收评价	
2	存在问题及处理意见	

5. 指导书执行情况评估

评估内容	符合性	优		可操作项	
		良		不可操作项	
	可操作性	优		修改项	
		良		遗漏项	
存在问题					
改进意见					

6. 使用绝缘杆带电更换隔离开关程序

使用绝缘杆带电更换隔离开关程序见图 5-7。

（a）

（b）

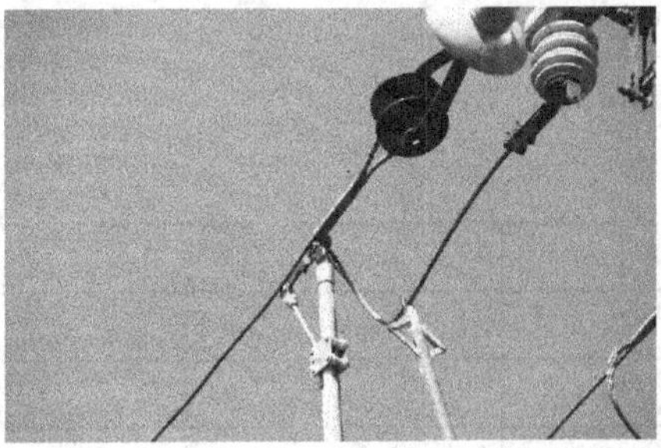

（c）

（d）

（e）

图 5-7　使用绝缘杆带电更换隔离开关程序

（a）交代工作及注意事项；（b）所需工具；（c）剪断隔离开关引流线；（d）更换隔离开关；（e）接引流线

十、使用绝缘杆紧固针式绝缘子螺母

（一）施工前准备

1. 准备工作

（1）对工作地点进行现场勘察，并根据勘察结果判断能否进行带电作业。

（2）依据现场勘察结果，确定施工作业方案及应采取的安全技术措施，填写带电作业工作票。

（3）依据工作现场情况及需要开展的作业项目，判断是否需停用线路重合闸。如需停用线路重合闸，应提前向调度部门申请。

（4）进行事故抢修工作时，在到达工作地点后要先对现场进行全面勘察，找出作业中的危险点，制定相应的安全措施，向全体工作班成员交底并确认其清楚、明白后，方可开始工作。

2. 人员要求

（1）身体健康，无妨碍工作的疾病。

（2）带电作业人员需经相关部门培训合格，持证上岗。

（3）带电作业人员应熟练掌握紧急救护法。

（4）带电作业人员应全面掌握相关技术标准及操作规程。

3. 所用工器具

序号	名　称	单　位	数　量
1	绝缘卡线钩	根	1
2	绝缘套筒操作杆	根	1
3	绝缘传递绳	条	1
4	绝缘安全帽	顶	2
5	普通安全帽	顶	2
6	绝缘手套	副	2
7	安全带	条	2
8	脚扣	副	2
9	护目镜	副	2
10	绝缘测试仪	块	1
11	个人工具	套	若干
12	苫布	块	1

4. 材料

根据各地区实际情况选择所用材料。

5. 危险点分析

序号	内　容
1	在接引流线前，未检查负荷控制开关处于拉开位置，造成带负荷接引流线

续表

序号	内　　容
2	专责监护人未尽到监护职责，使作业人员失去监护
3	登电杆工作前未检查安全工具及电杆情况，盲目登电杆造成事故
4	作业人员未按操作顺序进行工作，引发相间短路或接地事故
5	未遵守交通法规，引发交通事故

6. 安全措施

措施分类	条款	内　　容
6.1　气象条件	6.1.1	此项工作应在良好天气下进行。如遇雷电（听见雷声、看见闪电）、雪雹、雨雾等天气，不得进行带电作业。风力大于5级（风速为10.7m/s）、空气相对湿度大于80%时，不宜进行该项工作
	6.1.2	在工作过程中如天气突然变化，并可能危及人身或设备安全时，应立即停止工作，尽快恢复设备正常运行状态或采取临时过渡措施
6.2　作业点周围环境	6.2.1	根据道路及工作现场周边环境情况，设置围栏或警示标志，防止非工作人员进入工作区域
	6.2.2	夜间抢修，带电作业工作地点应有足够的照明
6.3　绝缘工具最小有效绝缘长度及工作中最小安全距离	6.3.1	工作中，要保证绝缘操作杆最小有效绝缘长度不小于700mm，绝缘承力工具和绝缘绳索的最小有效绝缘长度不小于400mm
	6.3.2	进行地电位作业时，保证人身与带电体的最小安全距离不小于400mm
	6.3.3	绝缘工具使用前，应用2500V及以上绝缘电阻表或绝缘检测仪进行分段绝缘检测（电极宽20mm，极间宽20mm），绝缘电阻阻值应不低于700MΩ
6.4　其他相关措施	6.4.1	工作前，检查并确认针式绝缘子损坏及螺母固定情况。如螺母松动严重，要提前采取防范措施，防止工作中导线突然滑落
	6.4.2	专责监护人应履行监护职责，不得直接操作，监护范围不得超过一个作业点，要根据工作人员位置变化随时变换监护角度，以保证监护视线最佳
	6.4.3	带电作业时，作业人员严禁同时接触两个不同的电位
	6.4.4	上下传递物品必须使用绝缘绳索
	6.4.5	带电作业时，要保持带电体与人体、相间及对地的安全距离
	6.4.6	严格遵守交通法规，安全行车

7. 作业分工

序号	作　业　人　员
1	工作负责人（监护人）1名

续表

序号	作业人员
2	电杆上电工2名
3	地面电工1名

（二）作业步骤（程序）

1. 工作前准备

序号	内容
1	工作负责人填写带电作业工作票
2	工作负责人在带电作业工作开始前，应与值班调度员联系。如需要停用线路重合闸，应由值班调度员履行许可手续
3	全体人员列队，由工作负责人向全体工作班成员宣读工作票及安全措施，进行危险点告知，并履行确认手续
4	在作业现场周围布置好安全、警示围栏
5	绝缘工具使用前，应用2500V及以上绝缘电阻表或绝缘检测仪进行分段绝缘检测（电极宽20mm，极间宽20mm），绝缘电阻阻值应不低于700MΩ
6	检查并确认电杆及所用安全工具符合安全要求

2. 作业内容及标准

序号	作业步骤	作业标准、内容	危险点控制措施	备注
1	登电杆、传递工具	（1）第一、第二电工分别登电杆至适当位置。 （2）地面电工通过绝缘绳向电杆上电工传递所需绝缘工具	（1）第一、第二电工登电杆至适当位置，同时必须保证距下层带电导线安全距离不小于400mm。 （2）传递工具应使用绝缘绳及绝缘滑车。 （3）所传工具应绑扎牢固，在传递过程中操作平稳	
2	施工	（1）第一电工在靠近针式绝缘子处拧紧绝缘卡线钩，扶正绝缘子。 （2）第二电工用绝缘套筒操作杆拧紧针式绝缘子螺母	（1）在拧紧绝缘卡线钩时，要注意金属头与横担保持安全距离。 （2）在扶正针式绝缘子时，动作要轻，防止导线摆动过大而突然脱落	
3	施工质量检查	电杆上电工检查作业质量	（1）检查杆上有无遗漏的工具、材料等。 （2）检查并确认作业质量符合施工质量标准	
4	完工	电杆上电工将所有工具传至地面，下电杆	（1）传递工具应使用绝缘绳及绝缘滑车。 （2）所传工具应绑扎牢固，在传递过程中操作平稳	

3. 竣工

序号	内　容
1	工作负责人全面检查工作完成情况无误后，组织清理现场及工具
2	通知调度值班员，工作结束；停用线路重合闸的履行恢复程序
3	终结工作票

4. 验收总结

序号	检　修　总　结	
1	验收评价	
2	存在问题及处理意见	

5. 指导书执行情况评估

评估内容	符合性	优		可操作项	
		良		不可操作项	
	可操作性	优		修改项	
		良		遗漏项	
存在问题					
改进意见					

6. 使用绝缘杆紧固针式绝缘子螺母程序

使用绝缘杆紧固针式绝缘子螺母程序见图 5-8。

（a）　　　　（b）

图 5-8　使用绝缘杆紧固针式绝缘子螺母程序（一）

（a）交代工作任务及注意事项；（b）所需工具

(c)

图 5-8　使用绝缘杆紧固针式绝缘子螺母程序（二）

（c）两人配合紧固螺母

十一、使用绝缘杆带电更换边相绝缘子（直线杆多功能绝缘抱杆法）

（一）施工前准备

1. 准备工作

（1）对工作地点进行现场勘察，并根据勘察结果判断能否进行带电作业。

（2）依据现场勘察结果，确定施工作业方案及应采取的安全技术措施，填写带电作业工作票。

（3）依据工作现场情况及需要开展的作业项目，判断是否需停用线路重合闸。如需停用线路重合闸，应提前向调度部门申请。

（4）进行事故抢修工作时，在到达工作地点后要先对现场进行全面勘察，找出作业中的危险点，制定相应的安全措施，向全体工作班成员交底并确认其清楚、明白后，方可开始工作。

2. 人员要求

（1）身体健康，无妨碍工作的疾病。

（2）带电作业人员需经相关部门培训合格，持证上岗。

（3）带电作业人员应熟练掌握紧急救护法。

（4）带电作业人员应全面掌握相关技术标准及操作规程。

3. 所用工器具

序号	名　称	单　位	数　量
1	绝缘三齿扒操作杆	根	1

续表

序号	名　　称	单　位	数　　量
2	多功能绝缘抱杆	套	1
3	遮蔽罩操作杆	根	1
4	绝缘滑轮组	组	1
5	导线遮蔽罩	根	若干
6	针式绝缘子遮蔽罩	个	1
7	横担遮蔽罩	套	1
8	绝缘测试仪	台	1
9	绝缘扎线剪	把	1
10	绝缘传递绳	条	1
11	绝缘安全帽	顶	2
12	普通安全帽	顶	2
13	绝缘手套	副	2
14	安全带	条	2
15	脚扣	副	2
16	护目镜	副	2
17	个人工具	套	若干
18	苫布	块	1

4. 材料

根据各地区实际情况选择所用材料。

5. 危险点分析

序号	内　　容
1	在更换针式绝缘子前，未检查针式绝缘子损坏情况及螺母紧固情况，造成更换过程中绝缘子突然炸裂、松脱，从而引发事故
2	专责监护人未尽到监护职责，使作业人员失去监护
3	登电杆工作前未检查安全工具及电杆情况，盲目登电杆造成事故
4	作业人员未按操作顺序进行工作，引发相间短路或接地事故
5	未遵守交通法规，引发交通事故

6. 安全措施

措施分类	条款	内　容
6.1　气象条件	6.1.1	此项工作应在良好天气下进行。如遇雷电（听见雷声、看见闪电）、雪雹、雨雾等天气，不得进行带电作业。风力大于5级（风速为10.7m/s）、空气相对湿度大于80%时，不宜进行该项工作
	6.1.2	在工作过程中如天气突然变化，并可能危及人身或设备安全时，应立即停止工作，尽快恢复设备正常运行状态或采取临时过渡措施
6.2　作业点周围环境	6.2.1	根据道路及工作现场周边环境情况，设置围栏或警示标志，防止非工作人员进入工作区域
	6.2.2	夜间抢修，带电作业工作地点应有足够的照明
6.3　绝缘工具最小有效绝缘长度及工作中最小安全距离	6.3.1	工作中，要保证绝缘操作杆最小有效绝缘长度不小于700mm，绝缘承力工具和绝缘绳索的最小有效绝缘长度不小于400mm
	6.3.2	进行地电位作业时，保证人身与带电体的最小安全距离不小于400mm
	6.3.3	绝缘工具使用前，应用2500V及以上绝缘电阻表或绝缘检测仪进行分段绝缘检测（电极宽20mm，极间宽20mm），绝缘电阻阻值应不低于700MΩ
6.4　其他相关措施	6.4.1	工作前，检查并确认针式绝缘子损坏及螺母固定情况。如绝缘子损坏严重、绑扎线松脱、螺母松动严重，要提前采取防范措施，防止工作中导线突然滑落
	6.4.2	专责监护人应履行监护职责，不得直接操作，监护范围不得超过一个作业点，要根据工作人员位置变化随时变换监护角度，以保证监护视线最佳
	6.4.3	带电作业时，作业人员严禁同时接触两个不同的电位
	6.4.4	上下传递物品必须使用绝缘绳索
	6.4.5	带电作业时，要保持带电体与人体、相间及对地的安全距离
	6.4.6	严格遵守交通法规，安全行车

7. 作业分工

序号	作　业　人　员
1	工作负责人（监护人）1名
2	电杆上电工2名
3	地面电工1名

（二）作业步骤（程序）

1. 工作前准备

序号	内　容
1	工作负责人填写带电作业工作票

续表

序号	内　　容
2	工作负责人在带电作业工作开始前，应与值班调度员联系。如需要停用线路重合闸，应由值班调度员履行许可手续
3	全体人员列队，由工作负责人向全体工作班成员宣读工作票及安全措施，进行危险点告知，并履行确认手续
4	在作业现场周围布置好安全、警示围栏
5	绝缘工具使用前，应用 2500V 及以上绝缘电阻表或绝缘检测仪进行分段绝缘检测（电极宽 20mm，极间宽 20mm），绝缘电阻阻值应不低于 700MΩ
6	检查并确认电杆及所用安全工具符合安全要求

2. 作业内容及标准

序号	作业步骤	作业标准、内容	危险点控制措施	备注
1	登电杆、传递工具	（1）第一、第二电工分别登电杆至适当位置。 （2）地面电工通过绝缘绳向电杆上电工传递所需工具	（1）第一、第二电工登电杆至适当位置，同时必须保证距下层带电导线安全距离不小于 400mm。 （2）传递工具应使用绝缘绳及绝缘滑车。 （3）所传工具应绑扎牢固，在传递过程中操作平稳	
2	安装绝缘遮蔽用具	第一、第二电工相互配合，分别在两边相依次安装导线遮蔽罩、针式绝缘子遮蔽罩、横担遮蔽罩等遮蔽用具	（1）遮蔽罩间连接应有不小于 150mm 的重叠部分。 （2）按照从近至远、从下到上的原则对作业范围内不满足安全距离的带电体进行绝缘遮蔽	
3	施工	（1）第二电工取下针式绝缘子遮蔽罩，两电工相互配合，在适当的位置安装多功能绝缘抱杆，使绝缘抱杆的横担支撑导线。 （2）多功能绝缘抱杆检查安装无误后，第一、第二电工分别用绝缘扎线剪将针式绝缘子两侧的绑扎线剪断，然后用绝缘三齿扒操作杆配合拆除绑扎线。 （3）电杆上电工操作多功能抱杆使导线脱离针式绝缘子，拆下导线上的遗留绑扎线。 （4）第一电工将旧针式绝缘子拆下，把已做好绑扎线的新针式绝缘子安装好，并恢复横担遮蔽。 （5）电杆上电工摇降多功能抱杆丝杠，将导线放在针式绝缘子顶端线槽上。第一、第二电工相互配合，用绝缘三齿扒操作杆绑扎针式绝缘子。 （6）拆除多功能绝缘抱杆	（1）拆除针式绝缘子绑扎线时，应随拆随剪断绑扎线，防止绑扎线过长造成接地。 （2）剪断绑扎线时，应防止剪伤导线。使用绝缘三齿扒操作杆绑扎针式绝缘子时，要绑扎牢固。 （3）操作多功能绝缘抱杆起升导线时，要保证导线与针式绝缘子最小距离不小于 600mm。 （4）安装多功能绝缘抱杆时，应用力平稳，防止绝缘子突然碎裂而引发接地事故。 （5）在针式绝缘子绑扎线未绑扎牢固前，不得拆卸多功能绝缘抱杆	

续表

序号	作业步骤	作业标准、内容	危险点控制措施	备注
4	拆除绝缘遮蔽	第一、第二电工相互配合，依次拆除横担遮蔽罩、针式绝缘子遮蔽罩、导线遮蔽罩等遮蔽用具	按照从远至近、从上到下的原则拆除绝缘遮蔽	
5	施工质量检查	电杆上电工检查作业质量	（1）检查电杆上有无遗漏的工具、材料等。 （2）检查并确认作业质量符合施工质量标准	
6	完工	电杆上电工将所有工具传至地面，下电杆	（1）传递工具应使用绝缘绳及绝缘滑车。 （2）所传工具应绑扎牢固，在传递过程中操作平稳	

3. 竣工

序号	内容
1	工作负责人全面检查工作完成情况无误后，组织清理现场及工具
2	通知调度值班员，工作结束；停用线路重合闸的履行恢复程序
3	终结工作票

4. 验收总结

序号	检修总结	
1	验收评价	
2	存在问题及处理意见	

5. 指导书执行情况评估

评估内容	符合性	优		可操作项	
		良		不可操作项	
	可操作性	优		修改项	
		良		遗漏项	
存在问题					
改进意见					

第二节　使用绝缘斗臂车（绝缘手套）作业

一、使用绝缘手套带电断 10kV 引流线

1. 适用范围

（1）10kV 架空配电线路带电断空载引流线工作。

（2）绝缘手套作业法。

（3）绝缘斗臂车作工作平台。

2. 编制依据

GB 12168—1990《带电作业遮蔽罩》

GB/T 14286—2002《带电作业术语》

GB 17622—1998《带电作业绝缘手套》

GB 13035—1991《带电作业绝缘绳》

GB 13398—1992《带电作业用绝缘手杆通用技术条件》

GB/T 12168—2006《带电作业遮蔽罩》

GB/T 880—2004《带电作业用导线软质遮蔽罩》

GB/T 14286—2008《带电作业工具设备术语》

GB/T 17622—2008《带电作业用绝缘手套》

DL 778—2001《带电作业用绝缘袖套》

DL/T 803—2002 《带电作业用绝缘毯》

DL/T 676—1999 《带电作业用绝缘鞋（靴）通用技术条件》

GB 13035—2008《带电作业用绝缘绳》

DL/T 854—2004《带电作业用绝缘斗臂车的保养维护及在使用中的试验》

北京电力公司电力安全工作规程 （国家电网安监〔2009〕664 号）

DL/T 887—2004 《带电作业工具、装置和设备使用的一般要求》

IEC 61057《带电作业用绝缘斗臂车》

北京市电力公司带电作业工作管理规定（试行）（京电生〔2008〕109 号）

北京电力公司电力安全工作规程（试行）（京电安〔2005〕75 号）

北京市电力公司 10kV 架空配电线路带电作业操作规程（试行）（京电生〔2009〕18 号）

中低压架空配电线路施工质量标准（京电生〔2004〕97 号）

3. 人员要求

序号	内　　容	备　　注
1	带电作业人员应身体健康，无妨碍作业的生理和心理障碍	
2	带电作业人员应经培训合格，持证上岗	
3	操作绝缘斗臂车的人员应经培训合格，持证上岗	
4	带电作业人员应掌握紧急救护法，特别要掌握触电急救法	

4. 现场勘察

（1）带电作业工作票签发人或工作负责人应提前组织有关人员进行现场勘察，根据勘察结果做出能否进行带电作业的判断，并确定作业方法及应采取的安全技术措施。

（2）判断是否停用线路重合闸，需停用时，履行申请手续。

（3）现场勘察内容包括：线路运行方式（包括高、低压电源）、杆线状况、设备交叉跨越状况、邻近线路、缺陷部位和严重程度、导线规格、需要器材规格、周围环境、地形状况、道路交通及存在的作业危险点等。

5. 作业分工

序号	作　业　人　员	作　业　内　容
1	工作负责人（监护人）1 名	全面负责技术和安全，并履行工作监护
2	斗内电工 2 名：第一电工、第二电工	负责安全完成带电断引流线作业
3	地面电工 1 名	负责传递电杆上作业所需工具、材料，负责施工现场安全

6. 工器具

序号	名　　称	型号/规格	单　　位	数　　量
1	绝缘斗臂车		台	1
2	绝缘安全帽		顶	4
3	绝缘手套		副	2
4	绝缘手套检测仪		个	1
5	绝缘套袖、披肩、护胸		套	2
6	绝缘靴（鞋）		双	2
7	护目镜		副	2
8	安全带		条	2

续表

序号	名　称	型号/规格	单　位	数　量
9	电流检测仪		台	1
10	拉（合）闸操作杆		把	1
11	导线遮蔽罩		根	若干
12	引流线遮蔽罩		根	若干
13	绝缘子遮蔽罩		个	若干
14	绝缘毯		块	若干
15	绝缘毯夹（紧束带）		个	若干
16	绝缘传递绳		条	1
17	绝缘手套（耐压 8kV）		副	1
18	高、低压验电器		套	1
19	高压核相器		套	各 1
20	个人工具		套	若干
21	苫布		块	1

注　型号/规格根据使用情况填写。

7. 作业程序

（1）工具储运和检测。

1）在工器具库房领用绝缘工具、安全用具及辅助工具，应核对工器具的使用电压等级和试验周期。

2）领用绝缘工器具，应检查其外观是否完好无损。

3）工器具运输前，各种工器具应存放在工具袋或工具箱内，金属工具和绝缘工具应分开装运，以防止相互碰擦造成外表损坏，降低绝缘工器具的水平。

（2）现场操作前的准备。

1）工作负责人应按带电作业工作票的内容联系当值调度。

2）工作负责人核对线铭牌、杆号。

3）带电作业前，工作负责人检查并确认支接线路是空载线路，符合拆除条件。

4）绝缘斗臂车进入合适位置，并可靠接地；不得在坡度大于 5° 的路面上操作斗臂车。斗臂车支腿应支在硬实的路面上，不平整的地面应铺垫专用支腿垫板，避免将支腿置于沟槽边缘、盖板之上，以防止斗臂车在使用中侧翻。根据道路情况，使用红白带、警示标志或路障。

5）工作负责人召开现场站班会，向工作班人员宣读工作票，布置工作任务，明确人员分工、作业程序、现场安全措施，进行危险点告知，履行确认手续，并对站班会内容进行抽查、问答。

6）根据分工情况整理材料，对安全工具、绝缘工具进行检查，绝缘工具应使用2500V 绝缘电阻表或绝缘测试仪进行分段绝缘测试，绝缘电阻阻值不低于 700MΩ（在出库前如已测试过的可省去现场测试步骤）。

7）带电作业过程中，作业人员应戴好安全帽和护目镜。

8）检查绝缘臂、绝缘斗状况是否良好，并调试斗臂车（在出车前如已调试过的可省去此步骤）。

9）带电作业前，将绝缘工具擦拭干净，并进行绝缘检测及绝缘手套的充气检查。

10）第一电工、第二电工戴好手套进入绝缘斗内，并系好斗内安全带。

8. 安全注意事项及措施

（1）气象条件。

1）本项目应在良好的天气下进行。如遇雷、雨、雪、雾等天气，不得进行该项工作；风力大于 5 级时，不宜进行该项工作。

2）带电作业过程中若遇天气突然变化，有可能危及人身或设备安全时，应立即停止工作，尽快恢复设备正常状态，或增设临时安全措施。

3）空气相对湿度大于 80%的天气应停止施工。

（2）作业环境。

1）作业现场和绝缘斗臂车两侧，应根据道路情况使用红白带、警示标志或路障，防止外人进入工作区域；如在车辆繁忙地段，还应与交通管理部门取得联系，以取得配合。

2）夜间作业进行本项目应有足够的照明。

（3）安全距离及有效绝缘长度。

1）作业用绝缘工具都应经过遥测，绝缘电阻阻值应不低于 700MΩ（电极间距为 2cm）。

2）工作时，绝缘斗臂车的有效绝缘长度应保持为 1m。

3）带电作业时，应保持对地不小于 0.4m、对邻相导线不小于 0.6m 的安全距离；如不能确保该安全距离，应采用绝缘挡板、管、布及其他绝缘遮蔽措施。作业过程中，绝缘工具金属部分应与接地体保持足够的安全距离。

4）绝缘操作杆作主绝缘使用时，其有效绝缘距离不小于 0.7m。

（4）遮蔽措施。

1）作业线路下层有低压线路同杆并架时，如妨碍作业，应对相关低压线路加装绝缘套管或绝缘布遮蔽。

2）对不规则带电部件和接地部件，应采用绝缘毯进行绝缘遮蔽，并可靠固定。搭接的遮蔽用具，其重叠部分不小于150mm。

3）在接近带电体过程中，应使用验电器从下方依次验电，对低压线支撑件、金属紧固件也要依次验电，确认无漏电现象。

4）按照由近至远、从小到大、从下到上的原则，分别对作业范围内的所有带电体和接地体进行绝缘遮蔽。使用绝缘毯时，应用绝缘夹夹紧，防止脱落。

（5）重合闸。本项目一般不需要停用线路重合闸。

（6）关键点。

1）带电作业前，工作负责人应检查并确认支接线路是空载线路，符合拆除条件。

2）在接触有电导线前应得到工作监护人的认可。

3）带电作业时，要注意有电导线与横担及邻相导线的安全距离。

4）带电作业时，严禁人体同时接触两个不同的电位。

5）在三相引线未全部拆除前，已拆除引线的导线应视为有电。

（7）危险点分析。

序号	内　容
1	负荷控制开关未拉开，造成带负荷断引流线，危及人身、设备安全
2	专责监护人违章兼做其他工作或监护不到位，使作业人员失去监护
3	作业现场杂乱无序
4	绝缘斗臂车未接地，危及人身安全
5	绝缘斗臂车操作不当，造成倾翻
6	高空落物，引发物体打击。斗内作业人员不系安全带，引发高摔事故
7	穿戴防护用具不规范，造成触电伤害
8	作业人员未按规定进行绝缘遮蔽或遮蔽不严密，可能造成触电伤害
9	作业人员违章操作，危及人身、设备安全
10	断引流线时，引流线脱落造成接地或相间短路事故
11	行车违反交通法规，可能引发交通事故，造成人员伤害

（8）安全措施。

序号	内　容
1	断空载线路引流线前，检查并确认所断引流线确已空载

序号	内　容
2	专责监护人应履行监护职责，不得兼做其他工作，要选择便于监护的位置，监护范围不得超过一个作业点
3	带电作业前，将绝缘工具擦拭干净，并进行绝缘检测。绝缘手套应进行充气检查
4	根据地形地貌和作业项目，将斗臂车定位于最适合作业的位置。不得在坡度大于 5° 的路面上操作斗臂车。斗臂车支腿应支在硬实的路面上，不平整的地面应铺垫专用支腿垫板，避免将支腿置于沟槽边缘、盖板之上，以防止斗臂车在使用中侧翻
5	作业现场及工具摆放位置周围应设置安全围栏，防止行人及其他车辆进入作业现场
6	绝缘斗臂车在使用前应空斗试操作一次，确认各系统工作正常，制动装置可靠。工作臂下有人时，不得操作斗臂车。工作臂升降回转的路径，应避开邻近的电力线路、通信线路、树木及其他障碍物
7	作业人员在绝缘斗内传递工具时，应确认两人同时脱离带电设备。绝缘斗内双人工作时，禁止两人同时接触不同电位体
8	上下传递物品必须使用绝缘绳索。尺寸较长的部件，应用绝缘传递绳上下捆扎两点，沿传递绳方向传递。工作过程中，工作点垂直下方禁止站人。绝缘斗内作业人员之间传递绝缘遮蔽用具及工具时，应一件一件地分别传递，防止掉落
9	对不规则带电部件和接地部件，应采用绝缘毯进行绝缘遮蔽，并可靠固定。搭接的遮蔽用具，其重叠部分不小于 150mm
10	已断开的引流线，会因感应而带电，作业时严禁身体碰触，防止触电。断开的三相引流线还应对横担、拉线放电，防止电击伤人。严禁同时接触已断开相的导线两个断头，以防人体串入电路。安装和拆除绝缘遮蔽用具时，人体的未防护部位应与带电体保持足够的安全距离
11	变压器停电时，必须先拉开用户隔离开关，后拉开高压侧跌落式熔断器，并使用电流检测仪检测确认引流线无电流。送电程序与之相反
12	断引流线时，要保持带电体与人体、相间及对地的安全距离
13	工作前，将绝缘斗臂车车体良好接地
14	作业过程中，绝缘工具金属部分应与接地体保持足够的安全距离
15	带电作业过程中，作业人员应戴好安全帽和护目镜
16	带电作业过程中，如设备突然停电，作业人员应视设备仍然带电
17	严格遵守交通法规，安全行车

9. 开工

序号	内　容	备　注
1	工作负责人办理带电作业工作票	
2	工作负责人与调度值班员联系。如需停用线路重合闸，应履行许可手续。	
3	工作负责人应向全体作业人员宣读工作票，布置工作任务、明确人员分工、作业程序、现场安全措施，进行危险点告知，并履行确认手续	

10. 作业内容及标准

序号	作业步骤	作业内容	标　准	备　注
1	开工	（1）工作负责人与调度值班员联系。 （2）工作负责人发布开始工作的命令	工作负责人与调度值班员履行许可手续。如需停用线路重合闸，应确认线路重合闸已停用	
2	检查	（1）在作业现场设置安全围栏和警示标志。 （2）作业人员检查电杆、拉线及周围环境。 （3）检查绝缘工具、防护用具。 （4）绝缘工具绝缘性能检测。 （5）绝缘斗臂车检查。 （6）确认所断引流线已空载	（1）安全围栏和警示标志满足规定要求。 （2）电杆、拉线基础完好，拉线无腐蚀情况，线路设备及周围环境满足作业条件。 （3）绝缘工具、防护用具性能完好，并在试验周期内。 （4）使用2500V及以上绝缘电阻表或绝缘检测仪将绝缘工具进行分段绝缘检测，绝缘电阻阻值不低于700MΩ。 （5）绝缘斗臂车在使用前应空斗试操作一次，确认液压传动、回转、升降及伸缩系统工作正常，制动装置可靠。 （6）拉开引流线后端负荷控制器，使所断引流线空载。必要时，使用电流检测仪检测并确认引流线无负荷电流	
3	操作绝缘斗臂车	（1）绝缘斗臂车进入工作现场，定位于最佳工作位置并装好接地线。 （2）斗内电工进入工作斗。	（1）根据地形地貌和作业项目，将斗臂车定位于最适合作业的位置，挂好手刹，并垫好三角块。 （2）装好（车用）接地线。 （3）打开斗臂车的警示灯，斗臂车前后应设置警示标志。 （4）不得在坡度大于5°的路面上操作斗臂车。 （5）操作取力器前，应检查并确认各个开关及操作杆在中位或在OFF（关）的位置。 （6）在寒冷的天气，使用前应先使液压系统加温，低速运转不少于5min。 （7）支腿应支在硬实的路面上，不平整的地面，应铺垫专用支腿垫板。 （8）支起支腿时，应按照从前到后的顺序进行，使支腿可靠支撑，轮胎不承载，车身水平。 （9）斗内电工穿戴全套安全防护用具，系好安全带，携带遮蔽用具和作业工具进入工作斗，并应将遮蔽用具和作业工具分类放在工作斗和工具袋中。 （10）松开上臂绑带，选定工作臂的升降回转路径，应避开邻近的电力线路、通信线路、树木及其他障碍物。	

续表

序号	作业步骤	作业内容	标　准	备　注
3	操作绝缘斗臂车	（3）升起工作斗，定位到便于作业的位置	（11）工作臂下有人时，不得操作斗臂车。 （12）绝缘斗的起升、下降操作应平稳，升降速度不应大于 0.5m/s；回转时，绝缘斗外缘的线速度不应大于 0.5m/s，防止冲击荷载。 （13）对在工作斗升降过程中可能触及工作范围内的低压带电部件也需进行遮蔽	
4	绝缘遮蔽	分别对作业范围内的所有带电体和接地体进行绝缘遮蔽	（1）在接近带电体过程中，应使用验电器从下方依次验电。 （2）按照由近至远、从小到大、从下到上的原则，分别对作业范围内的所有带电体和接地体进行绝缘遮蔽。使用绝缘毯时，应用绝缘夹夹紧，防止脱落。搭接的遮蔽用具，其重叠部分不得小于 150mm	 （a）先遮蔽近侧  （b）从近到远逐相遮蔽  （c）从近到远逐相遮蔽  （d）进行遮蔽  （e）从下到上进行遮蔽

续表

序号	作业步骤	作业内容	标　　准	备　　注
5	施工	（1）绝缘遮蔽措施完成后，移动工作斗至边相，打开该边相引流线连接点的绝缘遮蔽，拆除引流线与主线的连接并将引流线可靠固定后，迅速恢复绝缘遮蔽。 （2）采用上述方法，分别拆除其他两相引流线的连接，并恢复绝缘遮蔽。 （3）对绝缘导线的连接点进行绝缘和防水处理。 （4）三相引流线全部断开并固定牢固后，按从上到下、从远到近的顺序依次拆除绝缘遮蔽	（1）断开的三相引流线应对横担、拉线放电。 （2）断开的三相引流线应固定牢固，并采取防止引流线上弹的防范措施。 （3）如属临时断开引流线，应记清引流线的相位，防止错接线。 （4）连接点的绝缘和防水处理应符合施工质量要求。 （5）在拆除绝缘遮蔽用具时，防止被遮蔽体显著摆动	 （a）打开绝缘遮蔽，做断引流线前的准备  （b）逐相断引流线
6	施工质量检查	斗内电工检查作业质量	（1）工作完毕，检查电杆上有无遗漏的工具、材料等。 （2）全面检查作业质量及电杆状况应无误	
7	完工	斗内电工操作绝缘斗臂车返回地面	工作负责人全面检查工作完成情况	

11. 竣工

序号	内　　容
1	工作负责人全面检查工作完成情况无误后，组织清理现场及工具
2	通知值班调度员，工作结束；停用线路重合闸的履行恢复程序
3	终结工作票

12. 验收总结

序号	检　修　总　结	
1	验收评价	
2	存在问题及处理意见	

13. 质量检查要求及记录

（1）拆除的三相引线应固定，并对有电线路保持不小于 0.4m 安全距离，工作质量符合验收规范要求。

（2）如线路为绝缘导线，应检查并确认导线的防水处理符合技术要求。

（3）做好该项目的带电作业记录。

二、使用绝缘手套带电接 10kV 引流线

1. 适用范围

（1）适用于 10kV 架空配电线路带电接空载引流线工作。

（2）适用于绝缘手套作业法。

（3）适用于绝缘斗臂车作工作平台。

2. 编制依据

GB/T 12168—2006《带电作业遮蔽罩》

GB/T 880—2004《带电作业用导线软质遮蔽罩》

GB 13398—1992《带电作业用绝缘手杆通用技术条件》

IEC 61057《带电作业用绝缘斗臂车》

GB/T 14286—2008《带电作业工具设备术语》

GB/T 17622—2008《带电作业用绝缘手套》

DL 778—2001《带电作业用绝缘袖套》

DL/T 803—2002 《带电作业用绝缘毯》

DL/T 676—1999 《带电作业用绝缘鞋（靴）通用技术条件》

GB 13035—2008《带电作业用绝缘绳》

DL/T 854—2004《带电作业用绝缘斗臂车的保养维护及在使用中的试验》

北京电力公司电力安全工作规程 （国家电网安监〔2009〕664 号）

DL/T 887—2004 《带电作业工具、装置和设备使用的一般要求》

北京市电力公司带电作业工作管理规定（试行）（京电生〔2008〕109 号）

北京电力公司电力安全工作规程（试行）（京电安〔2005〕75 号）

北京市电力公司 10kV 架空配电线路带电作业操作规程（试行）（京电生〔2009〕18 号）

中低压架空配电线路施工质量标准（京电生〔2004〕97 号）

3. 人员要求

序号	内　容	备　注
1	带电作业人员应身体健康，无妨碍作业的生理和心理障碍	
2	带电作业人员应经培训合格，持证上岗	
3	操作绝缘斗臂车的人员应经培训合格，持证上岗	
4	带电作业人员应掌握紧急救护法，特别要掌握触电急救法	

4. 现场勘察

（1）带电作业工作票签发人或工作负责人应提前组织有关人员进行现场勘察，根据勘察结果做出能否进行带电作业的判断，并确定作业方法及应采取的安全技术措施。

（2）判断是否停用线路重合闸，需停用时，履行申请手续。

（3）现场勘察内容包括：线路运行方式（包括高、低压电源）、杆线状况、设备交叉跨越状况、邻近线路、缺陷部位和严重程度、导线规格、需要器材规格、周围环境、地形状况、道路交通以及存在的作业危险点等。

5. 作业分工

序号	作业人员	作业内容
1	工作负责人（监护人）1名	全面负责技术和安全，并履行工作监护
2	斗内电工2名：第一电工、第二电工	负责安全完成带电接引流线作业
3	地面电工1名	负责传递电杆上作业所需工具、材料，负责施工现场安全

6. 工器具

序号	名称	型号/规格	单位	数量
1	绝缘斗臂车		台	1
2	绝缘安全帽		顶	4
3	绝缘手套		副	2
4	绝缘手套检测仪		个	1
5	绝缘套袖、披肩、护胸		套	2
6	绝缘靴（鞋）		双	2
7	护目镜		副	2
8	安全带		条	2
9	电流检测仪		台	1
10	拉（合）闸操作杆		把	1
11	导线遮蔽罩		根	若干
12	引流线遮蔽罩		根	若干
13	绝缘子遮蔽罩		个	若干
14	绝缘毯		块	若干
15	绝缘毯夹（紧束带）		个	若干

续表

序号	名　称	型号/规格	单　位	数　量
16	绝缘传递绳		条	1
17	楔形线夹弹射枪		只	1
18	绝缘手套（耐压 8kV）		副	1
19	高、低压验电器		套	1
20	高压核相器		套	各 1
21	个人工具		套	若干
22	苫布		块	1

注　型号/规格根据使用情况填写。

7. 作业程序

（1）工具储运和检测。

1）在工器具库房领用绝缘工具、安全用具及辅助工具，应核对工器具的使用电压等级和试验周期。

2）领用绝缘工器具，应检查其外观是否完好无损。

3）工器具运输前，各种工器具应存放在工具袋或工具箱内，金属工具和绝缘工具应分开装运，以防止相互碰擦造成外表损坏，降低绝缘工器具的水平。

（2）现场操作前的准备。

1）工作负责人应按带电作业工作票的内容联系当值调度。

2）工作负责人核对线铭牌、杆号。

3）带电作业前，工作负责人检查并确认支接线路是空载线路，符合送电条件。

4）绝缘斗臂车进入合适位置，并可靠接地；不得在坡度大于 5° 的路面上操作斗臂车。斗臂车支腿应支在硬实的路面上，不平整的地面应铺垫专用支腿垫板，避免将支腿置于沟槽边缘、盖板之上，以防止斗臂车在使用中侧翻。根据道路情况，使用红白带、警示标志或路障。

5）工作负责人召开现场站班会，向工作班人员宣读工作票，布置工作任务，明确人员分工、作业程序、现场安全措施，进行危险点告知，履行确认手续，并对站班会内容进行抽查、问答。

6）根据分工情况整理材料，对安全工具、绝缘工具进行检查，绝缘工具应使用 2500V 绝缘电阻表或绝缘测试仪进行分段绝缘测试，绝缘电阻阻值不低于 700MΩ（在出库前如已测试过的可省去现场测试步骤）。

7）带电作业过程中，作业人员应戴好安全帽和护目镜。

8）检查绝缘臂、绝缘斗状况是否良好，并调试斗臂车（在出车前如已调试过的可省去此步骤）。

9）带电作业前，将绝缘工具擦拭干净，并进行绝缘检测及绝缘手套的充气检查。

10）第一电工、第二电工戴好手套进入绝缘斗内，并系好斗内安全带。

8. 安全注意事项及措施

（1）气象条件。

1）本项目应在良好的天气下进行。如遇雷、雨、雪、雾等天气，不得进行该项工作；风力大于5级时，不宜进行该项工作。

2）带电作业过程中若遇天气突然变化，有可能危及人身或设备安全时，应立即停止工作，尽快恢复设备正常状态，或增设临时安全措施。

3）空气相对湿度大于80%的天气应停止施工。

（2）作业环境。

1）作业现场和绝缘斗臂车两侧，应根据道路情况使用红白带、警示标志或路障，防止外人进入工作区域；如在车辆繁忙地段，还应与交通管理部门取得联系，以取得配合。

2）夜间作业进行本项目应有足够的照明。

（3）安全距离及有效绝缘长度。

1）作业用绝缘工具都应经过遥测，绝缘电阻阻值应不低于700MΩ（电极间距为2cm）。

2）工作时，绝缘斗臂车的有效绝缘长度应保持为1m。

3）带电作业时，应保持对地不小于0.4m、对邻相导线不小于0.6m的安全距离；如不能确保该安全距离，应采用绝缘挡板、管、布及其他绝缘遮蔽措施。作业过程中，绝缘工具金属部分应与接地体保持足够的安全距离。

4）绝缘操作杆作主绝缘使用时，其有效绝缘距离不小于0.7m。

（4）遮蔽措施。

1）作业线路下层有低压线路合杆时，如妨碍作业，应对相关低压线路加装绝缘套管或绝缘布遮蔽。

2）对不规则带电部件和接地部件，应采用绝缘毯进行绝缘遮蔽，并可靠固定。搭接的遮蔽用具，其重叠部分不小于150mm。

3）在接近带电体过程中，应使用验电器从下方依次验电。

4）按照由近至远、从小到大、从下到上的原则，分别对作业范围内的所有带电体和接地体进行绝缘遮蔽。使用绝缘毯时，应用绝缘夹夹紧，防止脱落。

（5）重合闸。本项目一般不需要停用线路重合闸。

（6）关键点。

1）带电作业前，工作负责人应检查并确认支接线路是空载线路，符合送电条件。

2）在接触有电导线前应得到工作监护人的认可。

3）带电作业时，要注意有电导线与横担及邻相导线的安全距离。

4）带电作业时，严禁人体同时接触两个不同的电位。

5）第一相搭头与有电导线连接后，其余引线（包括导线）应视为有电。

6）带电作业过程中，如设备突然停电，作业人员应视设备仍然带电。

（7）危险点分析。

序号	内　　容
1	负荷控制开关未拉开，造成带负荷接引流线，危及人身、设备安全
2	专责监护人违章兼做其他工作或监护不到位，使作业人员失去监护
3	作业现场杂乱无序
4	绝缘斗臂车未接地，危及人身安全
5	绝缘斗臂车操作不当，造成倾翻
6	高空落物，引发物体打击。斗内作业人员不系安全带，引发高摔事故
7	穿戴防护用具不规范，造成触电伤害
8	作业人员未按规定进行绝缘遮蔽或遮蔽不严密，可能造成触电伤害
9	作业人员违章操作，危及人身、设备安全
10	接引流线时，引流线脱落造成接地或相间短路事故
11	行车违反交通法规，可能引发交通事故，造成人员伤害

（8）安全措施。

序号	内　　容
1	接空载线路引流线前，检查并确认所接引流线确已空载
2	专责监护人应履行监护职责，不得兼做其他工作，要选择便于监护的位置，监护范围不得超过一个作业点
3	带电作业前，将绝缘工具擦拭干净，并进行绝缘检测及绝缘手套的充气检查
4	根据地形地貌和作业项目，将斗臂车定位于最适合作业的位置。不得在坡度大于5°的路面上操作斗臂车。斗臂车支腿应支在硬实的路面上，不平整的地面应铺垫专用支腿垫板，避免将支腿置于沟槽边缘、盖板之上，以防止斗臂车在使用中侧翻
5	作业现场及工具摆放位置周围应设置安全围栏，防止行人及其他车辆进入作业现场

序号	内　容
6	绝缘斗臂车在使用前应空斗试操作一次，确认各系统工作正常，制动装置可靠。工作臂下有人时，不得操作斗臂车。工作臂升降回转的路径，应避开邻近的电力线路、通信线路、树木及其他障碍物
7	作业人员在绝缘斗内传递工具时，应确认两人同时脱离带电设备。绝缘斗内双人工作时，禁止两人同时接触不同电位体
8	上下传递物品必须使用绝缘绳索。尺寸较长的部件，应用绝缘传递绳上下捆扎两点，沿传递绳方向传递。工作过程中，工作点垂直下方禁止站人。作业现场及工具摆放位置周围应设置安全围栏，防止行人及其他车辆进入作业现场
9	对不规则带电部件和接地部件，应采用绝缘毯进行绝缘遮蔽，并可靠固定。搭接的遮蔽用具，其重叠部分不小于150mm
10	已断开的引流线，会因感应而带电，作业时严禁身体碰触，防止触电。断开的三相引流线还应对横担、拉线放电，防止电击伤人。严禁同时接触已断开相的导线两个断头，以防人体串入电路。安装和拆除绝缘遮蔽用具时，人体的未防护部位应与带电体保持足够的安全距离
11	变压器停电时，必须先拉开低压用户隔离开关，后拉开高压侧跌落式熔断器，并使用电流检测仪检测确认引流线无电流。送电程序与之相反
12	接引流线时，要保持带电体与人体、相间及对地的安全距离
13	工作前，将绝缘斗臂车车体良好接地
14	作业过程中，绝缘工具金属部分应与接地体保持足够的安全距离
15	带电作业过程中，作业人员应戴好安全帽和护目镜
16	带电作业过程中，如设备突然停电，作业人员应视设备仍然带电
17	严格遵守交通法规，安全行车

9. 开工

序号	内　容	备　注
1	工作负责人办理带电作业工作票	
2	工作负责人与调度值班员联系。如需停用线路重合闸，应履行许可手续	
3	工作负责人应向全体作业人员宣读工作票，布置工作任务，明确人员分工、作业程序、现场安全措施，进行危险点告知，并履行确认手续	

10. 作业内容及标准

序号	作业步骤	作业内容	标　准	备　注
1	开工	（1）工作负责人与调度值班员联系。 （2）工作负责人发布开始工作的命令	工作负责人与调度值班员履行许可手续。如需停用线路重合闸，应确认线路重合闸已停用	

续表

序号	作业步骤	作业内容	标　准	备　注
2	检查	（1）在作业现场设置安全围栏和警示标志。 （2）作业人员检查电杆、拉线及周围环境。 （3）检查绝缘工具、防护用具。 （4）绝缘工具绝缘性能检测。 （5）绝缘斗臂车检查。 （6）确认所接的引流线已空载	（1）安全围栏和警示标志满足规定要求。 （2）电杆、拉线基础完好，拉线无腐蚀情况，线路设备及周围环境满足作业条件。 （3）绝缘工具、防护用具性能完好，并在试验周期内。 （4）使用 2500V 及以上绝缘电阻表或绝缘检测仪将绝缘工具进行分段绝缘检测，绝缘电阻阻值不低于 700MΩ。 （5）绝缘斗臂车在使用前应空斗试操作一次，确认液压传动、回转、升降及伸缩系统工作正常，制动装置可靠。 （6）拉开引流线后端负荷控制器，使所接引流线空载	
3	操作绝缘斗臂车	（1）绝缘斗臂车进入工作现场，定位于最佳工作位置并装好接地线。 （2）斗内电工进入工作斗。	（1）根据地形地貌和作业项目，将斗臂车定位于最适合作业的位置，挂好手刹，并垫好三角块。 （2）装好（车用）接地线。 （3）打开斗臂车的警示灯，斗臂车前后应设置警示标志。 （4）不得在坡度大于 5°的路面上操作斗臂车。 （5）操作取力器前，应检查并确认各个开关及操作杆在中位或在OFF（关）的位置。 （6）在寒冷的天气，使用前应先使液压系统加温，低速运转不少于5min。 （7）支腿应支在硬实的路面上，不平整的地面，应铺垫专用支腿垫板。 （8）支起支腿时，应按照从前到后的顺序进行，使支腿可靠支撑，轮胎不承载，车身水平。 （9）斗内电工穿戴全套安全防护用具，系好安全带，携带遮蔽用具和作业工具进入工作斗，并应将遮蔽用具和作业工具分类放在工作斗和工具袋中。 （10）松开上臂绑带，选定工作臂的升降回转路径，应避开邻近的电力线路、通信线路、树木及其他障碍物。 （11）工作臂下有人时，不得操作斗臂车。	

序号	作业步骤	作业内容	标　准	备　注
3	操作绝缘斗臂车	（3）升起工作斗，定位到便于作业的位置	（12）绝缘斗的起升、下降操作应平稳，升降速度不应大于 0.5m/s；回转时，绝缘斗外缘的线速度不应大于 0.5m/s，防止冲击荷载。 （13）对在工作斗升降过程中可能触及工作范围内的低压带电部件也需进行遮蔽	
4	绝缘遮蔽	分别对作业范围内的所有带电体和接地体进行绝缘遮蔽	（1）在接近带电体过程中，应使用验电器从下方依次验电。 （2）按照由近至远、从小到大、从下到上的原则，分别对作业范围内的所有带电体和接地体进行绝缘遮蔽。使用绝缘毯时，应用绝缘夹夹紧，防止脱落。搭接的遮蔽用具，其重叠部分不得小于 150mm	 （a）先遮蔽近侧  （b）由近至远逐相遮蔽  （c）由近至远逐相遮蔽  （d）进行遮蔽  （e）从下到上进行遮蔽  （f）从下到上进行遮蔽

续表

序号	作业步骤	作业内容	标准	备注
5	施工	（1）三相带电导线遮蔽好后，将工作斗移位至下层横担，对引流线进行调整及固定，并安装引流线遮蔽罩。 （2）移动工作斗至中相，打开中相导线遮蔽，在需搭接处确定位置和长度，使用绝缘削皮器去除导线绝缘层，进行中相引流线搭接工作。搭接完毕后，恢复被拆除的绝缘遮蔽。 （3）依照同样的方法，分别进行其他两相引流线的搭接。 （4）对绝缘导线的连接点进行绝缘和防水处理。 （5）三相引流线全部搭接完毕，按照从上到下、从小到大、从远到近的顺序依次拆除绝缘遮蔽	（1）裸导线接引流线前应清除氧化层。 （2）搭接的位置及引流线长度应合适。 （3）应选择与导线型号相符的弹射楔形线夹进行接引流线工作。 （4）连接点的绝缘和防水处理应符合施工质量要求。 （5）在拆除绝缘遮蔽用具时，防止被遮蔽体显著摆动	 （a）打开绝缘遮蔽，做断引流线前的准备  （b）逐相断引流线
6	施工质量检查	斗内电工检查作业质量	（1）工作完毕，检查电杆上有无遗漏的工具、材料等。 （2）全面检查作业质量及电杆状况应无误	
7	完工	斗内电工操作绝缘斗臂车返回地面	工作负责人全面检查工作完成情况	

11. 竣工

序号	内容
1	工作负责人全面检查工作完成情况无误后，组织清理现场及工具
2	通知值班调度员，工作结束；停用线路重合闸的履行恢复程序
3	终结工作票

12. 验收总结

序号	检修总结	
1	验收评价	
2	存在问题及处理意见	

13. 质量检查要求及记录

（1）搭接引流线，作业人员要认真检查并确认直接线路设备安装牢固可靠，完好无损，相间距离符合要求。

（2）三相引线应有一定的松紧度，且美观整齐，引线对地距离不小于20cm、对邻相距离不小于 30cm，工作质量符合验收规范要求。

（3）做好该项目的带电作业记录。

三、使用绝缘手套带电安装 10kV 避雷器

1. 适用范围

（1）10kV 架空配电线路带电安装避雷器工作。

（2）绝缘手套作业法。

（3）绝缘斗臂车作工作平台。

2. 编制依据

GB 13035—1991《带电作业绝缘绳》

GB 13398—1992《带电作业用绝缘手杆通用技术条件》

GB/T 12168—2006《带电作业遮蔽罩》

GB/T 880—2004《带电作业用导线软质遮蔽罩》

GB/T 14286—2008《带电作业工具设备术语》

GB/T 17622—2008《带电作业用绝缘手套》

DL 778—2001《带电作业用绝缘袖套》

DL/T 803—2002 《带电作业用绝缘毯》

DL/T 676—1999 《带电作业用绝缘鞋（靴）通用技术条件》

GB 13035—2008《带电作业用绝缘绳》

DL/T 854—2004《带电作业用绝缘斗臂车的保养维护及在使用中的试验》

北京市电力公司电力安全工作规程 （国家电网安监〔2009〕664 号）

DL/T 887—2004 《带电作业工具、装置和设备使用的一般要求》

IEC 61057《带电作业用绝缘斗臂车》

北京市电力公司带电作业工作管理规定（试行）（京电生〔2008〕109 号）

北京市电力公司 10kV 架空配电线路带电作业操作规程（试行）（京电生〔2009〕18 号）

北京市电力公司中低压架空配电线路施工质量标准（京电生〔2004〕97 号）

3. 人员要求

序号	内　容	备　注
1	带电作业人员应身体健康，无妨碍作业的生理和心理障碍	
2	带电作业人员应经培训合格，持证上岗	
3	操作绝缘斗臂车的人员应经培训合格，持证上岗	
4	带电作业人员应掌握紧急救护法，特别要掌握触电急救法	

4. 现场勘察

（1）带电作业工作票签发人或工作负责人应提前组织有关人员进行现场勘察，根据勘察结果做出能否进行带电作业的判断，并确定作业方法及应采取的安全技术措施。

（2）判断是否停用线路重合闸，需停用时，履行申请手续。

（3）现场勘察内容包括：线路运行方式（包括高、低压电源）、杆线状况、设备交叉跨越状况、邻近线路、缺陷部位和严重程度、导线规格、需要器材规格、周围环境、地形状况、道路交通以及存在的作业危险点等。

5. 作业分工

序号	作 业 人 员	作 业 内 容
1	工作负责人（监护人）1 名	全面负责技术和安全，并履行工作监护
2	斗内电工 2 名：第一电工、第二电工	负责安全完成带电安装避雷器作业
3	地面电工 1 名	负责传递电杆上作业所需工具、材料，负责施工现场安全

6. 工器具

序号	名 称	型号/规格	单 位	数 量
1	绝缘斗臂车		辆	1
2	接地线（车用）		组	1
3	绝缘子遮蔽罩		个	1
4	导线遮蔽罩		根	2
5	横担遮蔽罩		个	1
6	绝缘毯		块	1
7	绝缘毯夹（紧束带）		个	1
8	绝缘棘轮套筒		把	1
9	绝缘传递绳		条	1
10	苫布		块	1
11	绝缘斗臂车		台	1
12	绝缘安全帽		顶	4
13	绝缘手套（3 型）		副	2
14	绝缘手套检测器		个	1
15	绝缘袖套、披肩、护胸		套	2
16	绝缘靴（鞋）		双	2
17	护目镜		副	2

续表

序号	名 称	型号/规格	单 位	数 量
18	安全带		条	2
19	高、低压验电器		套	各1
20	高压核相器		套	1
21	电流检测仪		台	1
22	绝缘操作杆（拉、合闸用）		副	1
23	个人工具		套	若干
24	其他			

注 型号/规格根据使用情况填写。

7. 作业程序

（1）工具储运和检测。

1）在工器具库房领用绝缘工具、安全用具及辅助工具，应核对工器具的使用电压等级和试验周期。

2）领用绝缘工器具，应检查其外观是否完好无损。

3）工器具运输前，各种工器具应存放在工具袋或工具箱内，金属工具和绝缘工具应分开装运，以防止相互碰擦造成外表损坏，降低绝缘工器具的水平。

（2）现场操作前的准备。

1）工作负责人应按带电作业工作票的内容联系当值调度。

2）工作负责人核对线铭牌、杆号。

3）绝缘斗臂车进入合适位置，并可靠接地；不得在坡度大于5°的路面上操作斗臂车。斗臂车支腿应支在硬实的路面上，不平整的地面应铺垫专用支腿垫板，避免将支腿置于沟槽边缘、盖板之上，以防止斗臂车在使用中侧翻。根据道路情况，使用红白带、警示标志或路障。

4）工作负责人召开现场站班会，向工作班人员宣读工作票，布置工作任务，明确人员分工、作业程序、现场安全措施，进行危险点告知，履行确认手续，并对站班会内容进行抽查、问答。

5）根据分工情况整理材料，对安全工具、绝缘工具进行检查，绝缘工具应使用2500V绝缘电阻表或绝缘测试仪进行分段绝缘测试，绝缘电阻阻值不低于700MΩ（在出库前如已测试过的可省去现场测试步骤）。

6）带电作业过程中，作业人员应戴好安全帽和护目镜。

7）检查绝缘臂、绝缘斗状况是否良好，并调试斗臂车（在出车前如已调试过的可省去此步骤)。

8)带电作业前，将绝缘工具擦拭干净，并进行绝缘检测及绝缘手套的充气检查。

9)第一电工、第二电工戴好手套进入绝缘斗内，并系好斗内安全带。

8. 安全注意事项及措施

(1)气象条件。

1)本项目应在良好的天气下进行。如遇雷、雨、雪、雾等天气，不得进行该项工作；风力大于5级时，不宜进行该项工作。

2)带电作业过程中若遇天气突然变化，有可能危及人身或设备安全时，应立即停止工作，尽快恢复设备正常状态，或增设临时安全措施。

3)空气相对湿度大于80%的天气应停止施工。

(2)作业环境。

1)作业现场和绝缘斗臂车两侧，应根据道路情况使用红白带、警示标志或路障，防止外人进入工作区域；如在车辆繁忙地段，还应与交通管理部门取得联系，以取得配合。

2)夜间作业进行本项目应有足够的照明。

(3)安全距离及有效绝缘长度。

1)作业用绝缘工具都应经过遥测，绝缘电阻阻值应不低于700MΩ(电极间距为2cm)。

2)工作时，绝缘斗臂车的有效绝缘长度应保持为1m。

3)带电作业时，应保持对地不小于0.4m、对邻相导线不小于0.6m的安全距离；如不能确保该安全距离，应采用绝缘挡板、管、布及其他绝缘遮蔽措施。作业过程中，绝缘工具金属部分应与接地体保持足够的安全距离。

4)绝缘操作杆作主绝缘使用时，其有效绝缘距离不小于0.7m。

(4)遮蔽措施。

1)作业线路下层有低压线路合杆时，如妨碍作业，应对相关低压线路加装绝缘套管或绝缘布遮蔽。

2)对不规则带电部件和接地部件，应采用绝缘毯进行绝缘遮蔽，并可靠固定。搭接的遮蔽用具，其重叠部分不小于150mm。

3)在接近带电体过程中，应使用验电器从下方依次验电。

4)按照由近至远、从小到大、从下到上的原则，分别对作业范围内的所有带电体和接地体进行绝缘遮蔽。使用绝缘毯时，应用绝缘夹夹紧，防止脱落。

(5)重合闸。本项目需要停用线路重合闸。

（6）关键点。

1）在接触有电导线前应得到工作监护人的认可。

2）带电作业时，要注意有电导线与横担及邻相导线的安全距离。

3）带电作业时，严禁人体同时接触两个不同的电位。

4）在安装中相避雷器时，作业人员应位于中相与遮蔽相导线之间。

（7）危险点分析。

序号	内容
1	负荷控制开关未拉开，造成带负荷断引流线，危及人身、设备安全
2	专责监护人违章兼做其他工作或监护不到位，使作业人员失去监护
3	作业现场杂乱无序
4	绝缘斗臂车未接地，危及人身安全
5	绝缘斗臂车操作不当，造成倾翻
6	高空落物，引发物体打击。斗内作业人员不系安全带，引发高摔事故
7	穿戴防护用具不规范，造成触电伤害
8	作业人员未按规定进行绝缘遮蔽或遮蔽不严密，可能造成触电伤害
9	作业人员违章操作，危及人身、设备安全
10	断避雷器上引线时，避雷器上引线脱落造成接地或相间短路事故
11	行车违反交通法规，可能引发交通事故，造成人员伤害

（8）安全措施。

序号	内容
1	专责监护人应履行监护职责，不得兼做其他工作，要选择便于监护的位置，监护范围不得超过一个作业点
2	带电作业前，将绝缘工具擦拭干净，并进行绝缘检测。绝缘手套应进行充气检查
3	根据地形地貌和作业项目，将斗臂车定位于最适合作业的位置。不得在坡度大于5°的路面上操作斗臂车。斗臂车支腿应支在硬实的路面上，不平整的地面应铺垫专用支腿垫板，避免将支腿置于沟槽边缘、盖板之上，以防止斗臂车在使用中侧翻
4	作业现场及工具摆放位置周围应设置安全围栏，防止行人及其他车辆进入作业现场
5	绝缘斗臂车在使用前应空斗试操作一次，确认各系统工作正常，制动装置可靠。工作臂下有人时，不得操作斗臂车。工作臂升降回转的路径，应避开邻近的电力线路、通信线路、树木及其他障碍物
6	作业人员在绝缘斗内传递工具时，应确认两人同时脱离带电设备。绝缘斗内双人工作时，禁止两人同时接触不同电位体
7	上下传递物品必须使用绝缘绳索。尺寸较长的部件，应用绝缘传递绳上下捆扎两点，沿传递绳方向传递。工作过程中，工作点垂直下方禁止站人。绝缘斗内作业人员之间传递绝缘遮蔽用具及工具时，应一件一件地分别传递，防止掉落
8	对不规则带电部件和接地部件，应采用绝缘毯进行绝缘遮蔽，并可靠固定。搭接的遮蔽用具，其重叠部分不小于150mm

序号	内　容
9	安装和拆除绝缘遮蔽用具时，人体的未防护部位应与带电体保持足够的安全距离
10	断引线时，要保持带电体与人体、相间及对地的安全距离
11	工作前，将绝缘斗臂车车体良好接地
12	作业过程中，绝缘工具金属部分应与接地体保持足够的安全距离
13	带电作业过程中，作业人员应戴好安全帽和护目镜
14	带电作业过程中，如设备突然停电，作业人员应视设备仍然带电
15	所有工器具应定期试验，不合格的带电作业绝缘工具严禁带入工作现场
16	选定好斗臂车工作斗的升降方向，注意避开附近高、低压线及障碍物
17	一相作业完成后，应迅速恢复该相绝缘遮蔽，然后再对另一相开展作业，严禁同时进行两相作业
18	避雷器与其他带电体之间应采取隔离和遮蔽措施
19	绑扎长度需符合要求并确保绑扎牢固，操作时应用力均衡并采取防止导线摆动的措施
20	严格遵守交通法规，安全行车

9. 开工

序号	内　容	备　注
1	工作负责人办理带电作业工作票	
2	工作负责人与调度值班员联系，如需停用线路重合闸，应履行许可手续	
3	工作负责人应向全体作业人员宣读工作票，布置工作任务，明确人员分工、作业程序、现场安全措施，进行危险点告知，并履行确认手续	

10. 作业内容及标准

序号	作业步骤	作业内容	标　准	备　注
1	开工	（1）工作负责人与调度值班员联系。 （2）工作负责人发布开始工作的命令	工作负责人与调度值班员履行许可手续，确认线路重合闸已停用	
2	检查	（1）在作业现场设置安全围栏和警示标志。 （2）作业人员检查电杆、拉线及周围环境。 （3）检查绝缘工具、防护用具。 （4）绝缘工具绝缘性能检测。	（1）安全围栏和警示标志满足规定要求。 （2）电杆、拉线基础完好，拉线无腐蚀情况，线路设备及周围环境满足作业条件。 （3）绝缘工具、防护用具性能完好，并在试验周期内。 （4）使用2500V及以上绝缘电阻表或绝缘检测仪将绝缘工具进行分段绝缘检测，绝缘电阻阻值不低于700MΩ。	

序号	作业步骤	作业内容	标　　准	备　　注
2	检查	（5）绝缘斗臂车检查。 （6）新装避雷器绝缘性能检测	（5）绝缘斗臂车在使用前应空斗试操作一次，确认液压传动、回转、升降及伸缩系统工作正常，制动装置可靠。 （6）使用2500V及以上绝缘电阻表对新装避雷器进行检测，绝缘电阻阻值不得低于1000MΩ	
3	操作绝缘斗臂车	（1）绝缘斗臂车进入工作现场，定位于最佳工作位置并装好接地线。 （2）斗内电工进入工作斗。 （3）升起工作斗，定位到便于作业的位置	（1）根据地形地貌和作业项目，将斗臂车定位于最适合作业的位置，挂好手刹，并垫好三角块。 （2）装好（车用）接地线。 （3）打开斗臂车的警示灯，斗臂车前后应设置警示标志。 （4）不得在坡度大于5°的路面上操作斗臂车。 （5）操作取力器前，应检查并确认各个开关及操作杆在中位或在OFF（关）的位置。 （6）在寒冷的天气，使用前应先使液压系统加温，低速运转不少于5min。 （7）支腿应支在硬实的路面上，不平整的地面，应铺垫专用支腿垫板。 （8）支起支腿时，应按照从前到后的顺序进行，使支腿可靠支撑，轮胎不承载，车身水平。 （9）斗内电工穿戴全套安全防护用具，系好安全带，携带遮蔽用具和作业工具进入工作斗，并应将遮蔽用具和作业工具分类放在工作斗和工具袋中。 （10）松开上臂绑带，选定工作臂的升降回转路径，应避开邻近的电力线路、通信线路、树木及其他障碍物。 （11）工作臂下有人时，不得操作斗臂车。 （12）绝缘斗的起升、下降操作应平稳，升降速度不应大于0.5m/s；回转时，绝缘斗外缘的线速度不应大于0.5m/s，防止冲击荷载。 （13）对在工作斗升降过程中可能触及工作范围内的低压带电部件也需进行遮蔽	
4	绝缘遮蔽	分别对作业范围内的所有带电体和接地体进行绝缘遮蔽	（1）在接近带电体过程中，应使用验电器从下方依次验电。	 （a）先遮蔽近处

续表

序号	作业步骤	作业内容	标准	备注
4	绝缘遮蔽	分别对作业范围内的所有带电体和接地体进行绝缘遮蔽	（2）按照由近至远、从小到大、从下到上的原则，分别对作业范围内的所有带电体和接地体进行绝缘遮蔽。使用绝缘毯时，应用绝缘夹夹紧，防止脱落。搭接的遮蔽用具，其重叠部分不得小于150mm	 （b）后遮蔽远处  （c）遮蔽上层
5	施工	（1）安装固定避雷器。 1）检查并确认作业点周围所有带电体和接地体已有效遮蔽后，以最小范围打开安装避雷器位置的绝缘遮蔽，将避雷器固定在横担上，并及时恢复绝缘遮蔽。 2）按照相同方法进行其余避雷器的安装。 （2）安装避雷器接地引下线。 1）斗内电工操作工作斗至横担以下电杆处，将下引线顺电杆敷设，留有足够长度后进行固定。地面电工将下引线与接地体可靠连接。 2）打开横担遮蔽罩，两名斗内电工相互配合沿横担固定下引线并与避雷器连接后，及时恢复横担遮蔽。 3）按照相同方法进行其余避雷器下引线的安装。 （3）搭接避雷器上引线。 1）打开导线遮蔽罩，在需搭接处确定引线搭接位置和长度，使用绝缘线削皮器去除导线绝缘层（裸线应清除氧化层），将避雷器上引线展开送至搭接处，将引线与导线搭接并确保连接可靠后，迅速恢复绝缘遮蔽。 2）按照相同方法进行其余避雷器引线的搭接。 （4）避雷器安装完成后，由远至近依次拆除绝缘遮蔽。 （5）斗内电工全面检查作业质量及构架上状况无误后，操作绝缘斗臂车返回地面	（1）裸导线接引线前应清除氧化层。 （2）避雷器及引线、接地的安装应符合质量标准。 （3）搭接的位置及引流线长度应符合要求，避免使上引线受力。 （4）使用引流线夹进行接引线工作，应选择与导线型号相符的线夹进行搭接。 （5）绝缘线搭接完成后，应按照施工质量要求，对连接点进行绝缘和防水处理。 （6）在拆除绝缘遮蔽用具时，应注意不使被遮蔽体受到显著振动。 （7）恢复的绝缘遮蔽，其重叠部分不得小于150mm	 （a）打开遮蔽安装避雷器  （b）恢复遮蔽  （c）将避雷器上引线与主导线连接

续表

序号	作业步骤	作业内容	标　准	备　注
6	施工质量检查	斗内电工检查作业质量	（1）工作完毕，检查电杆上有无遗漏的工具、材料等。 （2）全面检查作业质量及电杆状况应无误	
7	完工	斗内电工操作绝缘斗臂车返回地面	工作负责人全面检查工作完成情况	

11. 竣工

序号	内　容
1	工作负责人全面检查工作完成情况无误后，组织清理现场及工具
2	通知值班调度员，工作结束；履行恢复线路重合闸程序
3	终结工作票

12. 验收总结

序号	检　修　总　结	
1	验收评价	
2	存在问题及处理意见	

13. 质量检查要求及记录

（1）安装前，作业人员要认真检查并确认避雷器完好无损。

（2）三相引线应有一定的松紧度，且美观整齐，工作质量符合验收规范要求。

（3）做好该项目的带电作业记录。

四、使用绝缘手套带电安装 10kV 柱上隔离开关（刀闸）（耐张杆）

1. 适用范围

（1）10kV 架空配电线路带电安装柱上隔离开关（刀闸）工作。

（2）绝缘手套作业法。

（3）绝缘斗臂车作工作平台。

2. 编制依据

GB 12168—1990《带电作业遮蔽罩》

GB/T 14286—2002《带电作业术语》

GB 17622—1998《带电作业绝缘手套》

GB 13035—1991《带电作业绝缘绳》

GB 13398—1992《带电作业用绝缘手杆通用技术条件》

IEC 61057《带电作业用绝缘斗臂车》

北京市电力公司带电作业工作管理规定（试行）（京电生〔2008〕109号）

北京电力公司电力安全工作规程（试行）（京电安〔2005〕75号）

北京市电力公司10kV架空配电线路带电作业操作规程（试行）（京电生〔2009〕18号）

中低压架空配电线路施工质量标准（京电生〔2004〕97号）

3. 人员要求

序号	内　容	备　注
1	带电作业人员应身体健康，无妨碍作业的生理和心理障碍	
2	带电作业人员应经培训合格，持证上岗	
3	操作绝缘斗臂车的人员应经培训合格，持证上岗	
4	带电作业人员应掌握紧急救护法，特别要掌握触电急救法	

4. 现场勘察

（1）带电作业工作票签发人或工作负责人应提前组织有关人员进行现场勘察，根据勘察结果做出能否进行带电作业的判断，并确定作业方法及应采取的安全技术措施。

（2）判断是否停用线路重合闸，需停用时，履行申请手续。

（3）现场勘察内容包括：线路运行方式（包括高、低压电源）、杆线状况、设备交叉跨越状况、邻近线路、缺陷部位和严重程度、导线规格、需要器材规格、周围环境、地形状况、道路交通以及存在的作业危险点等。

5. 作业分工

序号	作　业　人　员	作　业　内　容
1	工作负责人（监护人）1名	全面负责技术和安全，并履行工作监护
2	斗内电工2名：第一电工、第二电工	负责安全完成安装柱上隔离开关作业
3	地面电工1名	负责传递斗内作业所需工具、材料，负责施工现场安全

6. 工器具

序号	名　称	型号/规格	单　位	数　量
1	导线遮蔽罩		根	6

续表

序号	名　称	型号/规格	单　位	数　量
2	横担遮蔽罩		个	若干
3	绝缘毯		块	若干
4	绝缘毯夹		个	若干
5	绝缘传递绳		条	1
6	绝缘断线钳		把	1
7	电流检测仪		块	1
8	绝缘紧线器		个	2
9	苫布		块	1
10	绝缘斗臂车		台	2
11	绝缘安全帽		顶	4
12	绝缘手套（3 型）		副	2
13	绝缘手套检测器		个	1
14	绝缘袖套、披肩、护胸		套	2
15	绝缘靴（鞋）		双	2
16	护目镜		副	2
17	安全带		条	2
18	高、低压验电器		套	各 1
19	高压核相器		套	1
20	绝缘操作杆（拉、合闸用）		副	1
21	个人工具		套	若干
22	其他			

注　型号/规格根据使用情况填写。

7. 作业程序

（1）工具储运和检测。

1）在工器具库房领用绝缘工具、安全用具及辅助工具，应核对工器具的使用电压等级和试验周期。

2）领用绝缘工器具，应检查其外观是否完好无损。

3）工器具运输前，各种工器具应存放在工具袋或工具箱内，金属工具和绝缘工具应分开装运，以防止相互碰擦造成外表损坏，降低绝缘工器具的水平。

（2）现场操作前的准备。

1）工作负责人应按带电作业工作票的内容联系当值调度。

2）工作负责人核对线铭牌、杆号。

3）绝缘斗臂车进入合适位置，并可靠接地；不得在坡度大于 5° 的路面上操作斗臂车。斗臂车支腿应支在硬实的路面上，不平整的地面应铺垫专用支腿垫板，避免将支腿置于沟槽边缘、盖板之上，以防止斗臂车在使用中侧翻。根据道路情况，使用红白带、警示标志或路障。

4）工作负责人召开现场站班会，向工作班人员宣读工作票，布置工作任务，明确人员分工、作业程序、现场安全措施，进行危险点告知，履行确认手续，并对站班会内容进行抽查、问答。

5）根据分工情况整理材料，对安全工具、绝缘工具进行检查，绝缘工具应使用 2500V 绝缘电阻表或绝缘测试仪进行分段绝缘测试，绝缘电阻阻值不低于 700MΩ（在出库前如已测试过的可省去现场测试步骤）。

6）带电作业过程中，作业人员应戴好安全帽和护目镜。

7）检查绝缘臂、绝缘斗状况是否良好，并调试斗臂车（在出车前如已调试过的可省去此步骤）。

8）带电作业前，将绝缘工具擦拭干净，并进行绝缘检测及绝缘手套的充气检查。

9）第一电工、第二电工戴好手套进入绝缘斗内，并系好斗内安全带。

10）带电作业前，工作负责人检查并确认需要安装的杆上闸刀在拉开位置。

8. 安全注意事项及措施

（1）气象条件。

1）本项目应在良好的天气下进行。如遇雷、雨、雪、雾等天气，不得进行该项工作；风力大于 5 级时，不宜进行该项工作。

2）带电作业过程中若遇天气突然变化，有可能危及人身或设备安全时，应立即停止工作，尽快恢复设备正常状态，或增设临时安全措施。

3）空气相对湿度大于 80%的天气应停止施工。

（2）作业环境。

1）作业现场和绝缘斗臂车两侧，应根据道路情况使用红白带、警示标志或路障，防止外人进入工作区域；如在车辆繁忙地段，还应与交通管理部门取得联系，以取得配合。

2）夜间作业进行本项目应有足够的照明。

（3）安全距离及有效绝缘长度。

1）作业用绝缘工具都应经过遥测，绝缘电阻阻值应不低于 700MΩ（电极间距为 2cm）。

2）工作时，绝缘斗臂车的有效绝缘长度应保持为 1m。

3）带电作业时，应保持对地不小于 0.4m、对邻相导线不小于 0.6m 的安全距离；如不能确保该安全距离，应采用绝缘挡板、管、布及其他绝缘遮蔽措施。作业过程中，绝缘工具金属部分应与接地体保持足够的安全距离。

4）绝缘操作杆作主绝缘使用时，其有效绝缘距离不小于 0.7m。

（4）遮蔽措施。

1）本项目闸刀桩头对地距离小于 0.4m 时，需加装绝缘隔离挡板。

2）本项目在搭中相引线时，若与边相设备安全距离不够，应对边相设备加绝缘套管或绝缘罩、绝缘布。

3）作业线路下层有低压线路合杆时，如妨碍作业，应对相关低压线路加绝缘套管或绝缘布遮蔽。

（5）重合闸。本项目需要停用线路重合闸。

（6）关键点。

1）在接触有电导线前应得到工作监护人的认可。

2）带电作业时，要注意有电导线与横担及邻相导线的安全距离。

3）带电作业时，严禁人体同时接触两个不同的电位。

4）第一电工操作的绝缘斗臂车不低于 17m，在起吊闸刀时应将其保持水平状态。

5）搭引线过程中，闸刀必须处于拉开位置，并做好防止闸刀误合的安全措施。

6）搭中相引线过程中，第一、二电工需相互配合。

（7）危险点分析。

序号	内　容
1	负荷控制开关未拉开，造成带负荷断引流线，危及人身、设备安全
2	专责监护人违章兼做其他工作或监护不到位，使作业人员失去监护
3	作业现场杂乱无序
4	绝缘斗臂车未接地，危及人身安全
5	绝缘斗臂车操作不当，造成倾翻
6	高空落物，引发物体打击。斗内作业人员不系安全带，引发高摔事故
7	穿戴防护用具不规范，造成触电伤害
8	作业人员未按规定进行绝缘遮蔽或遮蔽不严密，可能造成触电伤害
9	作业人员违章操作，危及人身、设备安全
10	断、接引流线时，引流线脱落造成接地或相间短路事故
11	行车违反交通法规，可能引发交通事故，造成人员伤害

（8）安全措施。

序号	内　容
1	断空载线路引流线前，检查并确认所断引流线确已空载
2	专责监护人应履行监护职责，不得兼做其他工作，要选择便于监护的位置，监护范围不得超过一个作业点
3	带电作业前，将绝缘工具擦拭干净，并进行绝缘检测。绝缘手套应进行充气检查
4	根据地形地貌和作业项目，将斗臂车定位于最适合作业的位置。不得在坡度大于5°的路面上操作斗臂车。斗臂车支腿应支在硬实的路面上，不平整的地面应铺垫专用支腿垫板，避免将支腿置于沟槽边缘、盖板之上，以防止斗臂车在使用中侧翻
5	作业现场及工具摆放位置周围应设置安全围栏，防止行人及其他车辆进入作业现场
6	绝缘斗臂车在使用前应空斗试操作一次，确认各系统工作正常，制动装置可靠。工作臂下有人时，不得操作斗臂车。工作臂升降回转的路径，应避开邻近的电力线路、通信线路、树木及其他障碍物
7	作业人员在绝缘斗内传递工具时，应确认两人同时脱离带电设备。绝缘斗内双人工作时，禁止两人同时接触不同电位体
8	上下传递物品必须使用绝缘绳索。尺寸较长的部件，应用绝缘传递绳上下捆扎两点，沿传递绳方向传递。工作过程中，工作点垂直下方禁止站人。绝缘斗内作业人员之间传递绝缘遮蔽用具及工具时，应一件一件地分别传递，防止掉落
9	对不规则带电部件和接地部件，应采用绝缘毯进行绝缘遮蔽，并可靠固定。搭接的遮蔽用具，其重叠部分不小于150mm
10	已断开的引流线，会因感应而带电，作业时严禁身体碰触，防止触电。断开的三相引流线还应对横担、拉线放电，防止电击伤人。严禁同时接触已断开相的导线两个断头，以防人体串入电路。安装和拆除绝缘遮蔽用具时，人体的未防护部位应与带电体保持足够的安全距离
11	变压器停电时，必须先拉开低压用户隔离开关，后拉开高压侧跌落式熔断器，并使用电流检测仪检测确认引流线无电流。送电程序与之相反
12	断引流线时，要保持带电体与人体、相间及对地的安全距离
13	工作前，将绝缘斗臂车车体良好接地
14	作业过程中，绝缘工具金属部分应与接地体保持足够的安全距离
15	带电作业过程中，作业人员应戴好安全帽和护目镜
16	带电作业过程中，如设备突然停电，作业人员应视设备仍然带电
17	严格遵守交通法规，安全行车

9. 开工

序号	内　容	备　注
1	工作负责人办理带电作业工作票	
2	工作负责人与调度值班员联系。如需停用线路重合闸，应履行许可手续	
3	工作负责人应向全体作业人员宣读工作票，布置工作任务，明确人员分工、作业程序、现场安全措施，进行危险点告知，并履行确认手续	

10. 作业内容及标准

序号	作业步骤	作业内容	标准	备注
1	开工	（1）工作负责人与调度值班员联系。 （2）工作负责人发布开始工作的命令	工作负责人与调度值班员履行许可手续，确认线路重合闸已停用	
2	检查	（1）在作业现场设置安全围栏和警示标志。 （2）作业人员检查电杆、拉线及周围环境。 （3）检查绝缘工具、防护用具。 （4）绝缘工具绝缘性能检测。 （5）确认所断引流线已空载	（1）安全围栏和警示标志满足规定要求。 （2）电杆、拉线基础完好，拉线无腐蚀情况，线路设备及周围环境满足作业条件。 （3）绝缘工具、防护用具性能完好，并在试验周期内。 （4）使用 2500V 及以上绝缘电阻表或绝缘检测仪将绝缘工具进行分段绝缘检测，绝缘电阻阻值不低于 700MΩ。 （5）拉开引流线后端负荷控制器，使所断引流线空载。必要时，使用电流检测仪检测并确认引流线无负荷电流	
3	操作绝缘斗臂车	（1）绝缘斗臂车进入工作现场，定位于最佳工作位置并装好接地线。 （2）斗内电工进入工作斗。	（1）根据地形地貌和作业项目，将斗臂车定位于最适合作业的位置，挂好手刹，并垫好三角块。 （2）装好（车用）接地线。 （3）打开斗臂车的警示灯，斗臂车前后应设置警示标志。 （4）不得在坡度大于 5°的路面上操作斗臂车。 （5）操作取力器前，应检查并确认各个开关及操作杆在中位或在 OFF（关）的位置。 （6）在寒冷的天气，使用前应先使液压系统加温，低速运转不少于 5min。 （7）支腿应支在硬实的路面上，不平整的地面，应铺垫专用支腿垫板。 （8）支起支腿时，应按照从前到后的顺序进行，使支腿可靠支撑，轮胎不承载，车身水平。 （9）斗内电工穿戴全套安全防护用具，系好安全带，携带遮蔽用具和作业工具进入工作斗，并应将遮蔽用具和作业工具分类放在工作斗和工具袋中。 （10）松开上臂绑带，选定工作臂的升降回转路径，应避开邻近的电力线路、通信线路、树木及其他障碍物。 （11）工作臂下有人时，不得操作斗臂车。	

续表

序号	作业步骤	作业内容	标　准	备　注
3	操作绝缘斗臂车	（3）升起工作斗，定位到便于作业的位置	（12）绝缘斗的起升、下降操作应平稳，升降速度不应大于 0.5m/s；回转时，绝缘斗外缘的线速度不应大于 0.5m/s，防止冲击荷载。 （13）对在工作斗升降过程中可能触及工作范围内的低压带电部件也需进行遮蔽	
4	绝缘遮蔽	分别对作业范围内的所有带电体和接地体进行绝缘遮蔽	（1）在接近带电体过程中，应使用验电器从下方依次验电。 （2）按照由近至远、从小到大、从下到上的原则，分别对作业范围内的所有带电体和接地体进行绝缘遮蔽。使用绝缘毯时，应用绝缘夹夹紧，防止脱落。搭接的遮蔽用具，其重叠部分不得小于 150mm	 绝缘遮蔽
5	施工	（1）安装隔离开关，并试拉合。 （2）拉开隔离开关，将负荷侧接线端子与引线连接。负荷侧引线与导线连接。 （3）进行绝缘遮蔽。 （4）按照同样方法安装另外两相隔离开关。 （5）安装电源侧引线与导线连接。 （6）拆除绝缘遮蔽用具。 （7）合上隔离开关	（1）安装隔离开关，并试拉合无问题后，先固定好下引线，再把上引线在导线上固定好。 （2）检查上下引线固定无误后，由第一电工按与安装相反的顺序拆除绝缘防护用具。 （3）用绝缘传递绳将工具及防护用具传至地面	 （a）断开引流线露出横担头  （b）安装隔离开关并接通引流线
6	施工质量检查	斗内电工检查作业质量	（1）工作完毕，检查电杆上有无遗漏的工具、材料等。 （2）全面检查作业质量及电杆状况应无误	
7	完工	斗内电工操作绝缘斗臂车返回地面	工作负责人全面检查工作完成情况	

11. 竣工

序号	内　容
1	工作负责人全面检查工作完成情况无误后，组织清理现场及工具
2	通知值班调度员，工作结束；停用线路重合闸的履行恢复程序
3	终结工作票

12. 验收总结

序号	检 修 总 结	
1	验收评价	
2	存在问题及处理意见	

13. 质量检查要求及记录

（1）闸刀绝缘子、消弧室等应完好无损，操作机构应灵活，三相触头接触良好。

（2）安装好的新闸刀应进行试拉试合，且不少于三次。

（3）闸刀三相引线排列整齐，松紧适当。

（4）做好该项目的带电作业记录。

五、使用绝缘手套带电拆除10kV避雷器

1. 适用范围

（1）10kV架空配电线路带电拆除避雷器工作。

（2）绝缘手套作业法。

（3）绝缘斗臂车作工作平台。

2. 编制依据

GB/T 12168—2006《带电作业遮蔽罩》

GB/T 880—2004《带电作业用导线软质遮蔽罩》

GB/T 14286—2008《带电作业工具设备术语》

GB/T 17622—2008《带电作业用绝缘手套》

DL 778—2001《带电作业用绝缘袖套》

DL/T 803—2002《带电作业用绝缘毯》

DL/T 676—1999《带电作业用绝缘鞋（靴）通用技术条件》

GB 13035—2008《带电作业用绝缘绳》

GB 13398—1992《带电作业用绝缘手杆通用技术条件》

DL/T 854—2004《带电作业用绝缘斗臂车的保养维护及在使用中的试验》

DL/T 887—2004《带电作业工具、装置和设备使用的一般要求》

IEC 61057《带电作业用绝缘斗臂车》

北京市电力公司带电作业工作管理规定（试行）（京电生〔2008〕109号）

北京电力公司电力安全工作规程 （国家电网安监〔2009〕664号）

北京市电力公司10kV架空配电线路带电作业操作规程（试行）（京电生〔2009〕18号）

北京市中低压架空配电线路施工质量标准（京电生〔2004〕97号）

3. 人员要求

序号	内　容	备　注
1	带电作业人员应身体健康，无妨碍作业的生理和心理障碍	
2	带电作业人员应经培训合格，持证上岗	
3	操作绝缘斗臂车的人员应经培训合格，持证上岗	
4	带电作业人员应掌握紧急救护法，特别要掌握触电急救法	

4. 现场勘察

（1）带电作业工作票签发人或工作负责人应提前组织有关人员进行现场勘察，根据勘察结果做出能否进行带电作业的判断，并确定作业方法及应采取的安全技术措施。

（2）判断是否停用线路重合闸，需停用时，履行申请手续。

（3）现场勘察内容包括：线路运行方式（包括高、低压电源）、杆线状况、设备交叉跨越状况、邻近线路、缺陷部位和严重程度、导线规格、需要器材规格、周围环境、地形状况、道路交通以及存在的作业危险点等。

5. 作业分工

序号	作　业　人　员	作　业　内　容
1	工作负责人（监护人）1名	全面负责技术和安全，并履行工作监护
2	斗内电工2名：第一电工、第二电工	负责安全完成带电拆除避雷器作业
3	地面电工1名	负责传递电杆上作业所需工具、材料，负责施工现场安全

6. 工器具

序号	名　　称	型号/规格	单　位	数　量
1	绝缘斗臂车		辆	1
2	接地线（车用）		组	1
3	绝缘子遮蔽罩		个	1
4	导线遮蔽罩		根	2
5	横担遮蔽罩		个	1
6	绝缘毯		块	1
7	绝缘毯夹（紧束带）		个	1

续表

序号	名　　称	型号/规格	单　　位	数　　量
8	绝缘棘轮套筒		把	1
9	绝缘传递绳		条	1
10	苫布		块	1
11	绝缘安全帽		顶	4
12	绝缘手套（3 型）		副	2
13	绝缘手套检测器		个	1
14	绝缘袖套、披肩、护胸		套	2
15	绝缘靴（鞋）		双	2
16	护目镜		副	2
17	安全带		条	2
18	高、低压验电器		套	各 1
19	个人工具		套	若干
20	其他			

注　型号/规格根据使用情况填写。

7. 作业程序

（1）工具储运和检测。

1）在工器具库房领用绝缘工具、安全用具及辅助工具，应核对工器具的使用电压等级和试验周期。

2）领用绝缘工器具，应检查其外观是否完好无损。

3）工器具运输前，各种工器具应存放在工具袋或工具箱内，金属工具和绝缘工具应分开装运，以防止相互碰擦造成外表损坏，降低绝缘工器具的水平。

（2）现场操作前的准备。

1）工作负责人应按带电作业工作票的内容联系当值调度。

2）工作负责人核对线铭牌、杆号。

3）绝缘斗臂车进入合适位置，并可靠接地；不得在坡度大于 5° 的路面上操作斗臂车。斗臂车支腿应支在硬实的路面上，不平整的地面应铺垫专用支腿垫板，避免将支腿置于沟槽边缘、盖板之上，以防止斗臂车在使用中侧翻。根据道路情况，使用红白带、警示标志或路障。

4）工作负责人召开现场站班会，向工作班人员宣读工作票，布置工作任务，明确人员分工、作业程序、现场安全措施，进行危险点告知，履行确认手续，并对站班会内容进行抽查、问答。

5）根据分工情况整理材料，对安全工具、绝缘工具进行检查，绝缘工具应使用2500V 绝缘电阻表或绝缘测试仪进行分段绝缘测试，绝缘电阻阻值不低于 700MΩ（在出库前如已测试过的可省去现场测试步骤）。

6）带电作业过程中，作业人员应戴好安全帽和护目镜。

7）检查绝缘臂、绝缘斗状况是否良好，并调试斗臂车（在出车前如已调试过的可省去此步骤）。

8）带电作业前，将绝缘工具擦拭干净，并进行绝缘检测及绝缘手套的充气检查。

9）第一电工、第二电工戴好手套进入绝缘斗内，并系好斗内安全带。

8. 安全注意事项及措施

（1）气象条件。

1）本项目应在良好的天气下进行。如遇雷、雨、雪、雾等天气，不得进行该项工作；风力大于 5 级时，不宜进行该项工作。

2）带电作业过程中若遇天气突然变化，有可能危及人身或设备安全时，应立即停止工作，尽快恢复设备正常状态，或增设临时安全措施。

3）空气相对湿度大于 80%的天气应停止施工。

（2）作业环境。

1）作业现场和绝缘斗臂车两侧，应根据道路情况使用红白带、警示标志或路障，防止外人进入工作区域；如在车辆繁忙地段，还应与交通管理部门取得联系，以取得配合。

2）夜间作业进行带电搭接应有足够的照明。

（3）安全距离及有效绝缘长度。

1）作业用绝缘工具都应经过遥测，绝缘电阻阻值应不低于 700MΩ（电极间距为 2cm）。

2）工作时，绝缘斗臂车的有效绝缘长度应保持为 1m。

3）带电作业时，应保持对地不小于 0.4m、对邻相导线不小于 0.6m 的安全距离；如不能确保该安全距离，应采用绝缘挡板、管、布及其他绝缘遮蔽措施。作业过程中，绝缘工具金属部分应与接地体保持足够的安全距离。

4）绝缘操作杆作主绝缘使用时，其有效绝缘距离不小于 0.7m。

（4）遮蔽措施。

1）作业线路下层有低压线路合杆时，如妨碍作业，应对相关低压线路加装绝缘套管或绝缘布遮蔽。

2）对不规则带电部件和接地部件，应采用绝缘毯进行绝缘遮蔽，并可靠固定。搭接的遮蔽用具，其重叠部分不小于150mm。

3）在接近带电体过程中，应使用验电器从下方依次验电。

4）按照由近至远、从小到大、从下到上的原则，分别对作业范围内的所有带电体和接地体进行绝缘遮蔽。使用绝缘毯时，应用绝缘夹夹紧，防止脱落。

（5）重合闸。本项目需要停用线路重合闸。

（6）关键点。

1）在接触有电导线前应得到工作监护人的认可。

2）带电作业时，要注意有电导线与横担及邻相导线的安全距离。

3）带电作业时，严禁人体同时接触两个不同的电位。

4）在拆除中相避雷器时，作业人员应位于中相与遮蔽相导线之间。

（7）危险点分析。

序号	内　容
1	专责监护人违章兼做其他工作或监护不到位，使作业人员失去监护
2	作业现场杂乱无序
3	绝缘斗臂车未接地，危及人身安全
4	绝缘斗臂车操作不当，造成倾翻
5	高空落物，引发物体打击。斗内作业人员不系安全带，引发高摔事故
6	穿戴防护用具不规范，造成触电伤害
7	作业人员未按规定进行绝缘遮蔽或遮蔽不严密，可能造成触电伤害
8	作业人员违章操作，危及人身、设备安全
9	断引流线时，引流线脱落造成接地或相间短路事故
10	行车违反交通法规，可能引发交通事故，造成人员伤害

（8）安全措施。

序号	内　容
1	专责监护人应履行监护职责，不得兼做其他工作，要选择便于监护的位置，监护范围不得超过一个作业点
2	带电作业前，将绝缘工具擦拭干净，并进行绝缘检测。绝缘手套应进行充气检查
3	根据地形地貌和作业项目，将斗臂车定位于最适合作业的位置。不得在坡度大于5°的路面上操作斗臂车。斗臂车支腿应支在硬实的路面上，不平整的地面应铺垫专用支腿垫板，避免将支腿置于沟槽边缘、盖板之上，以防止斗臂车在使用中侧翻

续表

序号	内　容
4	作业现场及工具摆放位置周围应设置安全围栏，防止行人及其他车辆进入作业现场
5	绝缘斗臂车在使用前应空斗试操作一次，确认各系统工作正常，制动装置可靠。工作臂下有人时，不得操作斗臂车。工作臂升降回转的路径，应避开邻近的电力线路、通信线路、树木及其他障碍物
6	作业人员在绝缘斗内传递工具时，应确认两人同时脱离带电设备。绝缘斗内双人工作时，禁止两人同时接触不同电位体
7	上下传递物品必须使用绝缘绳索。尺寸较长的部件，应用绝缘传递绳上下捆扎两点，沿传递绳方向传递。工作过程中，工作点垂直下方禁止站人。绝缘斗内作业人员之间传递绝缘遮蔽用具及工具时，应一件一件地分别传递，防止掉落
8	对不规则带电部件和接地部件，应采用绝缘毯进行绝缘遮蔽，并可靠固定。搭接的遮蔽用具，其重叠部分不小于150mm
9	安装和拆除绝缘遮蔽用具时，人体的未防护部位应与带电体保持足够的安全距离
10	断引流线时，要保持带电体与人体、相间及对地的安全距离
11	工作前，将绝缘斗臂车车体良好接地
12	作业过程中，绝缘工具金属部分应与接地体保持足够的安全距离
13	带电作业过程中，作业人员应戴好安全帽和护目镜
14	带电作业过程中，如设备突然停电，作业人员应视设备仍然带电
15	一相作业完成后，应迅速恢复该相绝缘遮蔽，然后再对另一相开展作业，严禁同时进行两相作业
16	避雷器与其他带电体之间应采取隔离和遮蔽措施
17	严格遵守交通法规，安全行车

9. 开工

序号	内　容	备　注
1	工作负责人办理带电作业工作票	
2	工作负责人与调度值班员联系。如需停用线路重合闸，履行许可手续	
3	工作负责人应向全体作业人员宣读工作票，布置工作任务，明确人员分工、作业程序、现场安全措施，进行危险点告知，并履行确认手续	

10. 作业内容及标准

序号	作业步骤	作业内容	标　准	备　注
1	开工	（1）工作负责人与调度值班员联系。 （2）工作负责人发布开始工作的命令	工作负责人与调度值班员履行许可手续，确认线路重合闸已停用	

续表

序号	作业步骤	作业内容	标　　准	备　　注
2	检查	（1）在作业现场设置安全围栏和警示标志。 （2）作业人员检查电杆、拉线及周围环境。 （3）检查绝缘工具、防护用具。 （4）绝缘工具绝缘性能检测。 （5）绝缘斗臂车检查	（1）安全围栏和警示标志满足规定要求。 （2）电杆、拉线基础完好，拉线无腐蚀情况，线路设备及周围环境满足作业条件。 （3）绝缘工具、防护用具性能完好，并在试验周期内。 （4）使用2500V及以上绝缘电阻表或绝缘检测仪将绝缘工具进行分段绝缘检测，绝缘电阻阻值不低于700MΩ。 （5）绝缘斗臂车在使用前应空斗试操作一次，确认液压传动、回转、升降及伸缩系统工作正常，制动装置可靠	
3	操作绝缘斗臂车	（1）绝缘斗臂车进入工作现场，定位于最佳工作位置并装好接地线。 （2）斗内电工进入工作斗。 （3）升起工作斗，定位到便于作业的位置	（1）根据地形地貌和作业项目，将斗臂车定位于最适合作业的位置，挂好手刹，并垫好三角块。 （2）装好（车用）接地线。 （3）打开斗臂车的警示灯，斗臂车前后应设置警示标志。 （4）不得在坡度大于5°的路面上操作斗臂车。 （5）操作取力器前，应检查并确认各个开关及操作杆在中位或在OFF（关）的位置。 （6）在寒冷的天气，使用前应先使液压系统加温，低速运转不少于5min。 （7）支腿应支在硬实的路面上，不平整的地面，应铺垫专用支腿垫板。 （8）支起支腿时，应按照从前到后的顺序进行，使支腿可靠支撑，轮胎不承载，车身水平。 （9）斗内电工穿戴全套安全防护用具，系好安全带，携带遮蔽用具和作业工具进入工作斗，并应将遮蔽用具和作业工具分类放在工作斗和工具袋中。 （10）松开上臂绑带，选定工作臂的升降回转路径，应避开邻近的电力线路、通信线路、树木及其他障碍物。 （11）工作臂下有人时，不得操作斗臂车。 （12）绝缘斗的起升、下降操作应平稳，升降速度不应大于0.5m/s；回转时，绝缘斗外缘的线速度不应大于0.5m/s，防止冲击荷载。 （13）对在工作斗升降过程中可能触及工作范围内的低压带电部件也需进行遮蔽	

续表

序号	作业步骤	作业内容	标准	备注
4	绝缘遮蔽	分别对作业范围内的所有带电体和接地体进行绝缘遮蔽	（1）在接近带电体过程中，应使用验电器从下方依次验电。 （2）按照由近至远、从小到大、从下到上的原则，分别对作业范围内的所有带电体和接地体进行绝缘遮蔽。使用绝缘毯时，应用绝缘夹夹紧，防止脱落。搭接的遮蔽用具，其重叠部分不得小于150mm	 （a）遮蔽近处  （b）遮蔽远处  （c）遮蔽上层
5	施工	（1）打开避雷器引线与导线连接处的绝缘遮蔽，拆除避雷器引线与导线的连接，并将引线盘起，恢复导线及避雷器的绝缘遮蔽。 （2）检查并确认避雷器与带电体的安全距离满足规定要求，做好避雷器的绝缘隔离和遮蔽措施后，拆除避雷器及下端子接地引线。 （3）拆除避雷器及下端子接地引线后，依次拆除绝缘遮蔽。拆除时，注意人体与带电体保持安全距离。 （4）斗内电工全面检查并确认作业质量及构架上状况无误后，操作绝缘斗臂车返回地面	（1）断开的三相引线应固定牢固，并采取防止引流线上弹的防范措施。 （2）恢复的绝缘遮蔽，其重叠部分不得小于150mm。 （3）按照施工质量要求，对绝缘线连接点恢复绝缘和防水处理。 （4）在拆除绝缘遮蔽用具时，应注意不使被遮蔽体受到显著振动	 （a）打开绝缘遮蔽  （b）露出引流线与导线连接处  （c）断开上引流线
6	施工质量检查	斗内电工检查作业质量	（1）工作完毕，检查电杆上有无遗漏的工具、材料等。 （2）全面检查作业质量及电杆状况应无误	

续表

序号	作业步骤	作业内容	标　准	备　注
7	完工	斗内电工操作绝缘斗臂车返回地面	工作负责人全面检查工作完成情况	

11. 竣工

序号	内　容
1	工作负责人全面检查工作完成情况无误后，组织清理现场及工具
2	通知值班调度员，工作结束；履行恢复线路重合闸程序
3	终结工作票

12. 验收总结

序号	检修总结	
1	验收评价	
2	存在问题及处理意见	

13. 质量检查要求及记录

（1）工作质量符合验收规范要求。

（2）做好该项目的带电作业记录。

六、使用绝缘手套带电拆除 10kV 柱上隔离开关（刀闸）（耐张杆）

1. 适用范围

（1）10kV 架空配电线路带电拆除柱上隔离开关（刀闸）工作。

（2）绝缘手套作业法。

（3）绝缘斗臂车作工作平台。

2. 编制依据

GB 12168—1990《带电作业遮蔽罩》

GB/T 14286—2002《带电作业术语》

GB 17622—1998《带电作业绝缘手套》

GB 13035—1991《带电作业绝缘绳》

GB 13398—1992《带电作业用绝缘手杆通用技术条件》

IEC 61057《带电作业用绝缘斗臂车》

北京市电力公司带电作业工作管理规定（试行）（京电生〔2008〕109 号）

北京电力公司电力安全工作规程（试行）（京电安〔2005〕75 号）

北京市电力公司 10kV 架空配电线路带电作业操作规程（试行）（京电生〔2009〕18 号）

中低压架空配电线路施工质量标准（京电生〔2004〕97 号）

3. 人员要求

序号	内　容	备　注
1	带电作业人员应身体健康，无妨碍作业的生理和心理障碍	
2	带电作业人员应经培训合格，持证上岗	
3	操作绝缘斗臂车的人员应经培训合格，持证上岗	
4	带电作业人员应掌握紧急救护法，特别要掌握触电急救法	

4. 现场勘察

（1）带电作业工作票签发人或工作负责人应提前组织有关人员进行现场勘察，根据勘察结果做出能否进行带电作业的判断，并确定作业方法及应采取的安全技术措施。

（2）判断是否停用线路重合闸，需停用时，履行申请手续。

（3）现场勘察内容包括：线路运行方式（包括高、低压电源）、杆线状况、设备交叉跨越状况、邻近线路、缺陷部位和严重程度、导线规格、需要器材规格、周围环境、地形状况、道路交通以及存在的作业危险点等。

5. 作业分工

序号	作 业 人 员	作 业 内 容
1	工作负责人（监护人）1 名	全面负责技术和安全，并履行工作监护
2	斗内电工 2 名：第一电工、第二电工	负责安全完成带电拆除柱上隔离开关作业
3	地面电工 1 名	负责传递电杆上作业所需工具、材料，负责施工现场安全

6. 工器具

序号	名　称	型号/规格	单　位	数　量
1	导线遮蔽罩		根	若干
2	横担遮蔽罩		个	若干
3	绝缘毯		块	若干
4	绝缘毯夹（紧束带）		个	若干

续表

序号	名　称	型号/规格	单　位	数　量
5	绝缘传递绳		条	1
6	绝缘断线钳		把	1
7	苫布		块	1
8	绝缘斗臂车		台	1
9	绝缘安全帽		顶	4
10	绝缘手套（3型）		副	2
11	绝缘手套检测器		个	1
12	绝缘袖套、披肩、护胸		套	2
13	绝缘靴（鞋）		双	2
14	护目镜		副	2
15	安全带		条	2
16	高、低压验电器		套	各1
17	高压核相器		套	1
18	电流检测仪		台	1
19	绝缘操作杆（拉、合闸用）		副	1
20	个人工具		套	若干
21	其他			

注　型号/规格根据使用情况填写。

7. 作业程序

（1）工具储运和检测。

1）在工器具库房领用绝缘工具、安全用具及辅助工具，应核对工器具的使用电压等级和试验周期。

2）领用绝缘工器具，应检查其外观是否完好无损。

3）工器具运输前，各种工器具应存放在工具袋或工具箱内，金属工具和绝缘工具应分开装运，以防止相互碰擦造成外表损坏，降低绝缘工器具的水平。

（2）现场操作前的准备。

1）工作负责人应按带电作业工作票的内容联系当值调度。

2）工作负责人核对线铭牌、杆号。

3）绝缘斗臂车进入合适位置，并可靠接地；不得在坡度大于5°的路面上操作斗臂车。斗臂车支腿应支在硬实的路面上，不平整的地面应铺垫专用支腿垫板，避免将支腿置于沟槽边缘、盖板之上，以防止斗臂车在使用中侧翻。根据道路情况，使用红白带、警示标志或路障。

4）工作负责人召开现场站班会，向工作班人员宣读工作票，布置工作任务，明确人员分工、作业程序、现场安全措施，进行危险点告知，履行确认手续，并对站班会内容进行抽查、问答。

5）根据分工情况整理材料，对安全工具、绝缘工具进行检查，绝缘工具应使用2500V 绝缘电阻表或绝缘测试仪进行分段绝缘测试，绝缘电阻阻值不低于 700MΩ（在出库前如已测试过的可省去现场测试步骤）。

6）带电作业过程中，作业人员应戴好安全帽和护目镜。

7）检查绝缘臂、绝缘斗状况是否良好，并调试斗臂车（在出车前如已调试过的可省去此步骤）。

8）带电作业前，将绝缘工具擦拭干净，并进行绝缘检测及绝缘手套的充气检查。

9）第一电工、第二电工戴好手套进入绝缘斗内，并系好斗内安全带。

10）带电作业前，工作负责人检查并确认需要拆除电杆上的闸刀应在拉开位置。

8. 安全注意事项及措施

（1）气象条件。

1）本项目应在良好的天气下进行。如遇雷、雨、雪、雾等天气；不得进行该项工作；风力大于 5 级时，不宜进行该项工作。

2）带电作业过程中若遇天气突然变化，有可能危及人身或设备安全时，应立即停止工作，尽快恢复设备正常状态，或增设临时安全措施。

3）空气相对湿度大于 80%的天气应停止施工。

（2）作业环境。

1）作业现场和绝缘斗臂车两侧，应根据道路情况使用红白带、警示标志或路障，防止外人进入工作区域；如在车辆繁忙地段，还应与交通管理部门取得联系，以取得配合。

2）夜间作业进行本项目应有足够的照明。

（3）安全距离及有效绝缘长度。

1）作业用绝缘工具都应经过遥测，绝缘电阻阻值应不低于 700MΩ（电极间距为 2cm）。

2）工作时，绝缘斗臂车的有效绝缘长度应保持为 1m。

3）带电作业时，应保持对地不小于 0.4m、对邻相导线不小于 0.6m 的安全距离；

如不能确保该安全距离，应采用绝缘挡板、管、布及其他绝缘遮蔽措施。作业过程中，绝缘工具金属部分应与接地体保持足够的安全距离。

4）绝缘操作杆作主绝缘使用时，其有效绝缘距离不小于0.7m。

（4）遮蔽措施。

1）本项目闸刀桩头对地距离小于0.4m时，需加装绝缘隔离挡板。

2）本项目在拆除中相引线时，若与边相设备安全距离不够，应对边相设备加绝缘套管或绝缘罩、绝缘布。

3）作业线路下层有低压线路合杆时，如妨碍作业，应对相关低压线路加绝缘套管或绝缘布遮蔽。

（5）重合闸。本项目需要停用线路重合闸。

（6）关键点。

1）在接触有电导线前应得到工作监护人的认可。

2）带电作业时，要注意有电导线与横担及邻相导线的安全距离。

3）带电作业时，严禁人体同时接触两个不同的电位。

4）第一电工用绝缘斗臂车起吊闸刀时应将其保持水平状态。

5）拆除引流线过程中，闸刀必须处于拉开位置，并做好防止闸刀误合的安全措施。

6）搭中相引流线过程中，第一、二电工需相互配合。

（7）危险点分析。

序号	内 容
1	负荷控制开关未拉开，造成带负荷断引流线，危及人身、设备安全
2	专责监护人违章兼做其他工作或监护不到位，使作业人员失去监护
3	作业现场杂乱无序
4	绝缘斗臂车未接地，危及人身安全
5	绝缘斗臂车操作不当，造成倾翻
6	高空落物，引发物体打击。斗内作业人员不系安全带，引发高摔事故
7	穿戴防护用具不规范，造成触电伤害
8	作业人员未按规定进行绝缘遮蔽或遮蔽不严密，可能造成触电伤害
9	作业人员违章操作，危及人身、设备安全
10	断、接引流线时，引流线脱落造成接地或相间短路事故
11	行车违反交通法规，可能引发交通事故，造成人员伤害

（8）安全措施。

序号	内　　容
1	断空载线路引流线前，检查并确认所断引流线确已空载
2	专责监护人应履行监护职责，不得兼做其他工作，要选择便于监护的位置，监护范围不得超过一个作业点
3	带电作业前，将绝缘工具擦拭干净，并进行绝缘检测。绝缘手套应进行充气检查
4	根据地形地貌和作业项目，将斗臂车定位于最适合作业的位置。不得在坡度大于5°的路面上操作斗臂车。斗臂车支腿应支在硬实的路面上，不平整的地面应铺垫专用支腿垫板，避免将支腿置于沟槽边缘、盖板之上，以防止斗臂车在使用中侧翻
5	作业现场及工具摆放位置周围应设置安全围栏，防止行人及其他车辆进入作业现场
6	绝缘斗臂车在使用前应空斗试操作一次，确认各系统工作正常，制动装置可靠。工作臂下有人时，不得操作斗臂车。工作臂升降回转的路径，应避开邻近的电力线路、通信线路、树木及其他障碍物
7	作业人员在绝缘斗内传递工具时，应确认两人同时脱离带电设备。绝缘斗内双人工作时，禁止两人同时接触不同电位体
8	上下传递物品必须使用绝缘绳索。尺寸较长的部件，应用绝缘传递绳上下捆扎两点，沿传递绳方向传递。工作过程中，工作点垂直下方禁止站人。绝缘斗内作业人员之间传递绝缘遮蔽用具及工具时，应一件一件地分别传递，防止掉落
9	对不规则带电部件和接地部件，应采用绝缘毯进行绝缘遮蔽，并可靠固定。搭接的遮蔽用具，其重叠部分不小于150mm
10	已断开的引流线，会因感应而带电，作业时严禁身体碰触，防止触电。断开的三相引流线还应对横担、拉线放电，防止电击伤人。严禁同时接触已断开相的导线两个断头，以防人体串入电路。安装和拆除绝缘遮蔽用具时，人体的未防护部位应与带电体保持足够的安全距离
11	变压器停电时，必须先拉开低压用户隔离开关，后拉开高压侧跌落式熔断器，并使用电流检测仪检测确认引流线无电流。送电程序与之相反
12	断引流线时，要保持带电体与人体、相间及对地的安全距离
13	工作前，将绝缘斗臂车车体良好接地
14	作业过程中，绝缘工具金属部分应与接地体保持足够的安全距离
15	带电作业过程中，作业人员应戴好安全帽和护目镜
16	带电作业过程中，如设备突然停电，作业人员应视设备仍然带电
17	严格遵守交通法规，安全行车

9．开工

序号	内　　容	备　注
1	工作负责人办理带电作业工作票	
2	工作负责人与调度值班员联系。如需停用线路重合闸，应履行许可手续	
3	工作负责人应向全体作业人员宣读工作票，布置工作任务，明确人员分工、作业程序、现场安全措施，进行危险点告知，并履行确认手续	

10. 作业内容及标准

序号	作业步骤	作业内容	标 准	备 注
1	开工	（1）工作负责人与调度值班员联系。 （2）工作负责人发布开始工作的命令	工作负责人与调度值班员履行许可手续，确认线路重合闸已停用	
2	检查	（1）在作业现场设置安全围栏和警示标志。 （2）作业人员检查电杆、拉线及周围环境。 （3）检查绝缘工具、防护用具。 （4）绝缘工具绝缘性能检测。 （5）确认断开的引流线已空载	（1）安全围栏和警示标志满足规定要求。 （2）电杆、拉线基础完好，拉线无腐蚀情况，线路设备及周围环境满足作业条件。 （3）绝缘工具、防护用具性能完好，并在试验周期内。 （4）使用2500V及以上绝缘电阻表或绝缘检测仪将绝缘工具进行分段绝缘检测，绝缘电阻阻值不低于700MΩ。 （5）拉开引流线后端负荷控制器，使所断引流线空载。必要时，使用电流检测仪检测并确认引流线无负荷电流	
3	操作绝缘斗臂车	（1）绝缘斗臂车进入工作现场，定位于最佳工作位置并装好接地线。 （2）斗内电工进入工作斗。	（1）根据地形地貌和作业项目，将斗臂车定位于最适合作业的位置，挂好手刹，并垫好三角块。 （2）装好（车用）接地线。 （3）打开斗臂车的警示灯，斗臂车前后应设置警示标志。 （4）不得在坡度大于5°的路面上操作斗臂车。 （5）操作取力器前，应检查并确认各个开关及操作杆在中位或在OFF（关）的位置。 （6）在寒冷的天气，使用前应先使液压系统加温，低速运转不少于5min。 （7）支腿应支在硬实的路面上，不平整的地面，应铺垫专用支腿垫板。 （8）支起支腿时，应按照从前到后的顺序进行，使支腿可靠支撑，轮胎不承载，车身水平。 （9）斗内电工穿戴全套安全防护用具，系好安全带，携带遮蔽用具和作业工具进入工作斗，并应将遮蔽用具和作业工具分类放在工作斗和工具袋中。 （10）松开上臂绑带，选定工作臂的升降回转路径，应避开邻近的电力线路、通信线路、树木及其他障碍物。	

续表

序号	作业步骤	作业内容	标　　准	备　　注
3	操作绝缘斗臂车	（3）升起工作斗，定位到便于作业的位置	（11）工作臂下有人时，不得操作斗臂车。 （12）绝缘斗的起升、下降操作应平稳，升降速度不应大于 0.5m/s；回转时，绝缘斗外缘的线速度不应大于 0.5m/s，防止冲击荷载。 （13）对在工作斗升降过程中可能触及工作范围内的低压带电部件也需进行遮蔽	
4	绝缘遮蔽	分别对作业范围内的所有带电体和接地体进行绝缘遮蔽	（1）在接近带电体过程中，应使用验电器从下方依次验电。 （2）按照由近至远、从小到大、从下到上的原则，分别对作业范围内的所有带电体和接地体进行绝缘遮蔽。使用绝缘毯时，应用绝缘夹夹紧，防止脱落。搭接的遮蔽用具，其重叠部分不得小于 150mm	 遮蔽完成
5	施工	（1）拉开隔离开关。 （2）拆开隔离开关电源侧引线与主线的连接及负荷侧引线与主线的连接，并将引流线可靠固定。 （3）拆除三相隔离开关并传至地面。 （4）斗内电工互相配合，分别进行三相引流线的搭接工作。 （5）引流线搭接完毕后，依次拆除绝缘遮蔽	（1）拉开隔离开关，操作时，要注意防止隔离开关瓷柱断裂。 （2）引流线搭接前在需搭接处确定位置和长度，使用绝缘线削皮器（刀）去除导线绝缘层（裸线应清除氧化层）。 （3）搭接完毕的引流线符合施工质量标准。 （4）拆除遮蔽用具时，应按照从远至近的原则进行	 （a）打开边相隔离开关遮蔽  （b）拆除隔离开关  （c）接通引流线恢复遮蔽
6	施工质量检查	斗内电工检查作业质量	（1）工作完毕，检查电杆上有无遗漏的工具、材料等。 （2）全面检查作业质量及电杆状况应无误	
7	完工	斗内电工操作绝缘斗臂车返回地面	工作负责人全面检查工作完成情况	

11. 竣工

序号	内　　容
1	工作负责人全面检查工作完成情况无误后，组织清理现场及工具
2	通知值班调度员，工作结束；停用线路重合闸的履行恢复程序
3	终结工作票

12. 验收总结

序号	检　修　总　结	
1	验收评价	
2	存在问题及处理意见	

13. 质量检查要求及记录

（1）工作质量符合验收规范要求。

（2）做好该项目的带电作业记录。

七、使用绝缘手套带电撤除 10kV 线路电杆（直线杆）

1. 适用范围

（1）10kV 架空配电线路带电撤除线路电杆（直线杆）工作。

（2）绝缘手套作业法。

（3）绝缘斗臂车作工作平台。

2. 编制依据

GB 12168—1990《带电作业遮蔽罩》

GB/T 14286—2002《带电作业术语》

GB 17622—1998《带电作业绝缘手套》

GB 13035—1991《带电作业绝缘绳》

GB 13398—1992《带电作业用绝缘手杆通用技术条件》

IEC 61057《带电作业用绝缘斗臂车》

北京市电力公司带电作业工作管理规定（试行）（京电生〔2008〕109 号）

北京电力公司电力安全工作规程（试行）（京电安〔2005〕75 号）

北京市电力公司 10kV 架空配电线路带电作业操作规程（试行）（京电生〔2009〕18 号）

中低压架空配电线路施工质量标准（京电生〔2004〕97 号）

3. 人员要求

序号	内　　容	备　注
1	带电作业人员应身体健康，无妨碍作业的生理和心理障碍	
2	带电作业人员应经培训合格，持证上岗	
3	操作绝缘斗臂车的人员应经培训合格，持证上岗	
4	带电作业人员应掌握紧急救护法，特别要掌握触电急救法	

4. 现场勘察

（1）带电作业工作票签发人或工作负责人应提前组织有关人员进行现场勘察，根据勘察结果做出能否进行带电作业的判断，并确定作业方法及应采取的安全技术措施。

（2）判断是否停用线路重合闸，需停用时，履行申请手续。

（3）现场勘察内容包括：线路运行方式（包括高、低压电源）、杆线状况、设备交叉跨越状况、邻近线路、缺陷部位和严重程度、导线规格、需要器材规格、周围环境、地形状况、道路交通以及存在的作业危险点等。

5. 作业分工

序号	作　业　人　员	作　业　内　容
1	工作负责人（监护人）1 名	全面负责技术和安全，并履行工作监护
2	斗内电工 2 名：第一电工、第二电工	负责安全完成带电撤除线路电杆作业
3	地面电工 2 名	负责传递电杆上作业所需工具、材料，负责施工现场安全
4	起重吊车司机 1 名	负责吊撤电杆作业

6. 工器具

序号	名　　称	型号/规格	单　位	数　量
1	起重吊车		台	1
2	绝缘斗臂车		台	1
3	接地线（车用）		组	1
4	针式绝缘子遮蔽罩		个	3
5	导线遮蔽罩		根	若干
6	横担遮蔽罩		个	4
7	电杆遮蔽罩或绝缘包毯		个	若干

续表

序号	名　称	型号/规格	单　位	数　量
8	绝缘毯		块	若干
9	绝缘毯夹（紧束带）		个	若干
10	绝缘拉绳		条	2
11	绝缘保险绳		条	2
12	绝缘传递绳		条	1
13	苫布		块	1
14	绝缘安全帽		顶	4
15	绝缘手套（3 型）		副	2
16	绝缘手套检测器		个	1
17	绝缘袖套、披肩、护胸		套	2
18	绝缘靴（鞋）		双	2
19	护目镜		副	2
20	安全带		条	2
21	高、低压验电器		套	各 1
22	个人工具		套	若干
23	其他			

注　型号/规格根据使用情况填写。

7. 作业程序

（1）工具储运和检测。

1）在工器具库房领用绝缘工具、安全用具及辅助工具，应核对工器具的使用电压等级和试验周期。

2）领用绝缘工器具，应检查其外观是否完好无损。

3）工器具运输前，各种工器具应存放在工具袋或工具箱内，金属工具和绝缘工具应分开装运，以防止相互碰擦造成外表损坏，降低绝缘工器具的水平。

（2）现场操作前的准备。

1）工作负责人应按带电作业工作票的内容联系当值调度。

2）工作负责人核对线铭牌、杆号。

3）绝缘斗臂车进入合适位置，并可靠接地；不得在坡度大于 5° 的路面上操作斗臂车。斗臂车支腿应支在硬实的路面上，不平整的地面应铺垫专用支腿垫板，避免将支腿置于沟槽边缘、盖板之上，以防止斗臂车在使用中侧翻。根据道路情况，使用红白带、警示标志或路障。

4）工作负责人召开现场站班会，向工作班人员宣读工作票，布置工作任务，明确人员分工、作业程序、现场安全措施，进行危险点告知，履行确认手续，并对站班会内容进行抽查、问答。

5）根据分工情况整理材料，对安全工具、绝缘工具进行检查，绝缘工具应使用2500V 绝缘电阻表或绝缘测试仪进行分段绝缘测试，绝缘电阻阻值不低于 700MΩ（在出库前如已测试过的可省去现场测试步骤）。

6）带电作业过程中，作业人员应戴好安全帽和护目镜。

7）检查绝缘臂、绝缘斗状况是否良好，并调试斗臂车（在出车前如已调试过的可省去此步骤）。

8）带电作业前，将绝缘工具擦拭干净，并进行绝缘检测及绝缘手套的充气检查。

9）第一电工、第二电工戴好手套进入绝缘斗内，并系好斗内安全带。

8. 安全注意事项及措施

（1）气象条件。

1）本项目应在良好的天气下进行。如遇雷、雨、雪、雾等天气，不得进行该项工作；风力大于 5 级时，不宜进行该项工作。

2）带电作业过程中若遇天气突然变化，有可能危及人身或设备安全时，应立即停止工作，尽快恢复设备正常状态，或增设临时安全措施。

3）空气相对湿度大于 80%的天气应停止施工。

（2）作业环境。

1）作业现场和绝缘斗臂车两侧，应根据道路情况使用红白带、警示标志或路障，防止外人进入工作区域；如在车辆繁忙地段，还应与交通管理部门取得联系，以取得配合。

2）夜间作业进行本项目应有足够的照明。

（3）安全距离及有效绝缘长度。

1）作业用绝缘工具都应经过遥测，绝缘电阻阻值应不低于 700MΩ（电极间距为 2cm）。

2）工作时，绝缘斗臂车的有效绝缘长度应保持为 1m。

3）带电作业时，应保持对地不小于 0.4m、对邻相导线不小于 0.6m 的安全距离；如不能确保该安全距离，应采用绝缘挡板、管、布及其他绝缘遮蔽措施。作业过程中，绝缘工具金属部分应与接地体保持足够的安全距离。

4）绝缘操作杆作主绝缘使用时，其有效绝缘距离不小于 0.7m。

（4）遮蔽措施。

1）三相导线加绝缘套管。

2）作业线路下层有低压线路合杆时，如妨碍作业，应对相关低压线路加绝缘套管或绝缘布遮蔽。

（5）重合闸。本项目需要停用线路重合闸。

（6）关键点。

1）在接触有电导线前应得到工作监护人的认可。

2）电杆撤除过程中，工作人员应密切注意电杆与有电线路保持 1m 以上的安全距离。

3）撤除电杆时，吊车吊臂与有电线路保持 1.5m 以上的安全距离。

4）提升导线前及提升过程中，应检查两侧电杆上的导线绑扎线是否牢靠，如有松动、脱线现象，必须重新绑扎加固后方可进行作业。

5）提升和下降导线时，要缓慢进行，以防止导线晃动，造成相间短路；地面的绝缘绳固定应可靠，避免松动。

6）带电作业时，严禁人体同时接触两个不同的电位。

（7）危险点分析。

序号	内　容
1	专责监护人违章兼做其他工作或监护不到位，使作业人员失去监护
2	作业现场杂乱无序
3	绝缘斗臂车未接地，危及人身安全
4	绝缘斗臂车操作不当，造成倾翻
5	高空落物，引发物体打击。斗内作业人员不系安全带，引发高摔事故
6	穿戴防护用具不规范，造成触电伤害
7	作业人员未按规定进行绝缘遮蔽或遮蔽不严密，可能造成触电伤害
8	作业人员违章操作，危及人身、设备安全
9	使用起重吊车未能统一指挥，影响施工安全
10	撤除电杆前，未对电杆进行有效遮蔽，造成带电导线接地
11	未对电杆两侧的导线牢固及损伤情况进行检查并确认，造成导线脱落或断线
12	带电导线分开距离不够，影响施工安全
13	绝缘防护用具未检查，危及人身安全
14	行车违反交通法规，可能引发交通事故，造成人员伤害

（8）安全措施。

序号	内　容
1	专责监护人应履行监护职责，不得兼做其他工作，要选择便于监护的位置，监护范围不得超过一个作业点
2	带电作业前，将绝缘工具擦拭干净，并进行绝缘检测。绝缘手套应进行充气检查
3	根据地形地貌和作业项目，将斗臂车定位于最适合作业的位置。不得在坡度大于 5° 的路面上操作斗臂车。斗臂车支腿应支在硬实的路面上，不平整的地面应铺垫专用支腿垫板，避免将支腿置于沟槽边缘、盖板之上，以防止斗臂车在使用中侧翻
4	作业现场及工具摆放位置周围应设置安全围栏，防止行人及其他车辆进入作业现场
5	绝缘斗臂车在使用前应空斗试操作一次，确认各系统工作正常，制动装置可靠。工作臂下有人时，不得操作斗臂车。工作臂升降回转的路径，应避开邻近的电力线路、通信线路、树木及其他障碍物
6	作业人员在绝缘斗内传递工具时，应确认两人同时脱离带电设备。绝缘斗内双人工作时，禁止两人同时接触不同电位体
7	上下传递物品必须使用绝缘绳索。尺寸较长的部件，应用绝缘传递绳上下捆扎两点，沿传递绳方向传递。工作过程中，工作点垂直下方禁止站人。绝缘斗内作业人员之间传递绝缘遮蔽用具及工具时，应一件一件地分别传递，防止掉落
8	对不规则带电部件和接地部件，应采用绝缘毯进行绝缘遮蔽，并可靠固定。搭接的遮蔽用具，其重叠部分不小于 150mm
9	安装和拆除绝缘遮蔽用具时，人体的未防护部位应与带电体保持足够的安全距离
10	工作前，将绝缘斗臂车车体良好接地
11	作业过程中，绝缘工具金属部分应与接地体保持足够的安全距离
12	带电作业过程中，作业人员应戴好安全帽和护目镜
13	带电作业过程中，如设备突然停电，作业人员应视设备仍然带电
14	现场斗臂车、起重车均统一指挥
15	带电作业前，应测量导线弧垂，确定撤除电杆后的导线高度
16	撤除电杆前，对作业范围内的三相导线进行绝缘遮蔽，三相导线的绝缘遮蔽留有足够长度。使用绝缘毯时，应用绝缘夹夹紧，防止脱落
17	撤除电杆前，使用绝缘绳索将两边相导线拉开
18	撤除电杆前，对电杆进行有效的绝缘遮蔽，长度满足施工需要
19	工作中，起重吊车的吊臂及吊钩等金属部分应始终与带电体保持足够的安全距离
20	一相作业完成后，应迅速恢复该相绝缘遮蔽，然后再对另一相开展作业，严禁同时进行两相作业
21	严格遵守交通法规，安全行车

9. 开工

序号	内　容	备　注
1	工作负责人办理带电作业工作票	
2	工作负责人与调度值班员联系。确认线路重合闸已停用	

续表

序号	内　容	备　注
3	工作负责人应向全体作业人员宣读工作票，布置工作任务，明确人员分工、作业程序、现场安全措施，进行危险点告知，并履行确认手续	

10. 作业内容及标准

序号	作业步骤	作业内容	标　准	备　注
1	开工	（1）工作负责人与调度值班员联系。 （2）工作负责人发布开始工作的命令	工作负责人与调度值班员履行许可手续，确认线路重合闸已停用	
2	检查	（1）在作业现场设置安全围栏和警示标志。 （2）作业人员检查电杆周围环境。 （3）检查绝缘工具、防护用具。 （4）绝缘工具绝缘性能检测。 （5）绝缘斗臂车检查。 （6）起重吊车检查。 （7）起重吊绳检查	（1）安全围栏和警示标志满足规定要求。 （2）电杆完好，坑基符合要求，线路设备及周围环境满足作业条件。 （3）绝缘工具、防护用具性能完好，并在试验周期内。 （4）使用2500V及以上绝缘电阻表或绝缘检测仪将绝缘工具进行分段绝缘检测，绝缘电阻阻值不低于700MΩ。 （5）绝缘斗臂车在使用前应空斗试操作一次，确认液压传动、回转、升降及伸缩系统工作正常，制动装置可靠。 （6）起重吊车规格满足要求。 （7）起重吊绳规格满足要求	
3	操作绝缘斗臂车	（1）绝缘斗臂车进入工作现场，定位于最佳工作位置并装好接地线。 （2）斗内电工进入工作斗。	（1）根据地形地貌和作业项目，将斗臂车定位于最适合作业的位置，挂好手刹，并垫好三角块。 （2）装好（车用）接地线。 （3）打开斗臂车的警示灯，斗臂车前后应设置警示标志。 （4）不得在坡度大于5°的路面上操作斗臂车。 （5）操作取力器前，应检查并确认各个开关及操作杆在中位或在OFF（关）的位置。 （6）在寒冷的天气，使用前应先使液压系统加温，低速运转不少于5min。 （7）支腿应支在硬实路面上，在不平整地面，应铺垫专用支腿垫板。 （8）支起支腿时，应按照从前到后的顺序进行，使支腿可靠支撑，轮胎不承载，车身水平。	

序号	作业步骤	作业内容	标　准	备　注
3	操作绝缘斗臂车	（3）升起工作斗，定位到便于作业的位置	（9）斗内电工穿戴全套安全防护用具，系好安全带，携带遮蔽用具和作业工具进入工作斗，并应将遮蔽用具和作业工具分类放在工作斗和工具袋中。 （10）松开上臂绑带，选定工作臂的升降回转路径，应避开邻近的电力线路、通信线路、树木及其他障碍物。 （11）工作臂下有人时，不得操作斗臂车。 （12）绝缘斗的起升、下降操作应平稳，升降速度不应大于 0.5m/s；回转时，绝缘斗外缘的线速度不应大于 0.5m/s，防止冲击荷载。 （13）对在工作斗升降过程中可能触及工作范围内的低压带电部件也需进行遮蔽	
4	绝缘遮蔽	分别对作业范围内的所有带电体和接地体进行绝缘遮蔽	（1）在接近带电体过程中，应使用验电器从下方依次验电。 （2）按照由近至远、从小到大、从下到上的原则，分别对作业范围内的所有带电体和接地体进行绝缘遮蔽。使用绝缘毯时，应用绝缘夹夹紧，防止脱落。搭接的遮蔽用具，其重叠部分不得小于 150mm	 进行绝缘遮蔽
5	施工	（1）使用绝缘毯等用具对电杆进行绝缘遮蔽。使用绝缘毯时，应用绝缘夹夹紧，防止脱落。 （2）斗内电工摘下一边相针式绝缘子遮蔽罩，使用绝缘毯对针式绝缘子底部进行绝缘遮蔽后，拆除针式绝缘子上的导线绑扎线，然后将导线遮蔽罩搭接。 （3）使用绝缘绳索将导线拉开，远离电杆。 （4）依照同样方法，拆除另外一边相针式绝缘子上的导线绑扎线并使用绝缘绳索将导线拉开，远离电杆。	（1）电杆的绝缘遮蔽长度为杆顶至放松后的下层导线下方 1m 处。若电杆有拉线且在作业范围内，还应对拉线进行绝缘遮蔽。 （2）拆除针式绝缘子上的导线绑扎线时，应保持绑扎线对地的安全距离。 （3）恢复的绝缘遮蔽，其重叠部分不得小于 150mm。 （4）导线拉开距电杆距离不得小于 0.7m。	 （a）拆除绑扎线将导线放置横担下  （b）拆除绑扎线将导线放置横担下

续表

序号	作业步骤	作业内容	标准	备注
5	施工	（5）斗内电工打开横担处绝缘遮蔽，拆除横担传至地面后，迅速恢复电杆的绝缘遮蔽。 （6）斗内电工拆除中相针式绝缘子上的导线绑扎线并使用斗臂车小吊臂吊起中相导线，远离电杆。 （7）操作起重吊车并使用绝缘绳控制住电杆，与地面电工配合，将电杆放倒至地面。 （8）斗内电工操作绝缘斗臂车，依次拆除导线上的绝缘遮蔽。拆除时，人体与带电体应保持安全距离。 （9）斗内电工全面检查并确认作业质量无误后，操作绝缘斗臂车返回地面	（5）使用斗臂车小吊臂吊起中相导线距杆顶不得小于0.7m。 （6）起吊电杆的吊点应位于电杆重心上方适当位置。 （7）吊撤电杆过程中，随时调整绝缘控制绳，使电杆缓缓移动，避免吊臂及电杆与导线接触。 （8）工作完成后，三相导线置于自然位置	 （c）拆除中相绑扎线将导线放置横担上  （d）挂好吊索并恢复绝缘遮蔽  （e）将中相导线放置横担下  （f）拆除电杆
6	施工质量检查	斗内电工检查作业质量	（1）工作完毕，检查电杆上有无遗漏的工具、材料等。 （2）全面检查作业质量及电杆状况应无误	
7	完工	斗内电工操作绝缘斗臂车返回地面	工作负责人全面检查工作完成情况	

11．竣工

序号	内容
1	工作负责人全面检查工作完成情况无误后，组织清理现场及工具
2	通知值班调度员，工作结束；履行恢复线路重合闸程序
3	终结工作票

12. 验收总结

序号	检修总结	
1	验收评价	
2	存在问题及处理意见	

13. 质量检查要求及记录

（1）撤除电杆前，作业人员要认真检查并确认电杆质量符合要求。

（2）地面电工应使剪断的混凝土电杆钢筋不露出地面，并将电杆洞回填土夯实。

（3）做好该项目的带电作业记录。

八、使用绝缘手套带电更换 10kV 跌落式熔断器

1. 适用范围

（1）10kV 架空配电线路带电更换跌落式熔断器工作。

（2）绝缘手套作业法。

（3）绝缘斗臂车作工作平台。

2. 编制依据

GB 12168—1990《带电作业遮蔽罩》

GB/T 14286—2002《带电作业术语》

GB 17622—1998《带电作业绝缘手套》

GB 13035—1991《带电作业绝缘绳》

GB 13398—1992《带电作业用绝缘手杆通用技术条件》

IEC 61057《带电作业用绝缘斗臂车》

北京市电力公司带电作业工作管理规定（试行）（京电生〔2008〕109 号）

北京电力公司电力安全工作规程（试行）（京电安〔2005〕75 号）

北京市电力公司 10kV 架空配电线路带电作业操作规程（试行）（京电生〔2009〕18 号）

中低压架空配电线路施工质量标准（京电生〔2004〕97 号）

3. 人员要求

序号	内容	备注
1	带电作业人员应身体健康，无妨碍作业的生理和心理障碍	
2	带电作业人员应经培训合格，持证上岗	
3	操作绝缘斗臂车的人员应经培训合格，持证上岗	
4	带电作业人员应掌握紧急救护法，特别要掌握触电急救法	

4. 现场勘察

（1）带电作业工作票签发人或工作负责人应提前组织有关人员进行现场勘察，根据勘察结果做出能否进行带电作业的判断，并确定作业方法及应采取的安全技术措施。

（2）判断是否停用线路重合闸，需停用时，履行申请手续。

（3）现场勘察内容包括：线路运行方式（包括高、低压电源）、杆线状况、设备交叉跨越状况、邻近线路、缺陷部位和严重程度、导线规格、需要器材规格、周围环境、地形状况、道路交通以及存在的作业危险点等。

5. 作业分工

序号	作业人员	作业内容
1	工作负责人（专责监护人）1名	全面负责技术和安全，并履行工作监护
2	斗内电工2名：第一电工、第二电工	负责安全完成带电更换跌落式熔断器作业
3	地面电工1名	负责传递电杆上作业所需工具、材料，负责施工现场安全

6. 工器具

序号	名称	型号/规格	单位	数量
1	绝缘斗臂车		辆	1
2	绝缘手套（3型）		副	2
3	绝缘袖套、披肩、护胸		套	2
4	绝缘靴（鞋）		双	2
5	绝缘挡板		块	2
6	绝缘毯		块	若干
7	引线遮蔽罩		个	3
8	绝缘传递绳		条	1
9	绝缘毯夹（紧束带）		个	若干
10	绝缘操作杆（拉、合闸用）		副	1
11	高、低压验电器		支	各1
12	安全帽		顶	4
13	安全带		条	2
14	防弧护目镜		副	2
15	个人工具		套	若干

续表

序号	名　　称	型号/规格	单　　位	数　　量
16	大锤		把	1
17	苫布		块	2

注　型号/规格根据使用情况填写。

7. 作业程序

（1）工具储运和检测。

1）在工器具库房领用绝缘工具、安全用具及辅助工具，应核对工器具的使用电压等级和试验周期。

2）领用绝缘工器具，应检查其外观是否完好无损。

3）工器具运输前，各种工器具应存放在工具袋或工具箱内，金属工具和绝缘工具应分开装运，以防止相互碰擦造成外表损坏，降低绝缘工器具的水平。

（2）现场操作前的准备。

1）工作负责人应按带电作业工作票的内容联系当值调度。

2）工作负责人核对线铭牌、杆号。

3）带电作业前，工作负责人检查并确认需要更换的跌落式熔断器在拉开位置。

4）绝缘斗臂车进入合适位置，并可靠接地；不得在坡度大于 5° 的路面上操作斗臂车。斗臂车支腿应支在硬实的路面上，不平整的地面应铺垫专用支腿垫板，避免将支腿置于沟槽边缘、盖板之上，以防止斗臂车在使用中侧翻。根据道路情况，使用红白带、警示标志或路障。

5）工作负责人召开现场站班会，向工作班人员宣读工作票，布置工作任务，明确人员分工、作业程序、现场安全措施，进行危险点告知，履行确认手续，并对站班会内容进行抽查、问答。

6）根据分工情况整理材料，对安全工具、绝缘工具进行检查，绝缘工具应使用 2500V 绝缘电阻表或绝缘测试仪进行分段绝缘测试，绝缘电阻阻值不低于 700MΩ（在出库前如已测试过的可省去现场测试步骤）。

7）带电作业过程中，作业人员应戴好安全帽和护目镜。

8）检查绝缘臂、绝缘斗状况是否良好，并调试斗臂车（在出车前如已调试过的可省去此步骤）。

9）带电作业前，将绝缘工具擦拭干净，并进行绝缘检测及绝缘手套的充气检查。

10）第一电工、第二电工戴好手套进入绝缘斗内，并系好斗内安全带。

8. 安全注意事项及措施

（1）气象条件。

1）本项目应在良好的天气下进行。如遇雷、雨、雪、雾等天气，不得进行该项工作；风力大于5级时，不宜进行该项工作。

2）带电作业过程中若遇天气突然变化，有可能危及人身或设备安全时，应立即停止工作，尽快恢复设备正常状态，或增设临时安全措施。

3）空气相对湿度大于80%的天气应停止施工。

（2）作业环境。

1）作业现场和绝缘斗臂车两侧，应根据道路情况使用红白带、警示标志或路障，防止外人进入工作区域；如在车辆繁忙地段，还应与交通管理部门取得联系，以取得配合。

2）夜间作业进行本项目应有足够的照明。

（3）安全距离及有效绝缘长度。

1）作业用绝缘工具都应经过遥测，绝缘电阻阻值应不低于700MΩ（电极间距为2cm）。

2）工作时，绝缘斗臂车的有效绝缘长度应保持为1m。

3）在带电作业时，应保持对地不小于0.4m、对邻相导线不小于0.6m的安全距离；如不能确保该安全距离，应采用绝缘挡板、管、布及其他绝缘遮蔽措施。作业过程中，绝缘工具金属部分应与接地体保持足够的安全距离。

4）绝缘操作杆作主绝缘使用时，其有效绝缘距离不小于0.7m。

（4）遮蔽措施。

1）作业线路下层有低压线路合杆时，如妨碍作业，应对相关低压线路加装绝缘套管或绝缘布遮蔽。

2）对不规则带电部件和接地部件，应采用绝缘毯进行绝缘遮蔽，并可靠固定。搭接的遮蔽用具，其重叠部分不小于150mm。

3）在接近带电体过程中，应使用验电器从下方依次验电。

4）按照由近至远、从小到大、从下到上的原则，分别对作业范围内的所有带电体和接地体进行绝缘遮蔽。使用绝缘毯时，应用绝缘夹夹紧，防止脱落。

（5）重合闸。本项目一般不需要停用线路重合闸。

（6）关键点。

1）在接触有电导线前应得到工作监护人的认可。

2）带电作业时，要注意有电导线与横担及邻相导线的安全距离。

3）带电作业时，严禁人体同时接触两个不同的电位。

4）在更换中相跌落式熔丝器时，作业人员应位于中相与遮蔽相导线之间。

（7）危险点分析。

序号	内　容
1	负荷控制开关未拉开，造成带负荷断引流线，危及人身、设备安全
2	专责监护人违章兼做其他工作或监护不到位，使作业人员失去监护
3	作业现场杂乱无序
4	绝缘斗臂车未接地，危及人身安全
5	绝缘斗臂车操作不当，造成倾翻
6	高空落物，引发物体打击。斗内作业人员不系安全带，引发高摔事故
7	穿戴防护用具不规范，造成触电伤害
8	作业人员未按规定进行绝缘遮蔽或遮蔽不严密，可能造成触电伤害
9	作业人员违章操作，危及人身、设备安全
10	断引流线时，引流线脱落造成接地或相间短路事故
11	行车违反交通法规，可能引发交通事故，造成人员伤害

（8）安全措施。

序号	内　容
1	专责监护人应履行监护职责，不得兼做其他工作，要选择便于监护的位置，监护范围不得超过一个作业点
2	变压器停电时，必须先拉开低压用户隔离开关，后拉开跌落式熔断器，送电程序与之相反
3	带电作业前，将绝缘工具擦拭干净，并进行绝缘检测。绝缘手套应进行充气检查
4	根据地形地貌和作业项目，将斗臂车定位于最适合作业的位置，不得在坡度大于5°的路面上操作斗臂车
5	斗臂车支腿应支在硬实的路面上，不平整的地面应铺垫专用支腿垫板
6	避免将斗臂车支腿置于沟槽边缘、盖板之上，以防止斗臂车在使用中侧翻。工作前，将绝缘斗臂车车体良好接地
7	作业现场及工具摆放位置周围应设置安全围栏，防止行人及其他车辆进入作业现场
8	绝缘斗臂车在使用前应空斗试操作一次，确认各系统工作正常，制动装置可靠
9	工作臂下有人时，不得操作斗臂车。工作臂升降回转的路径，应避开邻近的电力线路、通信线路、树木及其他障碍物
10	作业人员在绝缘斗内传递工具时，应确认两人同时脱离带电设备。绝缘斗内双人工作时，禁止两人同时接触不同电位体
11	上下传递物品必须使用绝缘绳索。绝缘斗内作业人员之间传递绝缘遮蔽用具及工具时，应一件一件地分别传递，防止掉落

续表

序号	内　容
12	尺寸较长的部件，应用绝缘传递绳上下捆扎两点，沿传递绳方向传递。工作过程中，工作点垂直下方禁止站人
13	对不规则带电部件和接地部件，应采用绝缘毯进行绝缘遮蔽，并可靠固定。搭接的遮蔽用具，其重叠部分不小于150mm
14	已断开的引流线，会因感应而带电，作业时严禁身体碰触，防止触电
15	严禁同时接触已断开相的导线两个断头，以防人体串入电路
16	安装和拆除绝缘遮蔽用具时，人体的未防护部位应与带电体保持足够的安全距离
17	断引流线时，要保持带电体与人体、相间及对地的安全距离
18	作业过程中，绝缘工具金属部分应与接地体保持足够的安全距离
19	带电作业过程中，作业人员应戴好安全帽和护目镜
20	带电作业过程中，如设备突然停电，作业人员应视设备仍然带电
21	当更换已经断裂的熔断器时，应提前采取绝缘隔离措施
22	严格遵守交通法规，安全行车

9. 开工

序号	内　容	备　注
1	工作负责人办理带电作业工作票	
2	工作负责人与调度值班员联系。如需停用线路重合闸，应履行许可手续	
3	工作负责人应向全体作业人员宣读工作票，布置工作任务，明确人员分工、作业程序、现场安全措施，进行危险点告知，并履行确认手续	

10. 作业内容及标准

序号	作业步骤	作业内容	标　准	备　注
1	开工	（1）工作负责人与调度值班员联系。 （2）工作负责人发布开始工作的命令	工作负责人与调度值班员履行许可手续。如需停用线路重合闸，则确认线路重合闸已停用	
2	检查	（1）在作业现场设置安全围栏和警示标志。 （2）作业人员检查熔断器缺陷程度及周围环境。 （3）检查绝缘工具、防护用具。	（1）安全围栏和警示标志满足规定要求。 （2）电杆、拉线基础完好，拉线无腐蚀情况，线路设备及周围环境满足作业条件。 （3）绝缘工具、防护用具性能完好，并在试验周期内。	

续表

序号	作业步骤	作业内容	标　准	备　注
2	检查	（4）绝缘工具绝缘性能检测。 （5）绝缘斗臂车检查。 （6）地面电工用操作电杆进行变压器停电操作	（4）使用2500V及以上绝缘电阻表或绝缘检测仪将绝缘工具进行分段绝缘检测，绝缘电阻阻值不低于700MΩ。 （5）绝缘斗臂车在使用前应空斗试操作一次，确认液压传动、回转、升降及伸缩系统工作正常，制动装置可靠。 （6）不得触动已断裂的熔断器，且一人操作一人监护	
3	操作绝缘斗臂车	（1）绝缘斗臂车进入工作现场，定位于最佳工作位置并装好接地线。 （2）斗内电工进入工作斗。 （3）升起工作斗，定位到便于作业的位置	（1）根据地形地貌和作业项目，将斗臂车定位于最适合作业的位置，挂好手刹，并垫好三角块。 （2）装好（车用）接地线。 （3）打开斗臂车的警示灯，斗臂车前后应设置警示标志。 （4）不得在坡度大于5°的路面上操作斗臂车。 （5）操作取力器前，应检查并确认各个开关及操作杆在中位或在OFF（关）的位置。 （6）在寒冷的天气，使用前应先使液压系统加温，低速运转不少于5min。 （7）支腿应支在硬实的路面上，不平整的地面，应铺垫专用支腿垫板。 （8）支起支腿时，应按照从前到后的顺序进行，使支腿可靠支撑，轮胎不承载，车身水平。 （9）斗内电工穿戴全套安全防护用具，系好安全带，携带遮蔽用具和作业工具进入工作斗，并应将遮蔽用具和作业工具分类放在工作斗和工具袋中。 （10）松开上臂绑带，选定工作臂的升降回转路径，应避开邻近的电力线路、通信线路、树木及其他障碍物。 （11）工作臂下有人时，不得操作斗臂车。 （12）绝缘斗的起升、下降操作应平稳，升降速度不应大于0.5m/s；回转时，绝缘斗外缘的线速度不应大于0.5m/s，防止冲击荷载。 （13）对在工作斗升降过程中可能触及工作范围内的低压带电部件也需进行遮蔽	
4	绝缘遮蔽	分别对作业范围内的所有带电体和接地体进行绝缘遮蔽	（1）在接近带电体过程中，应使用验电器从下方依次验电。	 （a）装设隔离挡板

序号	作业步骤	作业内容	标　　准	备　　注
4	绝缘遮蔽	分别对作业范围内的所有带电体和接地体进行绝缘遮蔽	（2）按照由近至远、从小到大、从下到上的原则，分别对作业范围内的所有带电体和接地体进行绝缘遮蔽。使用绝缘毯时，应用绝缘夹夹紧，防止脱落。搭接的遮蔽用具，其重叠部分不得小于150mm	 （b）装设隔离挡板  （c）对跌落式熔断器绝缘遮蔽  （d）对跌落式熔断器上引线绝缘遮蔽  （e）对横担及绝缘子进行绝缘遮蔽
5	施工	（1）斗内电工断开熔断器上引线的连接后固定在本相高压引下线上。 （2）对高压引下线及针式绝缘子恢复绝缘遮蔽。 （3）更换熔断器并恢复绝缘遮蔽。 （4）安装熔断器上引线并恢复绝缘遮蔽。	（1）斗内电工打开熔断器上端与上引线连接点处的绝缘遮蔽，拆除熔断器上引线，并可靠固定在本相的高压引下线上。 （2）斗内电工使用引线遮蔽罩对高压引下线及针式绝缘子进行绝缘遮蔽。 （3）检查并确认作业点周围所有带电部分已有效遮蔽后，经工作负责人同意，斗内电工拆除熔断器下引线及损坏的熔断器，安装新的跌落式熔断器，并恢复绝缘遮蔽。	 （a）拆除跌落式熔断器上引线并恢复绝缘遮蔽  （b）打开跌落式熔断器绝缘遮蔽

序号	作业步骤	作业内容	标　　准	备　　注
5	施工	（5）按照相同方法可进行其他相熔断器的更换工作。 （6）三相熔断器更换完毕，依次拆除绝缘遮蔽	（4）拆除高压引线遮蔽罩前，应检查并确认作业范围内的接地体绝缘遮蔽全面。 （5）拆除遮蔽用具时，应按照从远至近的原则进行。 （6）斗内电工调整熔断器引流线，使其符合施工质量标准	 （c）拆除跌落式熔断器  （d）更换新跌落式熔断器  （e）恢复绝缘遮蔽  （f）接通跌落式熔断器上引线
6	施工质量检查	斗内电工检查作业质量	（1）工作完毕检查电杆上有无遗漏的工具、材料等。 （2）全面检查作业质量及电杆状况应无误	
7	完工	斗内电工操作绝缘斗臂车返回地面	工作负责人全面检查工作完成情况	
8	送电	地面电工用绝缘操作杆安装三相高压熔丝管，确认设备正常，经工作负责人许可后，合闸送电	（1）送电时，一人操作一人监护。 （2）操作时，应用力平稳，防止振动	

11. 竣工

序号	内　　容
1	工作负责人全面检查工作完成情况无误后，组织清理现场及工具
2	通知值班调度员，工作结束；停用线路重合闸的履行恢复程序
3	终结工作票

12. 验收总结

序号	检修总结	
1	验收评价	
2	存在问题及处理意见	

13. 质量检查要求及记录

（1）更换前，作业人员要认真检查并确认三相熔丝器及附件完好无损，相间距离符合要求，安装牢固可靠，操作灵活。

（2）三相引线应有一定的松紧度，且美观整齐，工作质量符合验收规范要求。

（3）做好该项目的带电作业记录。

九、使用绝缘手套带电更换10kV横担（直线杆、三角排列）

1. 适用范围

（1）10kV架空配电线路带电更换横担（直线杆、三角排列）工作。

（2）绝缘手套作业法。

（3）绝缘斗臂车作工作平台。

2. 编制依据

GB 12168—1990《带电作业遮蔽罩》

GB/T 14286—2002《带电作业术语》

GB 17622—1998《带电作业绝缘手套》

GB 13035—1991《带电作业绝缘绳》

GB 13398—1992《带电作业用绝缘手杆通用技术条件》

IEC 61057《带电作业用绝缘斗臂车》

北京市电力公司带电作业工作管理规定（试行）（京电生〔2008〕109号）

北京电力公司电力安全工作规程（试行）（京电安〔2005〕75号）

北京市电力公司10kV架空配电线路带电作业操作规程（试行）（京电生〔2009〕18号）

中低压架空配电线路施工质量标准（京电生〔2004〕97号）

3. 人员要求

序号	内容	备注
1	带电作业人员应身体健康，无妨碍作业的生理和心理障碍	
2	带电作业人员应经培训合格，持证上岗	

续表

序号	内　容	备　注
3	操作绝缘斗臂车的人员应经培训合格，持证上岗	
4	带电作业人员应掌握紧急救护法，特别要掌握触电急救法	

4. 现场勘察

（1）带电作业工作票签发人或工作负责人应提前组织有关人员进行现场勘察，根据勘察结果做出能否进行带电作业的判断，并确定作业方法及应采取的安全技术措施。

（2）判断是否停用线路重合闸，需停用时，履行申请手续。

（3）现场勘察内容包括：线路运行方式（包括高、低压电源）、杆线状况、设备交叉跨越状况、邻近线路、缺陷部位和严重程度、导线规格、需要器材规格、周围环境、地形状况、道路交通以及存在的作业危险点等。

5. 作业分工

序号	作 业 人 员	作 业 内 容
1	工作负责人（监护人）1名	全面负责技术和安全，并履行工作监护
2	斗内电工2名：第一电工、第二电工	负责安全完成带电更换横担作业
3	地面电工1名	负责传递杆上作业所需工具、材料，负责施工现场安全

6. 工器具

序号	名　　称	型号/规格	单　位	数　量
1	绝缘斗臂车		辆	1
2	绝缘手套（3型）		副	2
3	绝缘袖套、披肩、护胸		套	2
4	绝缘靴（鞋）		双	2
5	绝缘毯		个	若干
6	横担遮蔽罩		套	2
7	针式绝缘子遮蔽罩		个	3
8	导线遮蔽罩		根	若干
9	绝缘毯夹（紧束带）		个	若干
10	绝缘横担		组	1
11	绝缘传递绳		条	1

续表

序号	名　　称	型号/规格	单　　位	数　量
12	高、低压验电器		支	各1
13	安全帽		顶	4
14	安全带		条	2
15	防弧护目镜		副	2
16	个人工具		套	若干
17	大锤		把	1
18	苫布		块	2

注　型号/规格根据使用情况填写。

7. 作业程序

（1）工具储运和检测。

1）在工器具库房领用绝缘工具、安全用具及辅助工具，应核对工器具的使用电压等级和试验周期。

2）领用绝缘工器具，应检查其外观是否完好无损。

3）工器具运输前，各种工器具应存放在工具袋或工具箱内，金属工具和绝缘工具应分开装运，以防止相互碰擦造成外表损坏，降低绝缘工器具的水平。

（2）现场操作前的准备。

1）工作负责人应按带电作业工作票的内容联系当值调度。

2）工作负责人核对线铭牌、杆号。

3）绝缘斗臂车进入合适位置，并可靠接地；不得在坡度大于5°的路面上操作斗臂车，斗臂车支腿应支在硬实的路面上，不平整的地面应铺垫专用支腿垫板，避免将支腿置于沟槽边缘、盖板之上，以防止斗臂车在使用中侧翻。根据道路情况，使用红白带、警示标志或路障。

4）工作负责人召开现场站班会，向工作班人员宣读工作票，布置工作任务，明确人员分工、作业程序、现场安全措施，进行危险点告知，履行确认手续，并对站班会内容进行抽查、问答。

5）根据分工情况整理材料，对安全工具、绝缘工具进行检查，绝缘工具应使用2500V绝缘电阻表或绝缘测试仪进行分段绝缘测试，绝缘电阻阻值不低于700MΩ（在出库前如已测试过的可省去现场测试步骤）。

6）带电作业过程中，作业人员应戴好安全帽和护目镜。

7）检查绝缘臂、绝缘斗状况是否良好，并调试斗臂车（在出车前如已调试过的可省去此步骤）。

8）带电作业前，将绝缘工具擦拭干净，并进行绝缘检测及绝缘手套的充气检查。

9）第一电工、第二电工戴好手套进入绝缘斗内，并系好斗内安全带。

8. 安全注意事项及措施

（1）气象条件。

1）本项目应在良好的天气下进行。如遇雷、雨、雪、雾等天气，不得进行该项工作；风力大于5级时，不宜进行该项工作。

2）带电作业过程中若遇天气突然变化，有可能危及人身或设备安全时，应立即停止工作，尽快恢复设备正常状态，或增设临时安全措施。

3）空气相对湿度大于80%的天气应停止施工。

（2）作业环境。

1）作业现场和绝缘斗臂车两侧，应根据道路情况使用红白带、警示标志或路障，防止外人进入工作区域；如在车辆繁忙地段，还应与交通管理部门取得联系，以取得配合。

2）夜间作业进行本项目应有足够的照明。

（3）安全距离及有效绝缘长度。

1）作业用绝缘工具都应经过遥测，绝缘电阻阻值应不低于700MΩ（电极间距为2cm）。

2）工作时，绝缘斗臂车的有效绝缘长度应保持为1m。

3）带电作业时，应保持对地不小于0.4m、对邻相导线不小于0.6m的安全距离；如不能确保该安全距离，应采用绝缘挡板、管、布及其他绝缘遮蔽措施。作业过程中，绝缘工具金属部分应与接地体保持足够的安全距离。

4）绝缘操作杆作主绝缘使用时，其有效绝缘距离不小于0.7m。

（4）遮蔽措施。

1）三相导线加绝缘套管或绝缘罩、绝缘布。

2）直线横担绝缘子上加装绝缘子绝缘遮蔽罩或绝缘布遮蔽。

3）作业线路下层有低压线路合杆时，如妨碍作业，应对相关低压线路加绝缘套管或绝缘布遮蔽。

（5）重合闸。本项目一般不需停用线路重合闸。

（6）关键点。

1）在接触有电导线前应得到工作监护人的认可。

2）提升和下降导线时，要缓慢进行，以防止导线晃动，造成相间短路；地面的绝缘绳固定应可靠，避免松动。

3）带电作业时，严禁人体同时接触两个不同的电位。

（7）危险点分析。

序号	内　容
1	专责监护人违章兼做其他工作或监护不到位，使作业人员失去监护
2	作业现场杂乱无序
3	绝缘斗臂车未接地，危及人身安全
4	绝缘斗臂车操作不当，造成倾翻
5	高空落物，引发物体打击。斗内作业人员不系安全带，引发高摔事故
6	作业人员未按规定进行绝缘遮蔽或遮蔽不严密，可能造成触电伤害
7	作业人员违章操作，危及人身、设备安全
8	遮蔽不全面，造成触电
9	同时接触不同电位，造成触电
10	起吊导线时，吊绳或吊臂断裂
11	绝缘横担断裂，造成短路
12	安装和拆除绝缘引流线时造成短路
13	未检测电流分流情况，造成带负荷操作熔断器
14	行车违反交通法规，可能引发交通事故，造成人员伤害

（8）安全措施。

序号	内　容
1	专责监护人应履行监护职责，不得兼做其他工作，要选择便于监护的位置，监护范围不得超过一个作业点
2	带电作业前，将绝缘工具擦拭干净，并进行绝缘检测。绝缘手套应进行充气检查
3	根据地形地貌和作业项目，将斗臂车定位于最适合作业的位置，不得在坡度大于5°的路面上操作斗臂车
4	斗臂车支腿应支在硬实的路面上，不平整的地面应铺垫专用支腿垫板
5	避免将斗臂车支腿置于沟槽边缘、盖板之上，以防止斗臂车在使用中侧翻。工作前，将绝缘斗臂车车体良好接地
6	作业现场及工具摆放位置周围应设置安全围栏，防止行人及其他车辆进入作业现场
7	绝缘斗臂车在使用前应空斗试操作一次，确认各系统工作正常，制动装置可靠
8	工作臂下有人时，不得操作斗臂车。工作臂升降回转的路径，应避开邻近的电力线路、通信线路、树木及其他障碍物

续表

序号	内　容
9	作业人员在绝缘斗内传递工具时，应确认两人同时脱离带电设备。绝缘斗内双人工作时，禁止两人同时接触不同电位体
10	上下传递物品必须使用绝缘绳索。绝缘斗内作业人员之间传递绝缘遮蔽用具及工具时，应一件一件地分别传递，防止掉落
11	尺寸较长的部件，应用绝缘传递绳上下捆扎两点，沿传递绳方向传递。工作过程中，工作点垂直下方禁止站人
12	对不规则带电部件和接地部件，采用绝缘毯进行绝缘遮蔽，并可靠固定。搭接的遮蔽用具，其重叠部分不小于150mm
13	安装和拆除绝缘遮蔽用具时，人体的未防护部位应与带电体保持足够的安全距离
14	作业过程中，绝缘工具金属部分应与接地体保持足够的安全距离
15	带电作业过程中，作业人员应戴好安全帽和护目镜
16	带电作业过程中，如设备突然停电，作业人员应视设备仍然带电
17	配电线路无论是裸导线还是绝缘导线，在带电作业过程中均应进行绝缘遮蔽，绝缘导线视同裸导线
18	大截面导线在作业前应进行工具承力验算，不得强行起吊
19	带电作业前，检查作业电杆两侧导线有无烧伤、断股，导线固定是否牢固，否则应采取补强措施
20	严格遵守交通法规，安全行车

9. 开工

序号	内　容	备　注
1	工作负责人办理带电作业工作票	
2	工作负责人与调度值班员联系。如需停用线路重合闸，应履行许可手续	
3	工作负责人应向全体作业人员宣读工作票，布置工作任务，明确人员分工、作业程序、现场安全措施，进行危险点告知，并履行确认手续	

10. 作业内容及标准

序号	作业步骤	作业内容	标　准	备　注
1	开工	（1）工作负责人与调度值班员联系。 （2）工作负责人发布开始工作的命令	工作负责人与调度值班员履行许可手续，确认线路重合闸已停用	
2	检查	（1）在作业现场设置安全围栏和警示标志。 （2）作业人员检查电杆、拉线及周围环境。	（1）安全围栏和警示标志满足规定要求。 （2）电杆、拉线基础完好，拉线无腐蚀情况，线路设备及周围环境满足作业条件。	

续表

<table>
<tr><th>序号</th><th>作业步骤</th><th>作业内容</th><th>标　准</th><th>备　注</th></tr>
<tr><td>2</td><td>检查</td><td>（3）检查绝缘工具、防护用具。
（4）绝缘工具绝缘性能检测。
（5）绝缘斗臂车检查。
（6）检查横担缺陷程度</td><td>（3）绝缘工具、防护用具性能完好，并在试验周期内。
（4）使用2500V及以上绝缘电阻表或绝缘检测仪将绝缘工具进行分段绝缘检测，绝缘电阻阻值不低于700MΩ。
（5）绝缘斗臂车在使用前应空斗试操作一次，确认液压传动、回转、升降及伸缩系统工作正常，制动装置可靠</td><td></td></tr>
<tr><td>3</td><td>操作绝缘斗臂车</td><td>（1）绝缘斗臂车进入工作现场，定位于最佳工作位置并装好接地线。
（2）斗内电工进入工作斗。
（3）升起工作斗，定位到便于作业的位置</td><td>（1）根据地形地貌和作业项目，将斗臂车定位于最适合作业的位置，挂好手刹，并垫好三角块。
（2）装好（车用）接地线。
（3）打开斗臂车的警示灯，斗臂车前后应设置警示标志。
（4）不得在坡度大于5°的路面上操作斗臂车。
（5）操作取力器前，应检查并确认各个开关及操作杆在中位或在OFF（关）的位置。
（6）在寒冷的天气，使用前应先使液压系统加温，低速运转不少于5min。
（7）支腿应支在硬实的路面上，不平整的地面，应铺垫专用支腿垫板。
（8）支起支腿时，应按照从前到后的顺序进行，使支腿可靠支撑，轮胎不承载，车身水平。
（9）斗内电工穿戴全套安全防护用具，系好安全带，携带遮蔽用具和作业工具进入工作斗，并应将遮蔽用具和作业工具分类放在工作斗和工具袋中。
（10）松开上臂绑带，选定工作臂的升降回转路径，应避开邻近的电力线路、通信线路、树木及其他障碍物。
（11）工作臂下有人时，不得操作斗臂车。
（12）绝缘斗的起升、下降操作应平稳，升降速度不应大于0.5m/s；回转时，绝缘斗外缘的线速度不应大于0.5m/s，防止冲击荷载。
（13）对在工作斗升降过程中可能触及工作范围内的低压带电部件也需进行遮蔽</td><td></td></tr>
<tr><td>4</td><td>绝缘遮蔽</td><td>分别对作业范围内的所有带电体和接地体进行绝缘遮蔽</td><td>（1）在接近带电体过程中，应使用验电器从下方依次验电。
（2）按照由近至远、从小到大、从下到上的原则，分别对作业范围内的所有带电体和接地体进行绝缘遮蔽。使用绝缘毯时，应用绝缘夹夹紧，防止脱落。搭接的遮蔽用具，其重叠部分不得小于150mm</td><td>
进行绝缘遮蔽</td></tr>
</table>

序号	作业步骤	作业内容	标　　准	备　　注
5	施工	（1）电杆上绝缘横担法转移导线。 1）斗内电工配合在原横担对侧的上方，安装临时绝缘横担并与原横担平行，对接地部件绝缘遮蔽。 2）分别打开两边相导线固定，分别将导线移至绝缘横担托槽内。 3）更换旧横担，对新横担进行绝缘遮蔽。 4）斗内电工配合，分别将两边相导线移至绝缘子线槽内并固定。 5）导线固定完毕，拆除临时绝缘横担。 （2）斗臂车绝缘横担法转移导线。 1）在斗臂车小吊臂顶端安装绝缘横担，使绝缘横担的线槽托架对准对应带电导线，操作斗臂车适当向上托住导线。 2）分别打开两边相导线并固定，操作斗臂车提升导线，与原横担距离应大于400mm。 3）更换旧横担，对新横担进行绝缘遮蔽。	（1）安装临时绝缘横担，应与原横担平行并牢固可靠。 （2）临时绝缘横担安装完毕，还应对接地部件进行绝缘遮蔽，并用绝缘毯夹或紧束带扎紧，避免脱落。 （3）操作绝缘小吊臂起吊导线前，应检查并确认起吊导线的荷载不大于额定荷载。 （4）吊起的导线，应将导线遮蔽罩开口向上并搭接后，将导线移至绝缘横担托槽内。遮蔽罩之间的接合处应有不小于150mm的重合部分。 （5）拆除绑扎线时，要注意边拆边卷。 （6）使用绝缘横担托起导线前，应检查并确认导线的荷载不大于额定荷载，绝缘横担的线槽托架应分别对准对应带电导线。	 （a）绝缘遮蔽并加装新横担  （b）新横担遮蔽  （c）安装新绝缘子  （d）绝缘遮蔽  （e）移一侧导线并绑扎  （f）移另一侧导线并绑扎

续表

序号	作业步骤	作业内容	标　准	备　注
5	施工	4）操作斗臂车落下导线，将导线置于绝缘子顶部线槽内，并分别进行绑扎固定。 （3）横担更换完毕后，依次拆除绝缘遮蔽	（7）操作斗臂车提升导线，与原横担距离应大于400mm。 （8）导线未固定前不得使绝缘横担脱离导线。 （9）拆除遮蔽用具时，应按照从远至近的原则进行	 （g）拆除旧横担遮蔽准备拆除旧横担
6	施工质量检查	斗内电工检查作业质量	（1）工作完毕，检查电杆上有无遗漏的工具、材料等。 （2）全面检查作业质量及电杆状况应无误	
7	完工	斗内电工操作绝缘斗臂车返回地面	工作负责人全面检查工作完成情况	

11. 竣工

序号	内　容
1	工作负责人全面检查工作完成情况无误后，组织清理现场及工具
2	通知值班调度员，工作结束；停用线路重合闸的履行恢复程序
3	终结工作票

12. 验收总结

序号	检　修　总　结	
1	验收评价	
2	存在问题及处理意见	

13. 质量检查要求及记录

（1）工作质量符合验收规范要求。

（2）做好该项目的带电作业记录。

十、使用绝缘手套带电更换 10kV 线路直线杆

1. 适用范围

（1）10kV 架空配电线路带电更换 10kV 线路直线杆工作。

（2）绝缘手套作业法。

（3）绝缘斗臂车作工作平台。

2. 编制依据

GB 12168—1990《带电作业遮蔽罩》

GB/T 14286—2002《带电作业术语》

GB 17622—1998《带电作业绝缘手套》

GB 13035—1991《带电作业绝缘绳》

GB 13398—1992《带电作业用绝缘手杆通用技术条件》

IEC 61057《带电作业用绝缘斗臂车》

北京市电力公司带电作业工作管理规定（试行）（京电生〔2008〕109 号）

北京电力公司电力安全工作规程（试行）（京电安〔2005〕75 号）

北京市电力公司 10kV 架空配电线路带电作业操作规程（试行）（京电生〔2009〕18 号）

中低压架空配电线路施工质量标准（京电生〔2004〕97 号）

3. 人员要求

序号	内　容	备　注
1	带电作业人员应身体健康，无妨碍作业的生理和心理障碍	
2	带电作业人员应经培训合格，持证上岗	
3	操作绝缘斗臂车的人员应经培训合格，持证上岗	
4	带电作业人员应掌握紧急救护法，特别要掌握触电急救法	

4. 现场勘察

（1）带电作业工作票签发人或工作负责人应提前组织有关人员进行现场勘察，根据勘察结果做出能否进行带电作业的判断，并确定作业方法及应采取的安全技术措施。

（2）判断是否停用线路重合闸，需停用时，履行申请手续。

（3）现场勘察内容包括：线路运行方式（包括高、低压电源）、杆线状况、设备交叉跨越状况、邻近线路、缺陷部位和严重程度、导线规格、需要器材规格、周围环境、地形状况、道路交通以及存在的作业危险点等。

5. 作业分工

序号	作业人员	作业内容
1	工作负责人（监护人）1名	全面负责技术和安全，并履行工作监护
2	斗内电工2名：第一电工、第二电工	负责安全完成带电更换10kV线路直线杆作业
3	地面电工2名	负责传递电杆上作业所需工具、材料，负责施工现场安全

6. 工器具

序号	名称	型号/规格	单位	数量
1	起重吊车		台	1
2	绝缘斗臂车		台	1
3	接地线（车用）		组	1
4	针式绝缘子遮蔽罩		个	3
5	导线遮蔽罩		根	若干
6	横担遮蔽罩		个	4
7	电杆遮蔽罩或绝缘包毯		个	若干
8	绝缘毯		块	若干
9	绝缘毯夹（紧束带）		个	若干
10	绝缘拉绳		条	2
11	绝缘保险绳		条	2
12	绝缘传递绳		条	1
13	苫布		块	1
14	绝缘安全帽		顶	4
15	绝缘手套（3型）		副	2
16	绝缘手套检测器		个	1
17	绝缘袖套、披肩、护胸		套	2
18	绝缘靴（鞋）		双	2
19	护目镜		副	2
20	安全带		条	2
21	高、低压验电器		套	各1
22	个人工具		套	若干
23	其他			

注 型号/规格根据使用情况填写。

7. 作业程序

（1）工具储运和检测。

1）在工器具库房领用绝缘工具、安全用具及辅助工具，应核对工器具的使用电压等级和试验周期。

2）领用绝缘工器具，应检查其外观是否完好无损。

3）工器具运输前，各种工器具应存放在工具袋或工具箱内，金属工具和绝缘工具应分开装运，以防止相互碰擦造成外表损坏，降低绝缘工器具的水平。

（2）现场操作前的准备。

1）工作负责人应按带电作业工作票的内容联系当值调度。

2）工作负责人核对线铭牌、杆号。

3）绝缘斗臂车进入合适位置，并可靠接地；不得在坡度大于5°的路面上操作斗臂车。斗臂车支腿应支在硬实的路面上，不平整的地面应铺垫专用支腿垫板，避免将支腿置于沟槽边缘、盖板之上，以防止斗臂车在使用中侧翻。根据道路情况，使用红白带、警示标志或路障。

4）工作负责人召开现场站班会，向工作班人员宣读工作票，布置工作任务，明确人员分工、作业程序、现场安全措施，进行危险点告知，履行确认手续，并对站班会内容进行抽查、问答。

5）根据分工情况整理材料，对安全工具、绝缘工具进行检查，绝缘工具应使用2500V 绝缘电阻表或绝缘测试仪进行分段绝缘测试，绝缘电阻阻值不低于 700MΩ（在出库前如已测试过的可省去现场测试步骤）。

6）带电作业过程中，作业人员应戴好安全帽和护目镜。

7）检查绝缘臂、绝缘斗状况是否良好，并调试斗臂车（在出车前如已调试过的可省去此步骤）。

8）带电作业前，将绝缘工具擦拭干净，并进行绝缘检测及绝缘手套的充气检查。

9）第一电工、第二电工戴好手套进入绝缘斗内，并系好斗内安全带。

8. 安全注意事项及措施

（1）气象条件。

1）本项目应在良好的天气下进行。如遇雷、雨、雪、雾等天气，不得进行该项工作；风力大于5级时，不宜进行该项工作。

2）带电作业过程中若遇天气突然变化，有可能危及人身或设备安全时，应立即停止工作，尽快恢复设备正常状态，或增设临时安全措施。

3）空气相对湿度大于80%的天气应停止施工。

（2）作业环境。

1）作业现场和绝缘斗臂车两侧，应根据道路情况使用红白带、警示标志或路障，防止外人进入工作区域；如在车辆繁忙地段，还应与交通管理部门取得联系，以取得配合。

2）夜间作业进行本项目应有足够的照明。

（3）安全距离及有效绝缘长度。

1）作业用绝缘工具都应经过遥测，绝缘电阻阻值应不低于 700MΩ（电极间距为 2cm）。

2）工作时，绝缘斗臂车的有效绝缘长度应保持为 1m。

3）带电作业时，应保持对地不小于 0.4m、对邻相导线不小于 0.6m 的安全距离；如不能确保该安全距离，应采用绝缘挡板、管、布及其他绝缘遮蔽措施。作业过程中，绝缘工具金属部分应与接地体保持足够的安全距离。

4）绝缘操作杆作主绝缘使用时，其有效绝缘距离不小于 0.7m。

（4）遮蔽措施。

1）三相导线加绝缘套管。

2）作业线路下层有低压线路合杆时，如妨碍作业，应对相关低压线路加绝缘套管或绝缘布遮蔽。

（5）重合闸。本项目需要停用线路重合闸。

（6）关键点。

1）在接触有电导线前应得到工作监护人的认可。

2）电杆撤除过程中，工作人员应密切注意电杆与有电线路保持 1m 以上的安全距离。

3）撤除电杆时，吊车吊臂与有电线路保持 1.5m 以上的安全距离。

4）提升导线前及提升过程中，应检查两侧电杆上的导线绑扎线是否牢靠，如有松动、脱线现象，必须重新绑扎加固后方可进行作业。

5）提升和下降导线时，要缓慢进行，以防止导线晃动，造成相间短路；地面的绝缘绳固定应可靠，避免松动。

6）带电作业时，严禁人体同时接触两个不同的电位。

（7）危险点分析。

序号	内　容
1	专责监护人违章兼做其他工作或监护不到位，使作业人员失去监护
2	作业现场杂乱无序

续表

序号	内　容
3	绝缘斗臂车未接地，危及人身安全
4	绝缘斗臂车操作不当，造成倾翻
5	高空落物，引发物体打击。斗内作业人员不系安全带，引发高摔事故
6	穿戴防护用具不规范，造成触电伤害
7	作业人员未按规定进行绝缘遮蔽或遮蔽不严密，可能造成触电伤害
8	作业人员违章操作，危及人身、设备安全
9	使用起重吊车未能统一指挥，影响施工安全
10	绝缘防护用具未检查，危及人身安全
11	撤除电杆前，未对电杆进行有效遮蔽，造成带电导线接地
12	未对电杆两侧的导线牢固及损伤情况进行检查并确认，造成导线脱落或断线
13	立、撤电杆前，导线遮蔽长度不够，影响施工安全
14	立、撤电杆时，带电导线分开距离不够，影响施工安全
15	立电杆前，未对电杆进行有效遮蔽，造成带电导线接地
16	行车违反交通法规，可能引发交通事故，造成人员伤害

（8）安全措施。

序号	内　容
1	专责监护人应履行监护职责，不得兼做其他工作，要选择便于监护的位置，监护范围不得超过一个作业点
2	带电作业前，将绝缘工具擦拭干净，并进行绝缘检测。绝缘手套应进行充气检查
3	根据地形地貌和作业项目，将斗臂车定位于最适合作业的位置。不得在坡度大于5°的路面上操作斗臂车。斗臂车支腿应支在硬实的路面上，不平整的地面应铺垫专用支腿垫板，避免将支腿置于沟槽边缘、盖板之上，以防止斗臂车在使用中侧翻
4	作业现场及工具摆放位置周围应设置安全围栏，防止行人及其他车辆进入作业现场
5	绝缘斗臂车在使用前应空斗试操作一次，确认各系统工作正常，制动装置可靠。工作臂下有人时，不得操作斗臂车。工作臂升降回转的路径，应避开邻近的电力线路、通信线路、树木及其他障碍物
6	作业人员在绝缘斗内传递工具时，应确认两人同时脱离带电设备。绝缘斗内双人工作时，禁止两人同时接触不同电位体
7	上下传递物品必须使用绝缘绳索。尺寸较长的部件，应用绝缘传递绳上下捆扎两点，沿传递绳方向传递。工作过程中，工作点垂直下方禁止站人。绝缘斗内作业人员之间传递绝缘遮蔽用具及工具时，应一件一件地分别传递，防止掉落
8	对不规则带电部件和接地部件采用绝缘毯进行绝缘遮蔽，并可靠固定。搭接的遮蔽用具，其重叠部分不小于150mm
9	安装和拆除绝缘遮蔽用具时，人体的未防护部位应与带电体保持足够的安全距离

续表

序号	内　容
10	工作前，将绝缘斗臂车车体良好接地
11	作业过程中，绝缘工具金属部分应与接地体保持足够的安全距离
12	带电作业过程中，作业人员应戴好安全帽和护目镜
13	带电作业过程中，如设备突然停电，作业人员应视设备仍然带电
14	现场斗臂车、起重车均统一指挥
15	作业前，应测量导线弧垂，确定撤除电杆后的导线高度
16	撤除电杆前，对作业范围内的三相导线进行绝缘遮蔽，三相导线的绝缘遮蔽留有足够长度。使用绝缘毯时，应用绝缘夹夹紧，防止脱落
17	撤除电杆前，使用绝缘绳索将两边相导线拉开
18	撤除电杆前，对电杆进行有效的绝缘遮蔽，长度满足施工需要
19	一相作业完成后，应迅速恢复该相绝缘遮蔽，然后再对另一相开展作业，严禁同时进行两相作业
20	立电杆前，检查并确认作业范围内的三相导线绝缘遮蔽良好
21	立电杆前，检查并确认两边相导线拉开距离满足要求并可靠固定
22	立电杆前，对电杆进行有效的绝缘遮蔽，长度满足施工需要
23	工作中，起重吊车的吊臂及吊钩等金属部分应始终与带电体保持足够的安全距离
24	对新电杆上不规则带电部件和接地部件，应采用绝缘毯进行绝缘遮蔽，但要注意夹紧固定。搭接的遮蔽用具，其重叠部分不得小于150mm
25	严格遵守交通法规，安全行车

9. 开工

序号	内　容	备　注
1	工作负责人办理带电作业工作票	
2	工作负责人与调度值班员联系。确认线路重合闸已停用	
3	工作负责人应向全体作业人员宣读工作票，布置工作任务，明确人员分工、作业程序、现场安全措施，进行危险点告知，并履行确认手续	

10. 作业内容及标准

序号	作业步骤	作业内容	标　准	备　注
1	开工	（1）工作负责人与调度值班员联系。 （2）工作负责人发布开始工作的命令	工作负责人与调度值班员履行许可手续，确认线路重合闸已停用	

续表

序号	作业步骤	作业内容	标　　准	备　　注
2	检查	（1）在作业现场设置安全围栏和警示标志。 （2）作业人员检查电杆周围环境。 （3）检查绝缘工具、防护用具。 （4）绝缘工具绝缘性能检测。 （5）绝缘斗臂车检查。 （6）起重吊车检查。 （7）起重吊绳检查	（1）安全围栏和警示标志满足规定要求。 （2）电杆完好，坑基符合要求，线路设备及周围环境满足作业条件。 （3）绝缘工具、防护用具性能完好，并在试验周期内。 （4）使用2500V及以上绝缘电阻表或绝缘检测仪将绝缘工具进行分段绝缘检测，绝缘电阻阻值不低于700MΩ。 （5）绝缘斗臂车在使用前应空斗试操作一次，确认液压传动、回转、升降及伸缩系统工作正常，制动装置可靠。 （6）起重吊车规格满足要求。 （7）起重吊绳规格满足要求	
3	操作绝缘斗臂车	（1）绝缘斗臂车进入工作现场，定位于最佳工作位置并装好接地线。 （2）斗内电工进入工作斗。	（1）根据地形地貌和作业项目，将斗臂车定位于最适合作业的位置，挂好手刹，并垫好三角块。 （2）装好（车用）接地线。 （3）打开斗臂车的警示灯，斗臂车前后应设置警示标志。 （4）不得在坡度大于5°的路面上操作斗臂车。 （5）操作取力器前，应检查并确认各个开关及操作杆在中位或在OFF（关）的位置。 （6）在寒冷的天气，使用前应先使液压系统加温，低速运转不少于5min。 （7）支腿应支在硬实的路面上，不平整的地面，应铺垫专用支腿垫板。 （8）支起支腿时，应按照从前到后的顺序进行，使支腿可靠支撑，轮胎不承载，车身水平。 （9）斗内电工穿戴全套安全防护用具，系好安全带，携带遮蔽用具和作业工具进入工作斗，并应将遮蔽用具和作业工具分类放在工作斗和工具袋中。 （10）松开上臂绑带，选定工作臂的升降回转路径，应避开邻近的电力线路、通信线路、树木及其他障碍物。 （11）工作臂下有人时，不得操作斗臂车。	

序号	作业步骤	作业内容	标准	备注
3	操作绝缘斗臂车	（3）升起工作斗，定位到便于作业的位置	（12）绝缘斗的起升、下降操作应平稳，升降速度不应大于0.5m/s；回转时，绝缘斗外缘的线速度不应大于0.5m/s，防止冲击荷载。 （13）对在工作斗升降过程中可能触及工作范围内的低压带电部件也需进行遮蔽	
4	绝缘遮蔽	分别对作业范围内的所有带电体和接地体进行绝缘遮蔽	（1）在接近带电体过程中，应使用验电器从下方依次验电。 （2）按照由近至远、从小到大、从下到上的原则，分别对作业范围内的所有带电体和接地体进行绝缘遮蔽。使用绝缘毯时，应用绝缘夹夹紧，防止脱落。搭接的遮蔽用具，其重叠部分不得小于150mm	 进行绝缘遮蔽
5	施工	（1）使用绝缘毯等用具对电杆进行绝缘遮蔽。使用绝缘毯时，应用绝缘夹夹紧，防止脱落。 （2）斗内电工摘下一边相针式绝缘子遮蔽罩，使用绝缘毯对针式绝缘子底部进行绝缘遮蔽后，拆除针式绝缘子上的导线绑扎线，然后将导线遮蔽罩搭接。 （3）使用绝缘绳索将导线拉开，远离电杆。 （4）依照同样方法，拆除另外一边相针式绝缘子上的导线绑扎线，并使用绝缘绳索将导线拉开，远离电杆。 （5）斗内电工打开横担处绝缘遮蔽，拆除横担传至地面后，迅速恢复电杆的绝缘遮蔽。	（1）电杆的绝缘遮蔽长度为杆顶至放松后的下层导线下方1m处。若电杆有拉线且在作业范围内，还应对拉线进行绝缘遮蔽。 （2）拆除针式绝缘子上的导线绑扎线时，应保持绑扎线对地的安全距离。 （3）恢复的绝缘遮蔽，其重叠部分不得小于150mm。 （4）导线拉开距电杆距离不得小于0.7m。	 （a）拆除边相导线并放置横担下  （b）拆除另一边相导线放置横担下  （c）拆除中相导线并放置横担上  （d）挂好吊索并恢复绝缘遮蔽

续表

序号	作业步骤	作业内容	标 准	备 注
5	施工	（6）斗内电工拆除中相针式绝缘子上的导线绑扎线，并使用斗臂车小吊臂，吊起中相导线，远离电杆。 （7）操作起重吊车并使用绝缘保险绳控制住电杆，与地面电工配合，将电杆放倒至地面。 （8）操作起重吊车将新电杆吊起适当距离，对电杆上部进行绝缘遮蔽。 （9）操作起重吊车并使用绝缘保险绳将电杆吊至预定位置，可靠固定。 （10）斗内电工打开电杆顶处遮蔽，安装中相抱箍及中相绝缘子，并恢复电杆顶遮蔽。斗内电工将中相导线安装到中相绝缘子上后进行固定，并恢复中相绝缘遮蔽。	（5）使用斗臂车小吊臂吊起中相导线距杆顶不得小于0.7m。 （6）起吊电杆的吊点应位于电杆重心上方适当位置。 （7）吊撤电杆过程中，随时调整绝缘控制绳，使电杆缓缓移动，避免吊臂及电杆与导线接触。 （8）新电杆上部绝缘遮蔽长度为杆顶至下层导线下方 1m 处，并检查吊绳受力情况。	 （e）将中相导线放置横担下  （f）吊离电杆 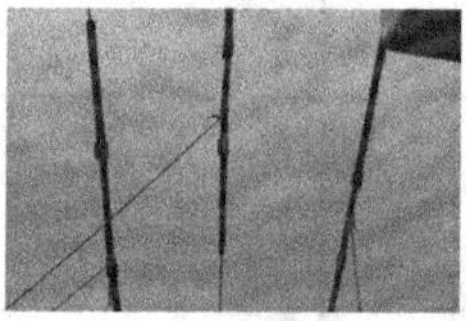 （g）准备更换新电杆  （h）将新电杆吊起适当距离，对电杆上部进行绝缘遮蔽  （i）吊入新电杆  （j）中相导线放置横担上

序号	作业步骤	作业内容	标　准	备　注
5	施工	（11）斗内电工打开电杆的绝缘遮蔽，在电杆上安装横担，并对横担进行遮蔽。 （12）斗内电工将一边相导线安装到对应绝缘子上后进行固定，并恢复该相绝缘遮蔽。 （13）依照同样方法，将另一边相导线安装到对应绝缘子上，并恢复该相绝缘遮蔽。 （14）三相导线固定完毕，斗内电工依次拆除绝缘遮蔽。拆除时，人体与带电体应保持安全距离。 （15）斗内电工全面检查作业质量及电杆状况无误后，操作绝缘斗臂车返回地面	（9）电杆起立到70°时，应暂停起吊，稳好绝缘保险绳，起立到80°时停止起吊，调整绝缘保险绳，使电杆缓缓立直。在起立过程中，应避免吊臂及电杆与导线接触。 （10）吊立后的电杆应竖直、稳固。 （11）恢复的绝缘遮蔽，其重叠部分不得小于150mm。 （12）电杆横担及绝缘子安装应符合质量标准。 （13）导线在绝缘子上应固定牢固，绑扎符合要求	 （k）恢复中相导线绑扎线  （l）恢复边相导线绑扎线  （m）恢复另一边相导线绑扎线
6	施工质量检查	斗内电工检查作业质量	（1）工作完毕，检查电杆上有无遗漏的工具、材料等。 （2）全面检查作业质量及电杆状况应无误	
7	完工	斗内电工操作绝缘斗臂车返回地面	工作负责人全面检查工作完成情况	

11. 竣工

序号	内　容
1	工作负责人全面检查工作完成情况无误后，组织清理现场及工具
2	通知值班调度员，工作结束；履行恢复线路重合闸程序
3	终结工作票

12. 验收总结

序号	检 修 总 结	
1	验收评价	
2	存在问题及处理意见	

13. 质量检查要求及记录

（1）工作质量符合验收规范要求。

（2）做好该项目的带电作业记录。

十一、使用绝缘手套带电更换10kV悬式绝缘子

1. 适用范围

（1）10kV架空配电线路带电更换悬式绝缘子工作。

（2）绝缘手套作业法。

（3）绝缘斗臂车作工作平台。

2. 编制依据

GB 12168—1990《带电作业遮蔽罩》

GB/T 14286—2002《带电作业术语》

GB 17622—1998《带电作业绝缘手套》

GB 13035—1991《带电作业绝缘绳》

GB 13398—1992《带电作业用绝缘手杆通用技术条件》

IEC 61057《带电作业用绝缘斗臂车》

北京市电力公司带电作业工作管理规定（试行）（京电生〔2008〕109号）

北京电力公司电力安全工作规程（试行）（京电安〔2005〕75号）

北京市电力公司10kV架空配电线路带电作业操作规程（试行）（京电生〔2009〕18号）

中低压架空配电线路施工质量标准（京电生〔2004〕97号）

3. 人员要求

序号	内　　容	备　注
1	带电作业人员应身体健康，无妨碍作业的生理和心理障碍	
2	带电作业人员应经培训合格，持证上岗	
3	操作绝缘斗臂车的人员应经培训合格，持证上岗	
4	带电作业人员应掌握紧急救护法，特别要掌握触电急救法	

4. 现场勘察

（1）带电作业工作票签发人或工作负责人应提前组织有关人员进行现场勘察，根据勘察结果做出能否进行带电作业的判断，并确定作业方法及应采取的安全技术措施。

（2）判断是否停用线路重合闸，需停用时，履行申请手续。

（3）现场勘察内容包括：线路运行方式（包括高、低压电源）、杆线状况、设备交叉跨越状况、邻近线路、缺陷部位和严重程度、导线规格、需要器材规格、周围环境、地形状况、道路交通以及存在的作业危险点等。

5. 作业分工

序号	作业人员	作业内容
1	工作负责人（监护人）1名	全面负责技术和安全，并履行工作监护
2	斗内电工2名：第一电工、第二电工	负责安全完成带电更换悬式绝缘子作业
3	地面电工1名	负责传递电杆上作业所需工具、材料，负责施工现场安全

6. 工器具

序号	名称	型号/规格	单位	数量
1	绝缘子遮蔽罩		个	若干
2	导线遮蔽罩		个	若干
3	横担遮蔽罩		个	若干
4	绝缘毯		个	若干
5	绝缘毯夹（紧束带）		个	若干
6	绝缘传递绳		条	1
7	绝缘保险绳		条	1
8	绝缘承力绳套		个	2
9	绝缘紧线器		个	1
10	卡线器		个	3
11	苫布		块	1
12	绝缘斗臂车		台	1
13	绝缘安全帽		顶	4
14	绝缘手套（3型）		副	2
15	绝缘手套检测器		个	1
16	绝缘袖套、披肩、护胸		套	2
17	绝缘靴（鞋）		双	2
18	护目镜		副	2
19	安全带		条	2
20	高压验电器		套	1
21	个人工具		套	若干

注 型号/规格根据使用情况填写。

7. 作业程序

（1）工具储运和检测。

1）在工器具库房领用绝缘工具、安全用具及辅助工具，应核对工器具的使用电压等级和试验周期。

2）领用绝缘工器具，应检查其外观是否完好无损。

3）工器具运输前，各种工器具应存放在工具袋或工具箱内，金属工具和绝缘工具应分开装运，以防止相互碰擦造成外表损坏，降低绝缘工器具的水平。

（2）现场操作前的准备。

1）工作负责人应按带电作业工作票的内容联系当值调度。

2）工作负责人核对线铭牌、杆号。

3）绝缘斗臂车进入合适位置，并可靠接地；不得在坡度大于5°的路面上操作斗臂车。斗臂车支腿应支在硬实的路面上，不平整的地面应铺垫专用支腿垫板，避免将支腿置于沟槽边缘、盖板之上，以防止斗臂车在使用中侧翻。根据道路情况，使用红白带、警示标志或路障。

4）工作负责人召开现场站班会，向工作班人员宣读工作票，布置工作任务，明确人员分工、作业程序、现场安全措施，进行危险点告知，履行确认手续，并对站班会内容进行抽查、问答。

5）根据分工情况整理材料，对安全工具、绝缘工具进行检查，绝缘工具应使用2500V绝缘电阻表或绝缘测试仪进行分段绝缘测试，绝缘电阻阻值不低于700MΩ（在出库前如已测试过的可省去现场测试步骤）。

6）带电作业过程中，作业人员应戴好安全帽和护目镜。

7）检查绝缘臂、绝缘斗状况是否良好，并调试斗臂车（在出车前如已调试过的可省去此步骤）。

8）带电作业前，将绝缘工具擦拭干净，并进行绝缘检测及绝缘手套的充气检查。

9）第一电工、第二电工戴好手套进入绝缘斗内，并系好斗内安全带。

8. 安全注意事项及措施

（1）气象条件。

1）本项目应在良好的天气下进行。如遇雷、雨、雪、雾等天气，不得进行该项工作；风力大于5级时，不宜进行该项工作。

2）带电作业过程中若遇天气突然变化，有可能危及人身或设备安全时，应立即停止工作，尽快恢复设备正常状态，或增设临时安全措施。

3）空气相对湿度大于80%的天气应停止施工。

（2）作业环境。

1）作业现场和绝缘斗臂车两侧，应根据道路情况使用红白带、警示标志或路障，防止外人进入工作区域；如在车辆繁忙地段，还应与交通管理部门取得联系，以取得配合。

2）夜间作业进行本项目应有足够的照明。

（3）安全距离及有效绝缘长度。

1）作业用绝缘工具都应经过遥测，绝缘电阻阻值应不低于 700MΩ（电极间距为 2cm）。

2）工作时，绝缘斗臂车的有效绝缘长度应保持为 1m。

3）带电作业时，应保持对地不小于 0.4m、对邻相导线不小于 0.6m 的安全距离；如不能确保该安全距离，应采用绝缘挡板、管、布及其他绝缘遮蔽措施。作业过程中，绝缘工具金属部分应与接地体保持足够的安全距离。

4）绝缘操作杆作主绝缘使用时，其有效绝缘距离不小于 0.7m。

（4）遮蔽措施。

1）作业线路下层有低压线路合杆时，如妨碍作业，应对相关低压线路加装绝缘套管或绝缘布遮蔽。

2）耐张绝缘子上加装绝缘子遮蔽罩或绝缘布遮蔽。

（5）重合闸。本项目一般不需停用线路重合闸。

（6）关键点。

1）在接触有电导线前应得到工作监护人的认可。

2）收紧导线后，应用绝缘拉线拉紧并固定。

3）带电作业时，严禁人体同时接触两个不同的电位。

（7）危险点分析。

序号	内　容
1	行车违反交通法规，可能引发交通事故，造成人员伤害
2	专责监护人违章兼做其他工作或监护不到位，使作业人员失去监护
3	作业现场杂乱无序
4	绝缘斗臂车未接地，危及人身安全
5	绝缘斗臂车操作不当，造成倾翻
6	高空落物，引发物体打击。斗内作业人员不系安全带，引发高摔事故
7	穿戴防护用具不规范，造成触电伤害

续表

序号	内　容
8	作业人员未按规定进行绝缘遮蔽或遮蔽不严密，可能造成触电伤害
9	作业人员违章操作，危及人身、设备安全
10	松动导线时，不使用绝缘保险绳作为后备保护

（8）安全措施。

序号	内　容
1	严格遵守交通法规，安全行车
2	专责监护人应履行监护职责，不得兼做其他工作，要选择便于监护的位置，监护范围不得超过一个作业点
3	带电作业前，将绝缘工具擦拭干净，并进行绝缘检测。绝缘手套应进行充气检查
4	根据地形地貌和作业项目，将斗臂车定位于最适合作业的位置。不得在坡度大于 5° 的路面上操作斗臂车。斗臂车支腿应支在硬实的路面上，不平整的地面应铺垫专用支腿垫板，避免将支腿置于沟槽边缘、盖板之上，以防止斗臂车在使用中侧翻
5	作业现场及工具摆放位置周围应设置安全围栏，防止行人及其他车辆进入作业现场
6	绝缘斗臂车在使用前应空斗试操作一次，确认各系统工作正常，制动装置可靠。工作臂下有人时，不得操作斗臂车。工作臂升降回转的路径，应避开邻近的电力线路、通信线路、树木及其他障碍物
7	作业人员在绝缘斗内传递工具时，应确认两人同时脱离带电设备。绝缘斗内双人工作时，禁止两人同时接触不同电位体
8	上下传递物品必须使用绝缘绳索。尺寸较长的部件，应用绝缘传递绳上下捆扎两点，沿传递绳方向传递。工作过程中，工作点垂直下方禁止站人。绝缘斗内作业人员之间传递绝缘遮蔽用具及工具时，应一件一件地分别传递，防止掉落
9	对不规则带电部件和接地部件采用绝缘毯进行绝缘遮蔽，并可靠固定。搭接的遮蔽用具，其重叠部分不小于 150mm
10	工作前将绝缘斗臂车车体良好接地
11	作业过程中，绝缘工具金属部分应与接地体保持足够的安全距离
12	带电作业过程中，作业人员应戴好安全帽和护目镜
13	带电作业过程中，如设备突然停电，作业人员应视设备仍然带电
14	带电作业前，应检查悬式绝缘子损伤及导线情况，如绝缘子已损坏严重，应采取可靠措施，防止导线松脱导致接地
15	松动导线时，应使用绝缘保险绳作为后备保护，防止跑线
16	采用绝缘手套作业法时，人体未防护部位与相邻未防护设施（包括带电体和非带电体）最小安全距离不得小于 0.6m

9. 开工

序号	内　　容	备　　注
1	工作负责人办理带电作业工作票	
2	工作负责人与调度值班员联系。如需停用线路重合闸，应履行许可手续	
3	工作负责人应向全体作业人员宣读工作票，布置工作任务，明确人员分工、作业程序、现场安全措施，进行危险点告知，并履行确认手续	

10. 作业内容及标准

序号	作业步骤	作业内容	标　　准	备　　注
1	开工	（1）工作负责人与调度值班员联系。 （2）工作负责人发布开始工作的命令	工作负责人与调度值班员履行许可手续，确认线路重合闸已停用	
2	检查	（1）在作业现场设置安全围栏和警示标志。 （2）作业人员检查电杆、拉线及周围环境。 （3）检查绝缘工具、防护用具。 （4）绝缘工具绝缘性能检测。 （5）绝缘斗臂车检查。 （6）查看绝缘子损坏程度及状态	（1）安全围栏和警示标志满足规定要求。 （2）电杆、拉线基础完好，拉线无腐蚀情况，线路设备及周围环境满足作业条件。 （3）绝缘工具、防护用具性能完好，并在试验周期内。 （4）使用 2500V 及以上绝缘电阻表或绝缘检测仪将绝缘工具进行分段绝缘检测，绝缘电阻阻值不低于 700MΩ。 （5）绝缘斗臂车在使用前应空斗试操作一次，确认液压传动、回转、升降及伸缩系统工作正常，制动装置可靠。 （6）如绝缘子破损严重、对地距离不够且随时有接地的可能，应采取可靠措施	
3	操作绝缘斗臂车	（1）绝缘斗臂车进入工作现场，定位于最佳工作位置并装好接地线。 （2）斗内电工进入工作斗。	（1）根据地形地貌和作业项目，将斗臂车定位于最适合作业的位置，挂好手刹，并垫好三角块。 （2）装好（车用）接地线。 （3）打开斗臂车的警示灯，斗臂车前后应设置警示标志。 （4）不得在坡度大于 5° 的路面上操作斗臂车。 （5）操作取力器前，应检查并确认各个开关及操作杆在中位或在 OFF（关）的位置。 （6）在寒冷的天气，使用前应先使液压系统加温，低速运转不少于 5min。	

续表

序号	作业步骤	作业内容	标准	备注
3	操作绝缘斗臂车	（3）升起工作斗，定位到便于作业的位置	（7）支腿应支在硬实的路面上，不平整的地面，应铺垫专用支腿垫板。 （8）支起支腿时，应按照从前到后的顺序进行，使支腿可靠支撑，轮胎不承载，车身水平。 （9）斗内电工穿戴全套安全防护用具，系好安全带，携带遮蔽用具和作业工具进入工作斗，并应将遮蔽用具和作业工具分类放在工作斗和工具袋中。 （10）松开上臂绑带，选定工作臂的升降回转路径，应避开邻近的电力线路、通信线路、树木及其他障碍物。 （11）工作臂下有人时，不得操作斗臂车。 （12）绝缘斗的起升、下降操作应平稳，升降速度不应大于0.5m/s；回转时，绝缘斗外缘的线速度不应大于0.5m/s，防止冲击荷载。 （13）对在工作斗升降过程中可能触及工作范围内的低压带电部件也需进行遮蔽	
4	绝缘遮蔽	分别对作业范围内的所有带电体和接地体进行绝缘遮蔽	（1）在接近带电体过程中，应使用验电器从下方依次验电。 （2）按照由近至远、从小到大、从下到上的原则，分别对作业范围内的所有带电体和接地体进行绝缘遮蔽。使用绝缘毯时，应用绝缘夹夹紧，防止脱落。搭接的遮蔽用具，其重叠部分不得小于150mm	 （a）先遮蔽近侧  （b）后遮蔽远侧  （c）遮蔽上层

序号	作业步骤	作业内容	标　准	备　注
5	施工	（1）斗内电工分别打开横担遮蔽和导线遮蔽，将绝缘紧线器挂在横担及导线上，并安装绝缘保险绳，迅速恢复遮蔽。 （2）操作绝缘紧线器使悬式绝缘子失去承力，检查绝缘紧线器承力无误后，用绝缘绳将耐张线夹与绝缘紧线器固定，防止摆动。 （3）取下耐张线夹销钉，使耐张线夹与悬式绝缘子串分离，迅速恢复耐张线夹的绝缘遮蔽。取销钉时，应防止触及不同电位。 （4）更换悬式绝缘子，将耐张线夹与悬式绝缘子串可靠连接后，迅速恢复绝缘遮蔽。 （5）操作绝缘紧线器使悬式绝缘子逐渐承力，确认无误后，取下绝缘紧线器和绝缘保险绳。 （6）拆除绝缘遮蔽	（1）绝缘紧线器的有效绝缘长度不得小于400mm。 （2）按照从上到下、从小到大、从远到近的顺序依次拆除绝缘遮蔽	 （a）装设紧线器和防护绳  （b）拆除悬式绝缘子与主导线连接  （c）拆除悬式绝缘子  （d）更换新绝缘子
6	施工质量检查	斗内电工检查作业质量	（1）工作完毕，检查电杆上有无遗漏的工具、材料等。 （2）全面检查作业质量及电杆状况应无误	
7	完工	斗内电工操作绝缘斗臂车返回地面	工作负责人全面检查工作完成情况	

11. 竣工

序号	内　容
1	工作负责人全面检查工作完成情况无误后，组织清理现场及工具
2	通知值班调度员，工作结束；停用线路重合闸的履行恢复程序
3	终结工作票

12. 验收总结

序号	检 修 总 结	
1	验收评价	
2	存在问题及处理意见	

13. 质量检查要求及记录

（1）工作质量符合验收规范要求。

（2）做好该项目的带电作业记录。

十二、使用绝缘手套带电更换10kV针式绝缘子（直线杆）

1. 适用范围

（1）10kV架空配电线路带电更换针式绝缘子（直线杆）工作。

（2）绝缘手套作业法。

（3）绝缘斗臂车作工作平台。

2. 编制依据

GB 12168—1990《带电作业遮蔽罩》

GB/T 14286—2002《带电作业术语》

GB 17622—1998《带电作业绝缘手套》

GB 13035—1991《带电作业绝缘绳》

GB 13398—1992《带电作业用绝缘手杆通用技术条件》

IEC 61057《带电作业用绝缘斗臂车》

北京市电力公司带电作业工作管理规定（试行）（京电生〔2008〕109号）

北京电力公司电力安全工作规程（试行）（京电安〔2005〕75号）

北京市电力公司10kV架空配电线路带电作业操作规程（试行）（京电生〔2009〕18号）

中低压架空配电线路施工质量标准（京电生〔2004〕97号）

3. 人员要求

序号	内 容	备 注
1	带电作业人员应身体健康，无妨碍作业的生理和心理障碍	
2	带电作业人员应经培训合格，持证上岗	
3	操作绝缘斗臂车的人员应经培训合格，持证上岗	
4	带电作业人员应掌握紧急救护法，特别要掌握触电急救法	

4. 现场勘察

（1）带电作业工作票签发人或工作负责人应提前组织有关人员进行现场勘察，根据勘察结果做出能否进行带电作业的判断，并确定作业方法及应采取的安全技术措施。

（2）判断是否停用线路重合闸，需停用时，履行申请手续。

（3）现场勘察内容包括：线路运行方式（包括高、低压电源）、杆线状况、设备交叉跨越状况、邻近线路、缺陷部位和严重程度、导线规格、需要器材规格、周围环境、地形状况、道路交通以及存在的作业危险点等。

5. 作业分工

序号	作 业 人 员	作 业 内 容
1	工作负责人（监护人）1名	全面负责技术和安全，并履行工作监护
2	斗内电工2名：第一电工、第二电工	负责安全完成带电更换针式绝缘子作业
3	地面电工1名	负责传递电杆上作业所需工具、材料，负责施工现场安全

6. 工器具

序号	名 称	型号/规格	单位	数量
1	绝缘子遮蔽罩		个	若干
2	导线遮蔽罩		个	若干
3	横担遮蔽罩		个	若干
4	绝缘毯		个	若干
5	绝缘毯夹（紧束带）		个	若干
6	绝缘传递绳		条	1
7	苫布		块	1
8	绝缘斗臂车		台	1
9	绝缘安全帽		顶	4
10	绝缘手套（3型）		副	2
11	绝缘手套检测器		个	1
12	绝缘袖套、披肩、护胸		套	2
13	绝缘靴（鞋）		双	2
14	护目镜		副	2
15	安全带		条	2
16	高压验电器		套	1
17	个人工具		套	若干

注 型号/规格根据使用情况填写。

7. 作业程序

（1）工具储运和检测。

1）在工器具库房领用绝缘工具、安全用具及辅助工具，应核对工器具的使用电压等级和试验周期。

2）领用绝缘工器具，应检查其外观是否完好无损。

3）工器具运输前，各种工器具应存放在工具袋或工具箱内，金属工具和绝缘工具应分开装运，以防止相互碰擦造成外表损坏，降低绝缘工器具的水平。

（2）现场操作前的准备。

1）工作负责人应按带电作业工作票的内容联系当值调度。

2）工作负责人核对线铭牌、杆号。

3）绝缘斗臂车进入合适位置，并可靠接地；不得在坡度大于5°的路面上操作斗臂车。斗臂车支腿应支在硬实的路面上，不平整的地面应铺垫专用支腿垫板，避免将支腿置于沟槽边缘、盖板之上，以防止斗臂车在使用中侧翻。根据道路情况，使用红白带、警示标志或路障。

4）工作负责人召开现场站班会，向工作班人员宣读工作票，布置工作任务，明确人员分工、作业程序、现场安全措施，进行危险点告知，履行确认手续，并对站班会内容进行抽查、问答。

5）根据分工情况整理材料，对安全工具、绝缘工具进行检查，绝缘工具应使用2500V 绝缘电阻表或绝缘测试仪进行分段绝缘测试，绝缘电阻阻值不低于 700MΩ（在出库前如已测试过的可省去现场测试步骤）。

6）带电作业过程中，作业人员应戴好安全帽和护目镜。

7）检查绝缘臂、绝缘斗状况是否良好，并调试斗臂车（在出车前如已调试过的可省去此步骤）。

8）带电作业前，将绝缘工具擦拭干净，并进行绝缘检测及绝缘手套的充气检查。

9）第一电工、第二电工戴好手套进入绝缘斗内，并系好斗内安全带。

8. 安全注意事项及措施

（1）气象条件。

1）本项目应在良好的天气下进行。如遇雷、雨、雪、雾等天气，不得进行该项工作；风力大于5级时，不宜进行该项工作。

2）带电作业过程中若遇天气突然变化，有可能危及人身或设备安全时，应立即停止工作，尽快恢复设备正常状态，或增设临时安全措施。

3）空气相对湿度大于80%的天气应停止施工。

（2）作业环境。

1）作业现场和绝缘斗臂车两侧，应根据道路情况使用红白带、警示标志或路障，防止外人进入工作区域；如在车辆繁忙地段，还应与交通管理部门取得联系，以取得配合。

2）夜间作业进行本项目应有足够的照明。

（3）安全距离及有效绝缘长度。

1）作业用绝缘工具都应经过遥测，绝缘电阻阻值应不低于 700MΩ（电极间距为 2cm）。

2）工作时，绝缘斗臂车的有效绝缘长度应保持为 1m。

3）带电作业时，应保持对地不小于 0.4m，对邻相导线不小于 0.6m 的安全距离；如不能确保该安全距离，应采用绝缘挡板、管、布及其他绝缘遮蔽措施。作业过程中，绝缘工具金属部分应与接地体保持足够的安全距离。

4）绝缘操作杆作主绝缘使用时，其有效绝缘距离不小于 0.7m。

（4）遮蔽措施。

1）作业线路下层有低压线路合杆时，如妨碍作业，应对相关低压线路加装绝缘套管或绝缘布遮蔽。

2）三相导线加绝缘套管或绝缘罩、绝缘布。

3）直线横担绝缘子上加装绝缘子绝缘遮蔽罩或绝缘布遮蔽。

（5）重合闸。本项目一般不需停用线路重合闸。

（6）关键点。

1）在接触有电导线前应得到工作监护人的认可。

2）带电作业时，要注意有电导线与横担及邻相导线的安全距离。

3）带电作业时，严禁人体同时接触两个不同的电位。

4）提升和下降导线时要缓慢进行，以防止导线晃动，造成相间短路。

（7）危险点分析。

序号	内　容
1	行车违反交通法规，可能引发交通事故，造成人员伤害
2	专责监护人违章兼做其他工作或监护不到位，使作业人员失去监护
3	作业现场杂乱无序
4	绝缘斗臂车未接地，危及人身安全
5	绝缘斗臂车操作不当，造成倾翻
6	高空落物，引发物体打击。斗内作业人员不系安全带，引发高摔事故

续表

序号	内　容
7	穿戴防护用具不规范，造成触电伤害
8	作业人员未按规定进行绝缘遮蔽或遮蔽不严密，可能造成触电伤害
9	作业人员违章操作，危及人身、设备安全

（8）安全措施。

序号	内　容
1	严格遵守交通法规，安全行车
2	专责监护人应履行监护职责，不得兼做其他工作，要选择便于监护的位置，监护范围不得超过一个作业点
3	带电作业前，将绝缘工具擦拭干净，并进行绝缘检测。绝缘手套应进行充气检查
4	根据地形地貌和作业项目，将斗臂车定位于最适合作业的位置。不得在坡度大于 5° 的路面上操作斗臂车。斗臂车支腿应支在硬实的路面上，不平整的地面应铺垫专用支腿垫板，避免将支腿置于沟槽边缘、盖板之上，以防止斗臂车在使用中侧翻
5	作业现场及工具摆放位置周围应设置安全围栏，防止行人及其他车辆进入作业现场
6	绝缘斗臂车在使用前应空斗试操作一次，确认各系统工作正常，制动装置可靠。工作臂下有人时，不得操作斗臂车。工作臂升降回转的路径，应避开邻近的电力线路、通信线路、树木及其他障碍物
7	作业人员在绝缘斗内传递工具时，应确认两人同时脱离带电设备。绝缘斗内双人工作时，禁止两人同时接触不同电位体
8	上下传递物品必须使用绝缘绳索。尺寸较长的部件，应用绝缘传递绳上下捆扎两点，沿传递绳方向传递。工作过程中，工作点垂直下方禁止站人。绝缘斗内作业人员之间传递绝缘遮蔽用具及工具时，应一件一件地分别传递，防止掉落
9	对不规则带电部件和接地部件采用绝缘毯进行绝缘遮蔽，并可靠固定。搭接的遮蔽用具，其重叠部分不小于 150mm
10	工作前将绝缘斗臂车车体良好接地
11	作业过程中，绝缘工具金属部分应与接地体保持足够的安全距离
12	带电作业过程中，作业人员应戴好安全帽和护目镜
13	带电作业过程中，如设备突然停电，作业人员应视设备仍然带电
14	解绑扎线时应边解边卷，防止绑扎线过长触及其他物体和扎破绝缘手套
15	绝缘子已经酥裂或绑扎线已断开，应采取可靠措施，防止导线松脱导致接地
16	更换绝缘子相导线上两个护罩的搭接距离不小于 150mm，在放置横担上之前要将开口向上，接口错开横担
17	操作绝缘小吊臂起吊导线前，应检查并确认起吊导线的荷载不大于额定荷载
18	采用绝缘手套作业法时，人体未防护部位与相邻未防护设施（包括带电体和非带电体）最小安全距离不得小于 0.6m

9. 开工

序号	内　　容	备　　注
1	工作负责人办理带电作业工作票	
2	工作负责人与调度值班员联系。如需停用线路重合闸，应履行许可手续	
3	工作负责人应向全体作业人员宣读工作票，布置工作任务，明确人员分工、作业程序、现场安全措施，进行危险点告知，并履行确认手续	

10. 作业内容及标准

序号	作业步骤	作业内容	标　　准	备　　注
1	开工	（1）工作负责人与调度值班员联系。 （2）工作负责人发布开始工作的命令	工作负责人与调度值班员履行许可手续，确认线路重合闸已停用	
2	检查	（1）在作业现场设置安全围栏和警示标志。 （2）作业人员检查电杆、拉线及周围环境。 （3）检查绝缘工具、防护用具。 （4）绝缘工具绝缘性能检测。 （5）绝缘斗臂车检查。 （6）查看绝缘子损坏程度及状态	（1）安全围栏和警示标志满足规定要求。 （2）电杆、拉线基础完好，拉线无腐蚀情况，线路设备及周围环境满足作业条件。 （3）绝缘工具、防护用具性能完好，并在试验周期内。 （4）使用 2500V 及以上绝缘电阻表或绝缘检测仪将绝缘工具进行分段绝缘检测，绝缘电阻阻值不低于 700MΩ。 （5）绝缘斗臂车在使用前应空斗试操作一次，确认液压传动、回转、升降及伸缩系统工作正常，制动装置可靠。 （6）如绝缘子破损严重、对地距离不够且随时有接地的可能，应采取可靠措施	
3	操作绝缘斗臂车	（1）绝缘斗臂车进入工作现场，定位于最佳工作位置并装好接地线。	（1）根据地形地貌和作业项目，将斗臂车定位于最适合作业的位置，挂好手刹，并垫好三角块。 （2）装好（车用）接地线。 （3）打开斗臂车的警示灯，斗臂车前后应设置警示标志。 （4）不得在坡度大于 5° 的路面上操作斗臂车。 （5）操作取力器前，应检查并确认各个开关及操作杆在中位或在 OFF（关）的位置。 （6）在寒冷的天气，使用前应先使液压系统加温，低速运转不少于 5min。	

续表

序号	作业步骤	作业内容	标准	备注
3	操作绝缘斗臂车	（2）斗内电工进入工作斗。 （3）升起工作斗，定位到便于作业的位置	（7）支腿应支在硬实的路面上，不平整的地面，应铺垫专用支腿垫板。 （8）支起支腿时，应按照从前到后的顺序进行，使支腿可靠支撑，轮胎不承载，车身水平。 （9）斗内电工穿戴全套安全防护用具，系好安全带，携带遮蔽用具和作业工具进入工作斗，并应将遮蔽用具和作业工具分类放在工作斗和工具袋中。 （10）松开上臂绑带，选定工作臂的升降回转路径，应避开邻近的电力线路、通信线路、树木及其他障碍物。 （11）工作臂下有人时，不得操作斗臂车。 （12）绝缘斗的起升、下降操作应平稳，升降速度不应大于0.5m/s；回转时，绝缘斗外缘的线速度不应大于0.5m/s，防止冲击荷载。 （13）对在工作斗升降过程中可能触及工作范围内的低压带电部件也需进行遮蔽	
4	绝缘遮蔽	分别对作业范围内的所有带电体和接地体进行绝缘遮蔽	（1）在接近带电体过程中，应使用验电器从下方依次验电。 （2）按照由近至远、从小到大、从下到上的原则，分别对作业范围内的所有带电体和接地体进行绝缘遮蔽。使用绝缘毯时，应用绝缘夹夹紧，防止脱落。搭接的遮蔽用具，其重叠部分不得小于150mm	 （a）先遮蔽近侧  （b）后遮蔽远侧  （c）遮蔽上层

序号	作业步骤	作业内容	标准	备注
5	施工	（1）更换绝缘子工作，视不同条件可采用以下方法。 1）小吊臂作业法。 a. 将导线遮蔽罩旋转，使开口朝上，使用斗臂车上小吊臂吊住导线并确认可靠。 b. 取下绝缘子遮蔽罩。 c. 使用绝缘毯对针式绝缘子底部接地体进行绝缘遮蔽。 d. 解开绝缘子绑扎线。 e. 拆除绑扎线后，操作绝缘小吊臂起吊导线脱离针式绝缘子，搭接导线遮蔽罩。 f. 打开针式绝缘子底部绝缘遮蔽，更换绝缘子后，迅速恢复绝缘遮蔽。 g. 操作绝缘小吊臂，降落导线，将搭接在一起的导线遮蔽罩分开，并将导线落下至绝缘子顶部线槽内。 h. 使用绝缘子绑扎线将导线与绝缘子固定牢固，剪去多余的绑扎线。 i. 对已完成作业相，迅速恢复绝缘遮蔽。 2）遮蔽罩作业法。 a. 取下欲更换的针式绝缘子遮蔽罩。 b. 使用绝缘毯对针式绝缘子底部的接地体进行绝缘遮蔽。 c. 解开绝缘子绑扎线。解开绑扎线时，应确保导线在线槽内，防止松脱。 d. 将绝缘子两侧的导线遮蔽罩连接。 e. 将导线遮蔽罩开口朝上，并注意使接缝处避开横担所在位置。 f. 利用导线遮蔽罩与横担遮蔽罩的双重绝缘隔离，将导线临时放到横担上。	（1）吊起的导线距绝缘子的距离不得小于 0.7m。	 （a）打开中相绝缘子遮蔽  （b）拆除绑扎线后，将导线放置在横担上  （c）打开绝缘了遮蔽  （d）拆除绝缘子  （e）更换绝缘子  （f）将导线恢复绑扎

续表

序号	作业步骤	作业内容	标　准	备　注
5	施工	g. 打开针式绝缘子底部绝缘遮蔽，更换绝缘子后，迅速恢复绝缘遮蔽。 h. 抬起导线，将搭接在一起的导线遮蔽罩分开，将导线置于绝缘子顶部线槽内，转动导线遮蔽罩使开口朝向下方。 i. 使用绝缘子绑扎线将导线与绝缘子固定牢固，剪去多余的绑扎线。 j. 对已完成作业相，迅速恢复绝缘遮蔽。 k. 采用同样方法更换其余针式绝缘子。 （2）拆除绝缘遮蔽	（2）按照从上到下、从小到大、从远到近的顺序，依次拆除绝缘遮蔽	 （g）恢复中相绝缘遮蔽，拆除边相绑扎线  （h）将导线固定并拆除边相绝缘子  （i）更换新绝缘子
6	施工质量检查	斗内电工检查作业质量	（1）工作完毕，检查电杆上有无遗漏的工具、材料等。 （2）全面检查作业质量及电杆状况应无误	
7	完工	斗内电工操作绝缘斗臂车返回地面	工作负责人全面检查工作完成情况	

11. 竣工

序号	内　容
1	工作负责人全面检查工作完成情况无误后，组织清理现场及工具
2	通知值班调度员，工作结束；停用线路重合闸的履行恢复程序
3	终结工作票

12. 验收总结

序号	检　修　总　结	
1	验收评价	
2	存在问题及处理意见	

13. 质量检查要求及记录

（1）工作质量符合验收规范要求。

（2）做好该项目的带电作业记录。

十三、使用绝缘手套带电立10kV线路电杆（直线杆）

1. 适用范围

（1）10kV架空配电线路带电立线路电杆（直线杆）工作。

（2）绝缘手套作业法。

（3）绝缘斗臂车作工作平台。

2. 编制依据

GB 12168—1990《带电作业遮蔽罩》

GB/T 14286—2002《带电作业术语》

GB 17622—1998《带电作业绝缘手套》

GB 13035—1991《带电作业绝缘绳》

GB 13398—1992《带电作业用绝缘手杆通用技术条件》

IEC 61057《带电作业用绝缘斗臂车》

北京市电力公司带电作业工作管理规定（试行）（京电生〔2008〕109号）

北京电力公司电力安全工作规程（试行）（京电安〔2005〕75号）

北京市电力公司10kV架空配电线路带电作业操作规程（试行）（京电生〔2009〕18号）

中低压架空配电线路施工质量标准（京电生〔2004〕97号）

3. 人员要求

序号	内　容	备　注
1	带电作业人员应身体健康，无妨碍作业的生理和心理障碍	
2	带电作业人员应经培训合格，持证上岗	
3	操作绝缘斗臂车的人员应经培训合格，持证上岗	
4	带电作业人员应掌握紧急救护法，特别要掌握触电急救法	

4. 现场勘察

（1）带电作业工作票签发人或工作负责人应提前组织有关人员进行现场勘察，根据勘察结果做出能否进行带电作业的判断，并确定作业方法及应采取的安全技术措施。

（2）判断是否停用线路重合闸，需停用时，履行申请手续。

（3）现场勘察内容包括：线路运行方式（包括高、低压电源）、杆线状况、设备交叉跨越状况、邻近线路、缺陷部位和严重程度、导线规格、需要器材规格、周围环境、地形状况、道路交通以及存在的作业危险点等。

5. 作业分工

序号	作业人员	作业内容
1	工作负责人（监护人）1名	全面负责技术和安全，并履行工作监护
2	斗内电工2名：第一电工、第二电工	负责安全完成带电立线路电杆作业
3	地面电工2名	负责传递电杆上作业所需工具、材料，负责施工现场安全
4	起重吊车司机1名	负责吊立电杆作业

6. 工器具

序号	名称	型号/规格	单位	数量
1	起重吊车		台	1
2	绝缘斗臂车		台	1
3	接地线（车用）		组	1
4	针式绝缘子遮蔽罩		个	3
5	导线遮蔽罩		根	若干
6	横担遮蔽罩		个	4
7	电杆遮蔽罩或绝缘包毯		个	若干
8	绝缘毯		块	若干
9	绝缘毯夹（紧束带）		个	若干
10	绝缘拉绳		条	2
11	绝缘保险绳		条	2
12	绝缘传递绳		条	1
13	苫布		块	1
14	绝缘安全帽		顶	4
15	绝缘手套（3型）		副	2
16	绝缘手套检测器		个	1
17	绝缘袖套、披肩、护胸		套	2
18	绝缘靴（鞋）		双	2
19	护目镜		副	2
20	安全带		条	2

续表

序号	名　称	型号/规格	单位	数量
21	高、低压验电器		套	各 1
22	个人工具		套	若干
23	其他			

注　型号/规格根据使用情况填写。

7. 作业程序

（1）工具储运和检测。

1）在工器具库房领用绝缘工具、安全用具及辅助工具，应核对工器具的使用电压等级和试验周期。

2）领用绝缘工器具，应检查其外观是否完好无损。

3）工器具运输前，各种工器具应存放在工具袋或工具箱内，金属工具和绝缘工具应分开装运，以防止相互碰擦造成外表损坏，降低绝缘工器具的水平。

（2）现场操作前的准备。

1）工作负责人应按带电作业工作票的内容联系当值调度。

2）工作负责人核对线铭牌、杆号。

3）绝缘斗臂车进入合适位置，并可靠接地；不得在坡度大于 5° 的路面上操作斗臂车。斗臂车支腿应支在硬实的路面上，不平整的地面应铺垫专用支腿垫板，避免将支腿置于沟槽边缘、盖板之上，以防止斗臂车在使用中侧翻。根据道路情况，使用红白带、警示标志或路障。

4）工作负责人召开现场站班会，向工作班人员宣读工作票，布置工作任务，明确人员分工、作业程序、现场安全措施，进行危险点告知，履行确认手续，并对站班会内容进行抽查、问答。

5）根据分工情况整理材料，对安全工具、绝缘工具进行检查，绝缘工具应使用 2500V 绝缘电阻表或绝缘测试仪进行分段绝缘测试，绝缘电阻阻值不低于 700MΩ（在出库前如已测试过的可省去现场测试步骤）。

6）带电作业过程中，作业人员应戴好安全帽和护目镜。

7）检查绝缘臂、绝缘斗状况是否良好，并调试斗臂车（在出车前如已调试过的可省去此步骤）。

8）带电作业前，将绝缘工具擦拭干净，并进行绝缘检测及绝缘手套的充气检查。

9）第一电工、第二电工戴好手套进入绝缘斗内，并系好斗内安全带。

10）带电作业前，工作负责人检查并确认电杆质量、坑洞、马槽（长度为1.5m，呈45°坡度，宽度为50cm）符合要求。

8. 安全注意事项及措施

（1）气象条件。

1）本项目应在良好的天气下进行。如遇雷、雨、雪、雾等天气，不得进行该项工作；风力大于5级时，不宜进行该项工作。

2）带电作业过程中若遇天气突然变化，有可能危及人身或设备安全时，应立即停止工作，尽快恢复设备正常状态，或增设临时安全措施。

3）空气相对湿度大于80%的天气应停止施工。

（2）作业环境。

1）作业现场和绝缘斗臂车两侧，应根据道路情况使用红白带、警示标志或路障，防止外人进入工作区域；如在车辆繁忙地段，还应与交通管理部门取得联系，以取得配合。

2）夜间作业进行本项目应有足够的照明。

（3）安全距离及有效绝缘长度。

1）作业用绝缘工具都应经过遥测，绝缘电阻阻值应不低于700MΩ（电极间距为2cm）。

2）工作时，绝缘斗臂车的有效绝缘长度应保持为1m。

3）带电作业时，应保持对地不小于0.4m对邻相导线不小于0.6m的安全距离；如不能确保该安全距离，应采用绝缘挡板、管、布及其他绝缘遮蔽措施。作业过程中，绝缘工具金属部分应与接地体保持足够的安全距离。

4）绝缘操作杆作主绝缘使用时，其有效绝缘距离不小于0.7m。

（4）遮蔽措施。

1）三相导线加绝缘套管。

2）电杆吊起时，应在电杆梢部加绝缘布或绝缘套管。

3）作业线路下层有低压线路合杆时，如妨碍作业，应对相关低压线路加绝缘套管或绝缘布遮蔽。

4）新立电杆的绝缘子上加装绝缘子绝缘遮蔽罩或绝缘布遮蔽。

（5）重合闸。本项目需要停用线路重合闸。

（6）关键点。

1）在接触有电导线前应得到工作监护人的认可。

2）提升和下降导线时，要缓慢进行，以防止导线晃动，造成相间短路；地面的绝缘绳固定应可靠，避免松动。

3）带电作业时，严禁人体同时接触两个不同的电位。

（7）危险点分析。

序号	内　　容
1	专责监护人违章兼做其他工作或监护不到位，使作业人员失去监护
2	作业现场杂乱无序
3	绝缘斗臂车未接地，危及人身安全
4	绝缘斗臂车操作不当，造成倾翻
5	高空落物，引发物体打击。斗内作业人员不系安全带，引发高摔事故
6	穿戴防护用具不规范，造成触电伤害
7	作业人员未按规定进行绝缘遮蔽或遮蔽不严密，可能造成触电伤害
8	作业人员违章操作，危及人身、设备安全
9	绝缘防护用具未检查，危及人身安全
10	使用起重吊车未能统一指挥，影响施工安全
11	立电杆前，未对电杆进行有效遮蔽，造成带电导线接地
12	未对电杆两侧的导线牢固及损伤情况进行检查并确认，造成导线脱落或断线
13	立电杆前，导线遮蔽长度不够，影响施工安全
14	三相带电导线分开距离不够，影响施工安全
15	行车违反交通法规，可能引发交通事故，造成人员伤害

（8）安全措施。

序号	内　　容
1	专责监护人应履行监护职责，不得兼做其他工作，要选择便于监护的位置，监护范围不得超过一个作业点
2	带电作业前，将绝缘工具擦拭干净，并进行绝缘检测。绝缘手套应进行充气检查
3	根据地形地貌和作业项目，将斗臂车定位于最适合作业的位置。不得在坡度大于5°的路面上操作斗臂车
4	斗臂车支腿应支在硬实的路面上，不平整的地面应铺垫专用支腿垫板
5	避免将斗臂车支腿置于沟槽边缘、盖板之上，以防止斗臂车在使用中侧翻。工作前，将绝缘斗臂车车体良好接地
6	作业现场及工具摆放位置周围应设置安全围栏，防止行人及其他车辆进入作业现场
7	绝缘斗臂车在使用前应空斗试操作一次，确认各系统工作正常，制动装置可靠
8	工作臂下有人时，不得操作斗臂车。工作臂升降回转的路径，应避开邻近的电力线路、通信线路、树木及其他障碍物

续表

序号	内　容
9	作业人员在绝缘斗内传递工具时，应确认两人同时脱离带电设备。绝缘斗内双人工作时，禁止两人同时接触不同电位体
10	上下传递物品必须使用绝缘绳索。绝缘斗内作业人员之间传递绝缘遮蔽用具及工具时，应一件一件地分别传递，防止掉落
11	尺寸较长的部件，应用绝缘传递绳上下捆扎两点，沿传递绳方向传递。工作过程中，工作点垂直下方禁止站人
12	对不规则带电部件和接地部件采用绝缘毯进行绝缘遮蔽，并可靠固定。搭接的遮蔽用具，其重叠部分不小于150mm
13	安装和拆除绝缘遮蔽用具时，人体的未防护部位应与带电体保持足够的安全距离
14	作业过程中，绝缘工具金属部分应与接地体保持足够的安全距离
15	带电作业过程中，作业人员应戴好安全帽和护目镜
16	带电作业过程中，如设备突然停电，作业人员应视设备仍然带电
17	配电线路无论是裸导线还是绝缘导线，在带电作业过程中均应进行绝缘遮蔽，绝缘导线视同裸导线
18	大截面导线在作业前应进行工具承力验算，不得强行起吊
19	带电作业前，检查作业电杆两侧导线有无烧伤、断股，导线固定是否牢固，否则应采取补强措施
20	严格遵守交通法规，安全行车

9. 开工

序号	内　容	备　注
1	工作负责人办理带电作业工作票	
2	工作负责人与调度值班员联系。确认线路重合闸已停用	
3	工作负责人应向全体作业人员宣读工作票，布置工作任务，明确人员分工、作业程序、现场安全措施，进行危险点告知，并履行确认手续	

10. 作业内容及标准

序号	作业步骤	作业内容	标　准	备　注
1	开工	（1）工作负责人与调度值班员联系。 （2）工作负责人发布开始工作的命令	工作负责人与调度值班员履行许可手续，确认线路重合闸已停用	

续表

序号	作业步骤	作业内容	标　准	备　注
2	检查	（1）在作业现场设置安全围栏和警示标志。 （2）作业人员检查电杆周围环境。 （3）检查绝缘工具、防护用具。 （4）绝缘工具绝缘性能检测。 （5）绝缘斗臂车检查。 （6）起重吊车检查。 （7）起重吊绳检查	（1）安全围栏和警示标志满足规定要求。 （2）电杆完好，坑基符合要求，线路设备及周围环境满足作业条件。 （3）绝缘工具、防护用具性能完好，并在试验周期内。 （4）使用2500V及以上绝缘电阻表或绝缘检测仪将绝缘工具进行分段绝缘检测，绝缘电阻阻值不低于700MΩ。 （5）绝缘斗臂车在使用前应空斗试操作一次，确认液压传动、回转、升降及伸缩系统工作正常，制动装置可靠。 （6）起重吊车规格满足要求。 （7）起重吊绳规格满足要求	
3	操作绝缘斗臂车	（1）绝缘斗臂车进入工作现场，定位于最佳工作位置并装好接地线。 （2）斗内电工进入工作斗。	（1）根据地形地貌和作业项目，将斗臂车定位于最适合作业的位置，挂好手刹，并垫好三角块。 （2）装好（车用）接地线。 （3）打开斗臂车的警示灯，斗臂车前后应设置警示标志。 （4）不得在坡度大于5°的路面上操作斗臂车。 （5）操作取力器前，应检查并确认各个开关及操作杆在中位或在OFF（关）的位置。 （6）在寒冷的天气，使用前应先使液压系统加温，低速运转不少于5min。 （7）支腿应支在硬实的路面上，不平整的地面，应铺垫专用支腿垫板。 （8）支起支腿时，应按照从前到后的顺序进行，使支腿可靠支撑，轮胎不承载，车身水平。 （9）斗内电工穿戴全套安全防护用具，系好安全带，携带遮蔽用具和作业工具进入工作斗，并应将遮蔽用具和作业工具分类放在工作斗和工具袋中。 （10）松开上臂绑带，选定工作臂的升降回转路径，应避开邻近的电力线路、通信线路、树木及其他障碍物。	

序号	作业步骤	作业内容	标　　准	备　　注
3	操作绝缘斗臂车	（3）升起工作斗，定位到便于作业的位置	（11）工作臂下有人时，不得操作斗臂车。 （12）绝缘斗的起升、下降操作应平稳，升降速度不应大于0.5m/s；回转时，绝缘斗外缘的线速度不应大于0.5m/s，防止冲击荷载。 （13）对在工作斗升降过程中可能触及工作范围内的低压带电部件也需进行遮蔽	
4	绝缘遮蔽	分别对作业范围内的所有带电体和接地体进行绝缘遮蔽	（1）在接近带电体过程中，应使用验电器从下方依次验电。 （2）按照由近至远、从小到大、从下到上的原则，分别对作业范围内的所有带电体和接地体进行绝缘遮蔽。使用绝缘毯时，应用绝缘夹夹紧，防止脱落。搭接的遮蔽用具，其重叠部分不得小于150mm	 （a）将立杆处上方导线进行绝缘遮蔽 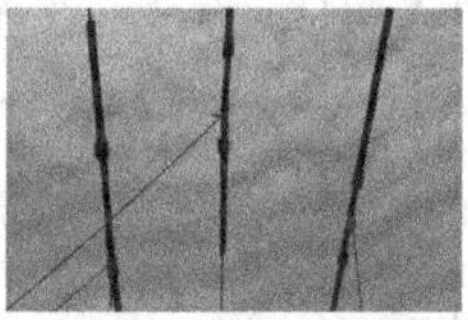 （b）将新电杆绝缘遮蔽并吊起
5	施工	（1）使用绝缘绳索将两边相导线拉开。 （2）操作起重吊车，将新电杆吊起适当距离，对电杆上部进行绝缘遮蔽。 （3）操作起重吊车并使用绝缘保险绳，将电杆吊至预定位置并可靠固定。 （4）斗内电工打开电杆顶处遮蔽，安装中相抱箍及中相绝缘子，并恢复电杆顶遮蔽。斗内电工将中相导线安装到中相绝缘子上后进行固定，并恢复中相绝缘遮蔽。 （5）斗内电工打开电杆的绝缘遮蔽，在电杆上安装横担，并对横担进行遮蔽。	（1）导线拉开距电杆距离不得小于0.7m。 （2）电杆上部绝缘遮蔽长度为杆顶至下层导线下方1m处，并检查起重吊绳受力情况。 （3）起吊点应位于电杆重心上方适当位置。 （4）电杆起立到70°时，应暂停起吊，稳好绝缘保险绳，起立到80°时停止起吊，调整绝缘保险绳，使电杆缓缓立直。在起立过程中，应避免吊臂及电杆与导线接触。	 （a）由导线上方准备进入  （b）平稳放入两相线挡内  （c）将中相放置横担上

续表

序号	作业步骤	作业内容	标　准	备　注
5	施工	（6）斗内电工将一边相导线安装到对应绝缘子上后进行固定，并恢复该相绝缘遮蔽。 （7）依照同样方法，将另一边相导线安装到对应绝缘子上，并恢复该相绝缘遮蔽。 （8）三相导线固定完毕，斗内电工依次拆除绝缘遮蔽。拆除时，人体与带电体应保持安全距离。 （9）斗内电工全面检查作业质量及电杆状况无误后，操作绝缘斗臂车返回地面	（5）吊立后的电杆应竖直、稳固。 （6）恢复的绝缘遮蔽，其重叠部分不得小于150mm。 （7）电杆横担及绝缘子安装应符合质量标准。 （8）导线在绝缘子上应固定牢固，绑扎符合要求	 （d）中相导线放在中相绝缘子上绑扎固定  （e）边相导线放在绝缘子上绑扎固定  （f）将另一边相导线放在绝缘子上绑扎固定
6	施工质量检查	斗内电工检查作业质量	（1）工作完毕，检查电杆上有无遗漏的工具、材料等。 （2）全面检查作业质量及电杆状况应无误	
7	完工	斗内电工操作绝缘斗臂车返回地面	工作负责人全面检查工作完成情况	

11. 竣工

序号	内　容
1	工作负责人全面检查工作完成情况无误后，组织清理现场及工具
2	通知值班调度员，工作结束；履行恢复线路重合闸程序
3	终结工作票

12. 验收总结

序号	检　修　总　结	
1	验收评价	
2	存在问题及处理意见	

13. 质量检查要求及记录

（1）立电杆前，作业人员要认真检查并确认电杆质量符合要求。

（2）电杆埋深及安装工作质量符合验收规范要求。

（3）做好该项目的带电作业记录。

十四、使用绝缘手套带电去除 10kV 导线异物

1. 适用范围

（1）10kV 架空配电线路带电去除导线异物工作。

（2）绝缘手套作业法。

（3）绝缘斗臂车作工作平台。

2. 编制依据

GB 12168—1990《带电作业遮蔽罩》

GB/T 14286—2002《带电作业术语》

GB 17622—1998《带电作业绝缘手套》

GB 13035—1991《带电作业绝缘绳》

GB 13398—1992《带电作业用绝缘手杆通用技术条件》

IEC 61057《带电作业用绝缘斗臂车》

北京市电力公司带电作业工作管理规定（试行）（京电生〔2008〕109 号）

北京电力公司电力安全工作规程（试行）（京电安〔2005〕75 号）

北京市电力公司 10kV 架空配电线路带电作业操作规程（试行）（京电生〔2009〕18 号）

中低压架空配电线路施工质量标准（京电生〔2004〕97 号）

3. 人员要求

序号	内　容	备　注
1	带电作业人员应身体健康，无妨碍作业的生理和心理障碍	
2	带电作业人员应经培训合格，持证上岗	
3	操作绝缘斗臂车的人员应经培训合格，持证上岗	
4	带电作业人员应掌握紧急救护法，特别要掌握触电急救法	

4. 现场勘察

（1）带电作业工作票签发人或工作负责人应提前组织有关人员进行现场勘察，根据勘察结果做出能否进行带电作业的判断，并确定作业方法及应采取的安全技术措施。

（2）判断是否停用线路重合闸，需停用时，履行申请手续。

（3）现场勘察内容包括：线路运行方式（包括高、低压电源）、杆线状况、设备交叉跨越状况、邻近线路、缺陷部位和严重程度、导线规格、需要器材规格、周围环境、地形状况、道路交通以及存在的作业危险点等。

5. 作业分工

序号	作 业 人 员	作 业 内 容
1	工作负责人（监护人）1 名	全面负责技术和安全，并履行工作监护
2	斗内电工 2 名：第一电工、第二电工	负责安全完成带电去除导线异物作业
3	地面电工 1 名	负责传递斗内人员作业所需工具、材料，负责施工现场安全

6. 工器具

序号	名 称	型号/规格	单位	数量
1	导线遮蔽罩		根	12
2	绝缘大剪		把	1
3	橡胶绝缘子遮蔽罩		个	1
4	树脂绝缘毯		个	若干
5	拉（合）闸操作杆		副	1
6	绝缘传递绳		条	1
7	刀子		把	1
8	剥线钳		把	1
9	苫布		块	1
10	绝缘斗臂车		台	1
11	绝缘安全帽		顶	4
12	绝缘手套（3 型）		副	2
13	绝缘手套检测器		个	1
14	绝缘袖套、披肩、护胸		套	2
15	绝缘靴（鞋）		双	2
16	护目镜		副	2
17	安全带		条	2
18	高、低压验电器		套	各 1
19	高压核相器		套	1
20	电流检测仪		台	1
21	个人工具		套	若干
22	其他			

注 型号/规格根据使用情况填写。

7. 作业程序

（1）工具储运和检测。

1）在工器具库房领用绝缘工具、安全用具及辅助工具，应核对工器具的使用电压等级和试验周期。

2）领用绝缘工器具，应检查其外观是否完好无损。

3）工器具运输前，各种工器具应存放在工具袋或工具箱内，金属工具和绝缘工具应分开装运，以防止相互碰擦造成外表损坏，降低绝缘工器具的水平。

（2）现场操作前的准备。

1）工作负责人应按带电作业工作票的内容联系当值调度。

2）工作负责人核对线铭牌、杆号。

3）绝缘斗臂车进入合适位置，并可靠接地；不得在坡度大于 5° 的路面上操作斗臂车。斗臂车支腿应支在硬实的路面上，不平整的地面应铺垫专用支腿垫板，避免将支腿置于沟槽边缘、盖板之上，以防止斗臂车在使用中侧翻。根据道路情况，使用红白带、警示标志或路障。

4）工作负责人召开现场站班会，向工作班人员宣读工作票，布置工作任务，明确人员分工、作业程序、现场安全措施，进行危险点告知，履行确认手续，并对站班会内容进行抽查、问答。

5）根据分工情况整理材料，对安全工具、绝缘工具进行检查，绝缘工具应使用 2500V 绝缘电阻表或绝缘测试仪进行分段绝缘测试，绝缘电阻阻值不低于 700MΩ（在出库前如已测试过的可省去现场测试步骤）。

6）带电作业过程中，作业人员应戴好安全帽和护目镜。

7）检查绝缘臂、绝缘斗状况是否良好，并调试斗臂车（在出车前如已调试过的可省去此步骤）。

8）带电作业前，将绝缘工具擦拭干净，并进行绝缘检测及绝缘手套的充气检查。

9）第一电工、第二电工戴好手套进入绝缘斗内，并系好斗内安全带。

8. 安全注意事项及措施

（1）气象条件。

1）本项目应在良好的天气下进行。如遇雷、雨、雪、雾等天气，不得进行该项工作；风力大于 5 级时，不宜进行该项工作。

2）带电作业过程中若遇天气突然变化，有可能危及人身或设备安全时，应立即停止工作，尽快恢复设备正常状态，或增设临时安全措施。

3）空气相对湿度大于 80%的天气应停止施工。

（2）作业环境。

1）作业现场和绝缘斗臂车两侧，应根据道路情况使用红白带、警示标志或路障，防止外人进入工作区域；如在车辆繁忙地段，还应与交通管理部门取得联系，以取得配合。

2）夜间作业进行本项目应有足够的照明。

（3）安全距离及有效绝缘长度。

1）作业用绝缘工具都应经过遥测，绝缘电阻阻值应不低于 700MΩ（电极间距为 2cm）。

2）工作时，绝缘斗臂车的有效绝缘长度应保持为 1m。

3）带电作业时，应保持对地不小于 0.4m、对邻相导线不小于 0.6m 的安全距离；如不能确保该安全距离，应采用绝缘挡板、管、布及其他绝缘遮蔽措施。作业过程中，绝缘工具金属部分应与接地体保持足够的安全距离。

4）绝缘操作杆作主绝缘使用时，其有效绝缘距离不小于 0.7m。

（4）遮蔽措施。

1）本项目在去除异物时，若与邻近设备安全距离不够，应对邻近设备加绝缘套管或绝缘罩、绝缘布。

2）作业线路下层有低压线路合杆时，如妨碍作业，应对相关低压线路加绝缘套管或绝缘布遮蔽。

（5）重合闸。本项目一般不需要停用线路重合闸。

（6）关键点。

1）在接触有电导线前应得到工作监护人的认可。

2）带电作业时，严禁人体同时接触两个不同的电位。

（7）危险点分析。

序号	内　　容
1	专责监护人违章兼做其他工作或监护不到位，使作业人员失去监护
2	作业现场杂乱无序
3	绝缘斗臂车未接地，危及人身安全
4	绝缘斗臂车操作不当，造成倾翻
5	高空落物，引发物体打击。斗内作业人员不系安全带，引发高摔事故
6	穿戴防护用具不规范，造成触电伤害
7	作业人员未按规定进行绝缘遮蔽或遮蔽不严密，可能造成触电伤害
8	作业人员违章操作，危及人身、设备安全
9	行车违反交通法规，可能引发交通事故，造成人员伤害

（8）安全措施。

序号	内　容
1	专责监护人应履行监护职责，不得兼做其他工作，要选择便于监护的位置，监护范围不得超过一个作业点
2	带电作业前，将绝缘工具擦拭干净，并进行绝缘检测。绝缘手套应进行充气检查
3	根据地形地貌和作业项目，将斗臂车定位于最适合作业的位置。不得在坡度大于 5° 的路面上操作斗臂车。斗臂车支腿应支在硬实的路面上，不平整的地面应铺垫专用支腿垫板，避免将支腿置于沟槽边缘、盖板之上，以防止斗臂车在使用中侧翻
4	作业现场及工具摆放位置周围应设置安全围栏，防止行人及其他车辆进入作业现场
5	绝缘斗臂车在使用前应空斗试操作一次，确认各系统工作正常，制动装置可靠。工作臂下有人时，不得操作斗臂车。工作臂升降回转的路径，应避开邻近的电力线路、通信线路、树木及其他障碍物
6	作业人员在绝缘斗内传递工具时，应确认两人同时脱离带电设备。绝缘斗内双人工作时，禁止两人同时接触不同电位体
7	上下传递物品必须使用绝缘绳索。尺寸较长的部件，应用绝缘传递绳上下捆扎两点，沿传递绳方向传递。工作过程中，工作点垂直下方禁止站人。绝缘斗内作业人员之间传递绝缘遮蔽用具及工具时，应一件一件地分别传递，防止掉落
8	对不规则带电部件和接地部件，应采用绝缘毯进行绝缘遮蔽，并可靠固定。搭接的遮蔽用具，其重叠部分不小于 150mm
9	已断开的引流线，会因感应而带电，作业时严禁身体碰触，防止触电。断开的三相引流线还应对横担、拉线放电，防止电击伤人。严禁同时接触已断开相的导线两个断头，以防人体串入电路。安装和拆除绝缘遮蔽用具时，人体的未防护部位应与带电体保持足够的安全距离
10	变压器停电时，必须先拉开低压用户隔离开关，后拉开高压侧跌落式熔断器，送电程序与之相反
11	工作前将绝缘斗臂车车体良好接地
12	作业过程中，绝缘工具金属部分应与接地体保持足够的安全距离
13	带电作业过程中，作业人员应戴好安全帽和护目镜
14	带电作业过程中，如设备突然停电，作业人员应视设备仍然带电
15	严格遵守交通法规，安全行车

9. 开工

序号	内　容	备　注
1	工作负责人办理带电作业工作票	
2	工作负责人与调度值班员联系。如需停用线路重合闸，应履行许可手续	
3	工作负责人应向全体作业人员宣读工作票，布置工作任务，明确人员分工、作业程序、现场安全措施，进行危险点告知，并履行确认手续	

10. 作业内容及标准

序号	作业步骤	作业内容	标准	备注
1	开工	（1）工作负责人与调度值班员联系。 （2）工作负责人发布开始工作的命令	工作负责人与调度值班员履行许可手续，确认线路重合闸已停用	
2	检查	（1）在作业现场设置安全围栏和警示标志。 （2）作业人员检查电杆、拉线及周围环境。 （3）检查绝缘工具、防护用具。 （4）绝缘工具绝缘性能检测	（1）安全围栏和警示标志满足规定要求。 （2）电杆、拉线基础完好，拉线无腐蚀情况，线路设备及周围环境满足作业条件。 （3）绝缘工具、防护用具性能完好，并在试验周期内。 （4）使用2500V及以上绝缘电阻表或绝缘检测仪将绝缘工具进行分段绝缘检测，绝缘电阻阻值不低于700MΩ	
3	操作绝缘斗臂车	（1）绝缘斗臂车进入工作现场，定位于最佳工作位置并装好接地线。 （2）斗内电工进入工作斗。	（1）根据地形地貌和作业项目，将斗臂车定位于最适合作业的位置，挂好手刹，并垫好三角块。 （2）装好（车用）接地线。 （3）打开斗臂车的警示灯，斗臂车前后应设置警示标志。 （4）不得在坡度大于5°的路面上操作斗臂车。 （5）操作取力器前，应检查并确认各个开关及操作杆在中位或在OFF（关）的位置。 （6）在寒冷的天气，使用前应先使液压系统加温，低速运转不少于5min。 （7）支腿应支在硬实的路面上，不平整的地面，应铺垫专用支腿垫板。 （8）支起支腿时，应按照从前到后的顺序进行，使支腿可靠支撑，轮胎不承载，车身水平。 （9）斗内电工穿戴全套安全防护用具，系好安全带，携带遮蔽用具和作业工具进入工作斗，并应将遮蔽用具和作业工具分类放在工作斗和工具袋中。 （10）松开上臂绑带，选定工作臂的升降回转路径，应避开邻近的电力线路、通信线路、树木及其他障碍物。 （11）工作臂下有人时，不得操作斗臂车。	

序号	作业步骤	作业内容	标准	备注
3	操作绝缘斗臂车	（3）升起工作斗，定位到便于作业的位置	（12）绝缘斗的起升、下降操作应平稳，升降速度不应大于0.5m/s；回转时，绝缘斗外缘的线速度不应大于0.5m/s，防止冲击荷载。 （13）对在工作斗升降过程中可能触及工作范围内的低压带电部件也需进行遮蔽	
4	绝缘遮蔽	分别对作业范围内的所有带电体和接地体进行绝缘遮蔽	（1）在接近带电体过程中，应使用验电器从下方依次验电。 （2）按照由近至远、从小到大、从下到上的原则，分别对作业范围内的所有带电体和接地体进行绝缘遮蔽。使用绝缘毯时，应用绝缘夹夹紧，防止脱落。搭接的遮蔽用具，其重叠部分不得小于150mm	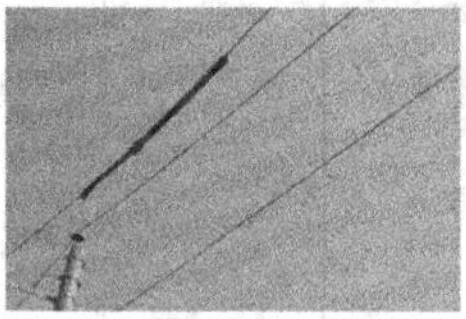 （a）遮蔽近处 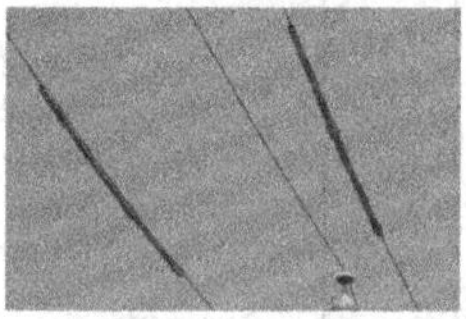 （b）遮蔽远处  （c）遮蔽上层
5	施工	（1）斗内第一电工使用工具控制异物摆动方向。 （2）斗内第二电工使用工具将异物去除。 （3）剪（切）断导线异物后，摘除导线上的残留物。 （4）异物摘除后，检查该处导线有无受损	（1）使用工具控制时，尽量使异物远离带电体。 （2）摘除异物 1）若为铁丝类硬质异物，应用绝缘剪（刀）将异物小心剪（切）断。 2）若为丝绸类软质异物，应将下端卷起，再进行剪（切）断。 3）若异物搭在电杆处，应及时将异物挑离地电位，再进行剪（切）断。 （3）摘异物时要注意与下方带电体保持安全距离，防止发生二次搭挂	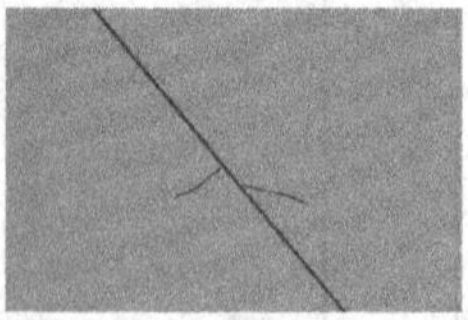 去除异物

续表

序号	作业步骤	作业内容	标　准	备　注
6	施工质量检查	斗内电工检查作业质量	（1）工作完毕，检查电杆上有无遗漏的工具、材料等。 （2）全面检查作业质量及电杆状况应无误	
7	完工	斗内电工操作绝缘斗臂车返回地面	工作负责人全面检查工作完成情况	

11. 竣工

序号	内　容
1	工作负责人全面检查工作完成情况无误后，组织清理现场及工具
2	通知值班调度员，工作结束；停用线路重合闸的履行恢复程序
3	终结工作票

12. 验收总结

序号	检　修　总　结	
1	验收评价	
2	存在问题及处理意见	

13. 质量检查要求及记录

（1）工作质量符合验收规范要求。

（2）做好该项目的带电作业记录。

十五、使用绝缘手套带电修补 10kV 导线

1. 适用范围

（1）10kV 架空配电线路带电修补导线工作。

（2）绝缘手套作业法。

（3）绝缘斗臂车作工作平台。

2. 编制依据

GB 12168—1990《带电作业遮蔽罩》

GB/T 14286—2002《带电作业术语》

GB 17622—1998《带电作业绝缘手套》

GB 13035—1991《带电作业绝缘绳》

GB 13398—1992《带电作业用绝缘手杆通用技术条件》

IEC 61057《带电作业用绝缘斗臂车》

北京市电力公司带电作业工作管理规定（试行）（京电生〔2008〕109 号）

北京电力公司电力安全工作规程（试行）（京电安〔2005〕75 号）

北京市电力公司 10kV 架空配电线路带电作业操作规程（试行）（京电生〔2009〕18 号）

中低压架空配电线路施工质量标准（京电生〔2004〕97 号）

3. 人员要求

序号	内　容	备　注
1	带电作业人员应身体健康，无妨碍作业的生理和心理障碍	
2	带电作业人员应经培训合格，持证上岗	
3	操作绝缘斗臂车的人员应经培训合格，持证上岗	
4	带电作业人员应掌握紧急救护法，特别要掌握触电急救法	

4. 现场勘察

（1）带电作业工作票签发人或工作负责人应提前组织有关人员进行现场勘察，根据勘察结果做出能否进行带电作业的判断，并确定作业方法及应采取的安全技术措施。

（2）判断是否停用线路重合闸，需停用时，履行申请手续。

（3）现场勘察内容包括：线路运行方式（包括高、低压电源）、杆线状况、设备交叉跨越状况、邻近线路、缺陷部位和严重程度、导线规格、需要器材规格、周围环境、地形状况、道路交通以及存在的作业危险点等。

5. 作业分工

序号	作　业　人　员	作　业　内　容
1	工作负责人（监护人）1 名	全面负责技术和安全，并履行工作监护
2	斗内电工 2 名：第一电工、第二电工	负责安全完成带修补导线作业
3	地面电工 1 名	负责传递斗内人员作业所需工具、材料，负责施工现场安全

6. 工器具

序号	名　称	型号/规格	单位	数量
1	导线遮蔽罩		根	12
2	绝缘大剪		把	1

续表

序号	名　称	型号/规格	单位	数量
3	橡胶绝缘子遮蔽罩		个	1
4	树脂绝缘毯		个	若干
5	拉（合）闸操作杆		副	1
6	绝缘传递绳		条	1
7	刀子		把	1
8	剥线钳		把	1
9	苫布		块	1
10	绝缘胶带		盘	1
11	预绞修补条		条	若干
12	绝缘斗臂车		台	1
13	绝缘安全帽		顶	4
14	绝缘手套（3 型）		副	2
15	绝缘手套检测器		个	1
16	绝缘袖套、披肩、护胸		套	2
17	绝缘靴（鞋）		双	2
18	护目镜		副	2
19	安全带		条	2
20	高、低压验电器		套	各 1
21	高压核相器		套	1
22	电流检测仪		台	1
23	个人工具		套	若干
24	其他			

注　型号/规格根据使用情况填写。

7. 作业程序

（1）工具储运和检测。

1）在工器具库房领用绝缘工具、安全用具及辅助工具，应核对工器具的使用电压等级和试验周期。

2）领用绝缘工器具，应检查其外观是否完好无损。

3）工器具运输前，各种工器具应存放在工具袋或工具箱内，金属工具和绝缘工具应分开装运，以防止相互碰擦造成外表损坏，降低绝缘工器具的水平。

（2）现场操作前的准备。

1）工作负责人应按带电作业工作票的内容联系当值调度。

2）工作负责人核对线铭牌、杆号。

3）绝缘斗臂车进入合适位置，并可靠接地；不得在坡度大于5° 的路面上操作斗臂车。斗臂车支腿应支在硬实的路面上，不平整的地面应铺垫专用支腿垫板，避免将支腿置于沟槽边缘、盖板之上，以防止斗臂车在使用中侧翻。根据道路情况，使用红白带、警示标志或路障。

4）工作负责人召开现场站班会，向工作班人员宣读工作票，布置工作任务，明确人员分工、作业程序、现场安全措施，进行危险点告知，履行确认手续，并对站班会内容进行抽查、问答。

5）根据分工情况整理材料，对安全工具、绝缘工具进行检查，绝缘工具应使用2500V 绝缘电阻表或绝缘测试仪进行分段绝缘测试，绝缘电阻阻值不低于 700MΩ（在出库前如已测试过的可省去现场测试步骤）。

6）带电作业过程中，作业人员应戴好安全帽和护目镜。

7）检查绝缘臂、绝缘斗状况是否良好，并调试斗臂车（在出车前如已调试过的可省去此步骤）。

8）带电作业前，将绝缘工具擦拭干净，并进行绝缘检测及绝缘手套的充气检查。

9）第一电工、第二电工戴好手套进入绝缘斗内，并系好斗内安全带。

8. 安全注意事项及措施

（1）气象条件。

1）本项目应在良好的天气下进行。如遇雷、雨、雪、雾等天气，不得进行该项工作；风力大于5级时，不宜进行该项工作。

2）带电作业过程中若遇天气突然变化，有可能危及人身或设备安全时，应立即停止工作，尽快恢复设备正常状态，或增设临时安全措施。

3）空气相对湿度大于80%的天气应停止施工。

（2）作业环境。

1）作业现场和绝缘斗臂车两侧，应根据道路情况使用红白带、警示标志或路障，防止外人进入工作区域；如在车辆繁忙地段，还应与交通管理部门取得联系，以取得配合。

2）夜间作业进行本项目应有足够的照明。

（3）安全距离及有效绝缘长度。

1）作业用绝缘工具都应经过遥测，绝缘电阻阻值应不低于 700MΩ（电极间距为 2cm）。

2）工作时，绝缘斗臂车的有效绝缘长度应保持为 1m。

3）带电作业时，应保持对地不小于 0.4m、对邻相导线不小于 0.6m 的安全距离；如不能确保该安全距离，应采用绝缘挡板、管、布及其他绝缘遮蔽措施。作业过程中，绝缘工具金属部分应与接地体保持足够的安全距离。

4）绝缘操作杆作主绝缘使用时，其有效绝缘距离不小于 0.7m。

（4）遮蔽措施。

1）本项目在修补导线时，若与邻近设备安全距离不够，应对邻近设备加绝缘套管或绝缘罩、绝缘布。

2）作业线路下层有低压线路合杆时，如妨碍作业，应对相关低压线路加绝缘套管或绝缘布遮蔽。

（5）重合闸。本项目一般不需要停用线路重合闸。

（6）关键点。

1）作业人员应认真检查导线损伤情况，工作负责人确定相应的修补方案、遮蔽措施及防断线安全措施。

2）在接触有电导线前应得到工作监护人的认可。

3）对较长绑线在移动过程中或在一端进行绑扎时，应采取防止绑线接近邻近有电设备的安全措施。

4）带电作业时，严禁人体同时接触两个不同的电位。

（7）危险点分析。

序号	内　容
1	专责监护人违章兼做其他工作或监护不到位，使作业人员失去监护
2	作业现场杂乱无序
3	绝缘斗臂车未接地，危及人身安全
4	绝缘斗臂车操作不当，造成倾翻
5	高空落物，引发物体打击。斗内作业人员不系安全带，引发高摔事故
6	穿戴防护用具不规范，造成触电伤害
7	作业人员未按规定进行绝缘遮蔽或遮蔽不严密，可能造成触电伤害
8	作业人员违章操作，危及人身、设备安全
9	行车违反交通法规，可能引发交通事故，造成人员伤害

（8）安全措施。

序号	内　　容
1	专责监护人应履行监护职责，不得兼做其他工作，要选择便于监护的位置，监护范围不得超过一个作业点
2	带电作业前，将绝缘工具擦拭干净，并进行绝缘检测。绝缘手套应进行充气检查
3	根据地形地貌和作业项目，将斗臂车定位于最适合作业的位置。不得在坡度大于 5° 的路面上操作斗臂车。斗臂车支腿应支在硬实的路面上，不平整的地面应铺垫专用支腿垫板，避免将支腿置于沟槽边缘、盖板之上，以防止斗臂车在使用中侧翻
4	作业现场及工具摆放位置周围应设置安全围栏，防止行人及其他车辆进入作业现场
5	绝缘斗臂车在使用前应空斗试操作一次，确认各系统工作正常，制动装置可靠。工作臂下有人时，不得操作斗臂车。工作臂升降回转的路径，应避开邻近的电力线路、通信线路、树木及其他障碍物
6	作业人员在绝缘斗内传递工具时，应确认两人同时脱离带电设备。绝缘斗内双人工作时，禁止两人同时接触不同电位体
7	上下传递物品必须使用绝缘绳索。尺寸较长的部件，应用绝缘传递绳上下捆扎两点，沿传递绳方向传递。工作过程中，工作点垂直下方禁止站人。绝缘斗内作业人员之间传递绝缘遮蔽用具及工具时，应一件一件地分别传递，防止掉落
8	对不规则带电部件和接地部件，应采用绝缘毯进行绝缘遮蔽，并可靠固定。搭接的遮蔽用具，其重叠部分不小于 150mm
9	已断开的引流线，会因感应而带电，作业时严禁身体碰触，防止触电。断开的三相引流线还应对横担、拉线放电，防止电击伤人。严禁同时接触已断开相的导线两个断头，以防人体串入电路。安装和拆除绝缘遮蔽用具时，人体的未防护部位应与带电体保持足够的安全距离
10	变压器停电时，必须先拉开低压用户隔离开关，后拉开高压侧跌落式熔断器，送电程序与之相反
11	工作前将绝缘斗臂车车体良好接地
12	作业过程中，绝缘工具金属部分应与接地体保持足够的安全距离
13	带电作业过程中，作业人员应戴好安全帽和护目镜
14	带电作业过程中，如设备突然停电，作业人员应视设备仍然带电
15	严格遵守交通法规，安全行车

9. 开工

序号	内　　容	备　　注
1	工作负责人办理带电作业工作票	
2	工作负责人与调度值班员联系。如需停用线路重合闸，应履行许可手续	
3	工作负责人应向全体作业人员宣读工作票，布置工作任务，明确人员分工、作业程序、现场安全措施，进行危险点告知，并履行确认手续	

10. 作业内容及标准

序号	作业步骤	作业内容	标　准	备　注
1	开工	（1）工作负责人与调度值班员联系。 （2）工作负责人发布开始工作的命令	工作负责人与调度值班员履行许可手续，确认线路重合闸已停用	
2	检查	（1）在作业现场设置安全围栏和警示标志。 （2）作业人员检查电杆、拉线及周围环境。 （3）检查绝缘工具、防护用具。 （4）绝缘工具绝缘性能检测	（1）安全围栏和警示标志满足规定要求。 （2）电杆、拉线基础完好，拉线无腐蚀情况，线路设备及周围环境满足作业条件。 （3）绝缘工具、防护用具性能完好，并在试验周期内。 （4）使用2500V及以上绝缘电阻表或绝缘检测仪将绝缘工具进行分段绝缘检测，绝缘电阻阻值不低于700MΩ	
3	操作绝缘斗臂车	（1）绝缘斗臂车进入工作现场，定位于最佳工作位置并装好接地线。 （2）斗内电工进入工作斗。	（1）根据地形地貌和作业项目，将斗臂车定位于最适合作业的位置，挂好手刹，并垫好三角块。 （2）装好（车用）接地线。 （3）打开斗臂车的警示灯，斗臂车前后应设置警示标志。 （4）不得在坡度大于5°的路面上操作斗臂车。 （5）操作取力器前，应检查并确认各个开关及操作杆在中位或在OFF（关）的位置。 （6）在寒冷的天气，使用前应先使液压系统加温，低速运转不少于5min。 （7）支腿应支在硬实的路面上，不平整的地面，应铺垫专用支腿垫板。 （8）支起支腿时，应按照从前到后的顺序进行，使支腿可靠支撑，轮胎不承载，车身水平。 （9）斗内电工穿戴全套安全防护用具，系好安全带，携带遮蔽用具和作业工具进入工作斗，并应将遮蔽用具和作业工具分类放在工作斗和工具袋中。 （10）松开上臂绑带，选定工作臂的升降回转路径，应避开邻近的电力线路、通信线路、树木及其他障碍物。 （11）工作臂下有人时，不得操作斗臂车。	

序号	作业步骤	作业内容	标　　准	备　　注
3	操作绝缘斗臂车	（3）升起工作斗，定位到便于作业的位置	（12）绝缘斗的起升、下降操作应平稳，升降速度不应大于0.5m/s；回转时，绝缘斗外缘的线速度不应大于0.5m/s，防止冲击荷载。 （13）对在工作斗升降过程中可能触及工作范围内的低压带电部件也需进行遮蔽	
4	绝缘遮蔽	分别对作业范围内的所有带电体和接地体进行绝缘遮蔽	（1）在接近带电体过程中，应使用验电器从下方依次验电。 （2）按照由近至远、从小到大、从下到上的原则，分别对作业范围内的所有带电体和接地体进行绝缘遮蔽。使用绝缘毯时，应用绝缘夹夹紧，防止脱落。搭接的遮蔽用具，其重叠部分不得小于150mm	 （a）遮蔽近处  （b）遮蔽远处 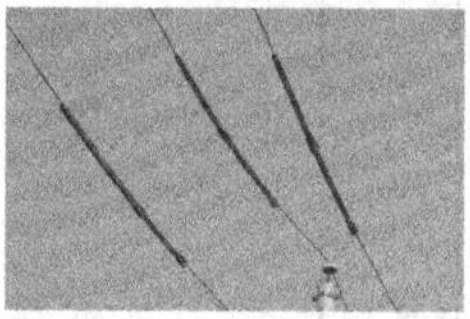 （c）遮蔽上层
5	施工	（1）采用预绞式长短修补条修补。 1）将受损伤处的线股处理平整。 2）使用修补条修补导线。	（1）采用预绞式长短修补条修补。 1）修补中心应位于损伤最严重处，并将受损伤部分全部覆盖，缠绕紧密。 2）当修补条位于针式绝缘子固定处时，则修补条端头延伸出针式绝缘子固定处应大于300mm；当使用两组修补条时，则相距应大于300mm。修补条仅允许一次性使用。	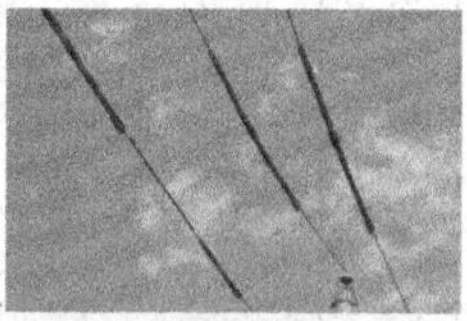 （a）使用预绞式长短修补条修补  （b）使用预绞式长短修补条修补

序号	作业步骤	作业内容	标　准	备　注
5	施工	（2）绝缘层的损伤处理：用绝缘自粘带缠绕导线修补	（2）绝缘层损伤深度在0.5mm及以上时，应采用绝缘自粘带修补；用自粘带包缠时，应用力将自粘带拉紧拽窄（原则上带宽减少1/3），然后用重叠压半边的方法缠绕，缠绕长度应超出损伤部分两端各30mm；每损伤达到1mm厚度绝缘层，应包缠两层（低压绝缘线缠绕一层），修补后自粘带的厚度应大于绝缘层的损伤深度；一个挡距内，每条绝缘线的绝缘损伤修补不宜超过3处	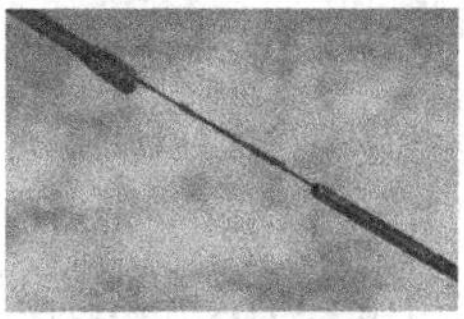 （c）使用修补条修补
6	施工质量检查	斗内电工检查作业质量	（1）工作完毕，检查电杆上有无遗漏的工具、材料等。 （2）全面检查作业质量及电杆状况应无误	
7	完工	斗内电工操作绝缘斗臂车返回地面	工作负责人全面检查工作完成情况	

11. 竣工

序号	内　容
1	工作负责人全面检查工作完成情况无误后，组织清理现场及工具
2	通知值班调度员，工作结束；停用线路重合闸的履行恢复程序
3	终结工作票

12. 验收总结

序号	检　修　总　结	
1	验收评价	
2	存在问题及处理意见	

13. 质量检查要求及记录

（1）工作质量符合验收规范要求。

（2）做好该项目的带电作业记录。

十六、使用绝缘手套带负荷安装10kV柱上负荷开关

1. 适用范围

（1）10kV架空配电线路带负荷安装柱上负荷开关工作。

（2）绝缘手套作业法。

（3）绝缘斗臂车作工作平台。

2. 编制依据

GB 12168—1990《带电作业遮蔽罩》

GB/T 14286—2002《带电作业术语》

GB 17622—1998《带电作业绝缘手套》

GB 13035—1991《带电作业绝缘绳》

GB 13398—1992《带电作业用绝缘手杆通用技术条件》

IEC 61057《带电作业用绝缘斗臂车》

北京市电力公司带电作业工作管理规定（试行）（京电生〔2008〕109 号）

北京电力公司电力安全工作规程（试行）（京电安〔2005〕75 号）

北京市电力公司 10kV 架空配电线路带电作业操作规程（试行）（京电生〔2009〕18 号）

中低压架空配电线路施工质量标准（京电生〔2004〕97 号）

3. 人员要求

序号	内　容	备　注
1	带电作业人员应身体健康，无妨碍作业的生理和心理障碍	
2	带电作业人员应经培训合格，持证上岗	
3	操作绝缘斗臂车的人员应经培训合格，持证上岗	
4	带电作业人员应掌握紧急救护法，特别要掌握触电急救法	

4. 现场勘察

（1）带电作业工作票签发人或工作负责人应提前组织有关人员进行现场勘察，根据勘察结果做出能否进行带电作业的判断，并确定作业方法及应采取的安全技术措施。

（2）判断是否停用线路重合闸，需停用时，履行申请手续。

（3）现场勘察内容包括：线路运行方式（包括高、低压电源）、杆线状况、设备交叉跨越状况、邻近线路、缺陷部位和严重程度、导线规格、需要器材规格、周围环境、地形状况、道路交通以及存在的作业危险点等。

5. 作业分工

序号	作 业 人 员	作 业 内 容
1	工作负责人（监护人）1 名	全面负责技术和安全，并履行工作监护
2	斗内电工 2 名：第一电工、第二电工	负责安全完成带负荷安装柱上负荷开关作业
3	地面电工 1 名	负责传递斗内人员作业所需工具、材料，负责施工现场安全

6. 工器具

序号	名　称	型号/规格	单位	数量
1	导线遮蔽罩		根	12
2	绝缘卡线器		根	3
3	卡线器		把	3
4	绝缘大剪		把	1
5	橡胶绝缘子遮蔽罩		个	1
6	树脂绝缘毯		个	若干
7	楔形线夹弹射枪		把	1
8	拉（合）闸操作杆		副	1
9	绝缘传递绳		条	1
10	刀子		把	1
11	剥线钳		把	1
12	苫布		块	1
13	绝缘斗臂车		台	1
14	绝缘安全帽		顶	4
15	绝缘手套（3 型）		副	2
16	绝缘手套检测器		个	1
17	绝缘袖套、披肩、护胸		套	2
18	绝缘靴（鞋）		双	2
19	护目镜		副	2
20	安全带		条	2
21	高、低压验电器		套	各 1
22	高压核相器		套	1
23	电流检测仪		台	1
24	个人工具		套	若干
25	其他			

注　型号/规格根据使用情况填写。

7. 作业程序

（1）工具储运和检测。

1）在工器具库房领用绝缘工具、安全用具及辅助工具，应核对工器具的使用电压等级和试验周期。

2）领用绝缘工器具，应检查其外观是否完好无损。

3）工器具运输前，各种工器具应存放在工具袋或工具箱内，金属工具和绝缘工具应分开装运，以防止相互碰擦造成外表损坏，降低绝缘工器具的水平。

（2）现场操作前的准备。

1）工作负责人应按带电作业工作票的内容联系当值调度。

2）工作负责人核对线铭牌、杆号。

3）绝缘斗臂车进入合适位置，并可靠接地；不得在坡度大于5°的路面上操作斗臂车。斗臂车支腿应支在硬实的路面上，不平整的地面应铺垫专用支腿垫板，避免将支腿置于沟槽边缘、盖板之上，以防止斗臂车在使用中侧翻。根据道路情况，使用红白带、警示标志或路障。

4）工作负责人召开现场站班会，向工作班人员宣读工作票，布置工作任务，明确人员分工、作业程序、现场安全措施，进行危险点告知，履行确认手续，并对站班会内容进行抽查、问答。

5）根据分工情况整理材料，对安全工具、绝缘工具进行检查，绝缘工具应使用2500V 绝缘电阻表或绝缘测试仪进行分段绝缘测试，绝缘电阻阻值不低于 700MΩ（在出库前如已测试过的可省去现场测试步骤）。

6）带电作业过程中，作业人员应戴好安全帽和护目镜。

7）检查绝缘臂、绝缘斗状况是否良好，并调试斗臂车（在出车前如已调试过的可省去此步骤）。

8）带电作业前，将绝缘工具擦拭干净，并进行绝缘检测及绝缘手套的充气检查。

9）第一电工、第二电工戴好手套进入绝缘斗内，并系好斗内安全带。

8. 安全注意事项及措施

（1）气象条件。

1）本项目应在良好的天气下进行。如遇雷、雨、雪、雾等天气，不得进行该项工作；风力大于5级时，不宜进行该项工作。

2）带电作业过程中若遇天气突然变化，有可能危及人身或设备安全时，应立即停止工作，尽快恢复设备正常状态，或增设临时安全措施。

3）空气相对湿度大于80%的天气应停止施工。

（2）作业环境。

1）作业现场和绝缘斗臂车两侧，应根据道路情况使用红白带、警示标志或路障，防止外人进入工作区域；如在车辆繁忙地段，还应与交通管理部门取得联系，以取得配合。

2）夜间作业进行本项目应有足够的照明。

（3）安全距离及有效绝缘长度。

1）作业用绝缘工具都应经过遥测，绝缘电阻阻值应不低于 700MΩ（电极间距为 2cm）。

2）工作时，绝缘斗臂车的有效绝缘长度应保持为 1m。

3）带电作业时，应保持对地不小于 0.4m、对邻相导线不小于 0.6m 的安全距离；如不能确保该安全距离，应采用绝缘挡板、管、布及其他绝缘遮蔽措施。作业过程中，绝缘工具金属部分应与接地体保持足够的安全距离。

4）绝缘操作杆作主绝缘使用时，其有效绝缘距离不小于 0.7m。

（4）遮蔽措施。

1）作业线路下层有低压线路合杆时，如妨碍作业，应对相关低压线路加绝缘套管或绝缘布遮蔽。

2）当与中相、边相设备安全距离不够时，应对边相设备加绝缘套管或绝缘罩、绝缘布。

（5）重合闸。本项目需要停用线路重合闸。

（6）关键点。

1）在接触有电导线前应得到工作监护人的认可。

2）带电作业时，要注意有电引线与横担线的安全距离。

3）带电作业时，严禁人体同时接触两个不同的电位。

（7）危险点分析。

序号	内　容
1	负荷控制开关未拉开，造成带负荷断引流线，危及人身、设备安全
2	专责监护人违章兼做其他工作或监护不到位，使作业人员失去监护
3	作业现场杂乱无序
4	绝缘斗臂车未接地，危及人身安全
5	绝缘斗臂车操作不当，造成倾翻
6	高空落物，引发物体打击。斗内作业人员不系安全带，引发高摔事故
7	穿戴防护用具不规范，造成触电伤害
8	作业人员未按规定进行绝缘遮蔽或遮蔽不严密，可能造成触电伤害
9	作业人员违章操作，危及人身、设备安全
10	断、接引线时，引线脱落造成接地或相间短路事故
11	行车违反交通法规，可能引发交通事故，造成人员伤害

（8）安全措施。

序号	内　容
1	断空载线路引流线前，检查并确认所断引流线确已空载
2	专责监护人应履行监护职责，不得兼做其他工作，要选择便于监护的位置，监护范围不得超过一个作业点
3	带电作业前，将绝缘工具擦拭干净，并进行绝缘检测。绝缘手套应进行充气检查
4	根据地形地貌和作业项目，将斗臂车定位于最适合作业的位置。不得在坡度大于 5° 的路面上操作斗臂车。斗臂车支腿应支在硬实的路面上，不平整的地面应铺垫专用支腿垫板，避免将支腿置于沟槽边缘、盖板之上，以防止斗臂车在使用中侧翻
5	作业现场及工具摆放位置周围应设置安全围栏，防止行人及其他车辆进入作业现场
6	绝缘斗臂车在使用前应空斗试操作一次，确认各系统工作正常，制动装置可靠。工作臂下有人时，不得操作斗臂车。工作臂升降回转的路径，应避开邻近的电力线路、通信线路、树木及其他障碍物
7	作业人员在绝缘斗内传递工具时，应确认两人同时脱离带电设备。绝缘斗内双人工作时，禁止两人同时接触不同电位体
8	上下传递物品必须使用绝缘绳索。尺寸较长的部件，应用绝缘传递绳上下捆扎两点，沿传递绳方向传递。工作过程中，工作点垂直下方禁止站人。绝缘斗内作业人员之间传递绝缘遮蔽用具及工具时，应一件一件地分别传递，防止掉落
9	对不规则带电部件和接地部件，应采用绝缘毯进行绝缘遮蔽，并可靠固定。搭接的遮蔽用具，其重叠部分不小于 150mm
10	已断开的引流线，会因感应而带电，作业时严禁身体碰触，防止触电。断开的三相引流线还应对横担、拉线放电，防止电击伤人。严禁同时接触已断开相的导线两个断头，以防人体串入电路。安装和拆除绝缘遮蔽用具时，人体的未防护部位应与带电体保持足够的安全距离
11	变压器停电时，必须先拉开低压用户隔离开关，后拉开高压侧跌落式熔断器，送电程序与之相反
12	断引流线时，要保持带电体与人体、相间及对地的安全距离
13	工作前将绝缘斗臂车车体良好接地
14	作业过程中，绝缘工具金属部分应与接地体保持足够的安全距离
15	带电作业过程中，作业人员应戴好安全帽和护目镜
16	带电作业过程中，如设备突然停电，作业人员应视设备仍然带电
17	严格遵守交通法规，安全行车

9. 开工

序号	内　容	备　注
1	工作负责人办理带电作业工作票	
2	工作负责人与调度值班员联系，确认线路重合闸已停用	
3	工作负责人应向全体作业人员宣读工作票，布置工作任务，明确人员分工、作业程序、现场安全措施，进行危险点告知，并履行确认手续	

10. 作业内容及标准

序号	作业步骤	作业内容	标准	备注
1	开工	（1）工作负责人与调度值班员联系。 （2）工作负责人发布开始工作的命令	工作负责人与调度值班员履行许可手续，确认线路重合闸已停用	
2	检查	（1）在作业现场设置安全围栏和警示标志。 （2）作业人员检查电杆、拉线及周围环境。 （3）检查绝缘工具、防护用具。 （4）绝缘工具绝缘性能检测	（1）安全围栏和警示标志满足规定要求。 （2）电杆、拉线基础完好，拉线无腐蚀情况，线路设备及周围环境满足作业条件。 （3）绝缘工具、防护用具性能完好，并在试验周期内。 （4）使用2500V及以上绝缘电阻表或绝缘检测仪将绝缘工具进行分段绝缘检测，绝缘电阻阻值不低于700MΩ	
3	操作绝缘斗臂车	（1）绝缘斗臂车进入工作现场，定位于最佳工作位置并装好接地线。 （2）斗内电工进入工作斗。	（1）根据地形地貌和作业项目，将斗臂车定位于最适合作业的位置，挂好手刹，并垫好三角块。 （2）装好（车用）接地线。 （3）打开斗臂车的警示灯，斗臂车前后应设置警示标志。 （4）不得在坡度大于5°的路面上操作斗臂车。 （5）操作取力器前，应检查并确认各个开关及操作杆在中位或在OFF（关）的位置。 （6）在寒冷的天气，使用前应先使液压系统加温，低速运转不少于5min。 （7）支腿应支在硬实的路面上，不平整的地面，应铺垫专用支腿垫板。 （8）支起支腿时，应按照从前到后的顺序进行，使支腿可靠支撑，轮胎不承载，车身水平。 （9）斗内电工穿戴全套安全防护用具，系好安全带，携带遮蔽用具和作业工具进入工作斗，并应将遮蔽用具和作业工具分类放在工作斗和工具袋中。 （10）松开上臂绑带，选定工作臂的升降回转路径，应避开邻近的电力线路、通信线路、树木及其他障碍物。 （11）工作臂下有人时，不得操作斗臂车。	

序号	作业步骤	作业内容	标　准	备　注
3	操作绝缘斗臂车	（3）升起工作斗，定位到便于作业的位置	（12）绝缘斗的起升、下降操作应平稳，升降速度不应大于0.5m/s；回转时，绝缘斗外缘的线速度不应大于0.5m/s，防止冲击荷载。 （13）对在工作斗升降过程中可能触及工作范围内的低压带电部件也需进行遮蔽	
4	绝缘遮蔽	分别对作业范围内的所有带电体和接地体进行绝缘遮蔽	（1）在接近带电体过程中，应使用验电器从下方依次验电。 （2）按照由近至远、从小到大、从下到上的原则，分别对作业范围内的所有带电体和接地体进行绝缘遮蔽。使用绝缘毯时，应用绝缘夹夹紧，防止脱落。搭接的遮蔽用具，其重叠部分不得小于150mm	 （a）进行绝缘遮蔽并安装负荷开关  （b）检查负荷开关处于分开位置  （c）将负荷开关引线端头进行绝缘遮蔽
5	施工	（1）地面人员检查负荷开关在断开位置，并对开关进行必要的绝缘遮蔽。 （2）斗中电工操作小吊机将绝缘吊绳提升至开关横担处，并进行负荷开关与横担的连接组装，安装完成后进行绝缘遮蔽。 （3）斗中电工分别将分界负荷开关引流线展开，并使用绝缘测距杆（绳）确定引流线长短尺寸（将绝缘导线头进行剥除绝缘皮处理），用绝缘毯进行缠绕遮蔽。	（1）使用绝缘毯遮蔽的部位用夹子夹紧，防止脱落。搭接的遮蔽用具，其重叠部分不得小于150mm （2）起吊负荷开关时注意速度要平稳，下面严禁站人，固定负荷开关时不得使用蛮力生拉硬套。 （3）剥除导线绝缘皮时防止伤及线芯，包裹遮蔽时注意安全距离。	 （a）负荷开关引流线与导线搭接  （b）负荷开关引流线与导线搭接

序号	作业步骤	作业内容	标　准	备　注
5	施工	（4）确定搭接引流线位置后，第一电工使用绝缘削皮刀将主线路接引流线处绝缘皮剥除20cm，并进行引流线的搭接工作。 （5）按照由近至远的顺序，分别连接好三相。 （6）三条引流线，应注意每连接一相，只拆除该相的绝缘遮蔽用具，确认连接完好后，迅速对该相的导线、引流线、绝缘子等恢复绝缘遮蔽。 （7）斗内电工将卡线器卡在导线上，然后将绝缘紧线器一端固定在悬式绝缘子的耐张线夹上，另一端固定在卡线器上，并安装好绝缘保险绳，在同相另一侧安装卡线器及绝缘保险绳。 （8）斗内电工将负荷开关合上，并用高压电流表测量开关引流线上的电流与主导线电流。 （9）斗内电工通过紧线器将两侧导线紧起，检查绝缘紧线器受力无误后切断导线。斗内电工将所断导线留取适当长度放入耐张线夹内并固定牢固。 （10）参照上述方法将其余两相导线断开并固定牢固。 （11）依次拆除绝缘遮蔽	（4）剥除绝缘时防止伤及导线。 （5）安装负荷开关时注意安全距离。 （6）插入楔形线夹时，要确保壳体牢固，防止脱落。 （7）切断导线时，要防止线头摆动	 （c）负荷开关引流线与导线搭接  （d）将负荷开关合好  （e）逐相拆除引流线 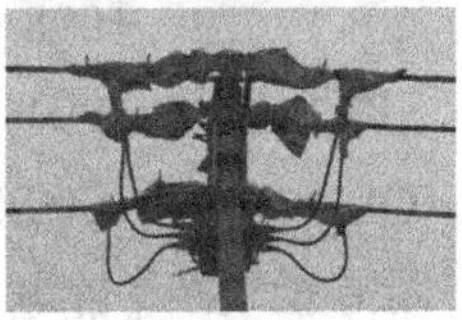 （f）引流线拆除完毕
6	施工质量检查	斗内电工检查作业质量	（1）工作完毕，检查电杆上有无遗漏的工具、材料等。 （2）全面检查作业质量及电杆状况应无误	
7	完工	斗内电工操作绝缘斗臂车返回地面	工作负责人全面检查工作完成情况	

11．竣工

序号	内　容
1	工作负责人全面检查工作完成情况无误后，组织清理现场及工具
2	通知值班调度员，工作结束；停用线路重合闸的履行恢复程序
3	终结工作票

12. 验收总结

序号	检修总结	
1	验收评价	
2	存在问题及处理意见	

13. 质量检查要求及记录

（1）工作质量符合验收规范要求。

（2）做好该项目的带电作业记录。

十七、使用绝缘手套带负荷安装 10kV 柱上隔离开关（刀闸）（耐张杆）

1. 适用范围

（1）10kV 架空配电线路带负荷安装柱上隔离开关（刀闸）工作。

（2）绝缘手套作业法。

（3）绝缘斗臂车作工作平台。

2. 编制依据

GB 12168—1990《带电作业遮蔽罩》

GB/T 14286—2002《带电作业术语》

GB 17622—1998《带电作业绝缘手套》

GB 13035—1991《带电作业绝缘绳》

GB 13398—1992《带电作业用绝缘手杆通用技术条件》

IEC 61057《带电作业用绝缘斗臂车》

北京市电力公司带电作业工作管理规定（试行）（京电生〔2008〕109 号）

北京电力公司电力安全工作规程（试行）（京电安〔2005〕75 号）

北京市电力公司 10kV 架空配电线路带电作业操作规程（试行）（京电生〔2009〕18 号）

中低压架空配电线路施工质量标准（京电生〔2004〕97 号）

3. 人员要求

序号	内容	备注
1	带电作业人员应身体健康，无妨碍作业的生理和心理障碍	
2	带电作业人员应经培训合格，持证上岗	
3	操作绝缘斗臂车的人员应经培训合格，持证上岗	
4	带电作业人员应掌握紧急救护法，特别要掌握触电急救法	

4. 现场勘察

（1）带电作业工作票签发人或工作负责人应提前组织有关人员进行现场勘察，根据勘察结果做出能否进行带电作业的判断，并确定作业方法及应采取的安全技术措施。

（2）判断是否停用线路重合闸，需停用时，履行申请手续。

（3）现场勘察内容包括：线路运行方式（包括高、低压电源）、杆线状况、设备交叉跨越状况、邻近线路、缺陷部位和严重程度、导线规格、需要器材规格、周围环境、地形状况、道路交通以及存在的作业危险点等。

5. 作业分工

序号	作业人员	作业内容
1	工作负责人（监护人）1名	全面负责技术和安全，并履行工作监护
2	斗内电工2名：第一电工、第二电工	负责安全完成带负荷安装柱上隔离开关作业
3	地面电工1名	负责传递斗内作业所需工具、材料，负责施工现场安全

6. 工器具

序号	名称	型号/规格	单位	数量
1	绝缘引流线		条	3
2	电流检测仪		台	1
3	导线遮蔽罩		根	若干
4	绝缘毯		块	若干
5	绝缘毯夹		个	若干
6	横担遮蔽罩		个	若干
7	绝缘断线钳		把	1
8	绝缘传递绳		条	1
9	苫布		块	1
10	绝缘斗臂车		台	2
11	绝缘安全帽		顶	4
12	绝缘手套（3型）		副	2
13	绝缘手套检测器		个	1
14	绝缘袖套、披肩、护胸		套	2
15	绝缘靴（鞋）		双	2
16	护目镜		副	2

续表

序号	名　称	型号/规格	单位	数量
17	安全带		条	2
18	高、低压验电器		套	各1
19	高压核相器		套	1
20	绝缘操作杆（拉、合闸用）		副	1
21	个人工具		套	若干
22	其他			

注　型号/规格根据使用情况填写。

7. 作业程序

（1）工具储运和检测。

1）在工器具库房领用绝缘工具、安全用具及辅助工具，应核对工器具的使用电压等级和试验周期。

2）领用绝缘工器具，应检查其外观是否完好无损。

3）工器具运输前，各种工器具应存放在工具袋或工具箱内，金属工具和绝缘工具应分开装运，以防止相互碰擦造成外表损坏，降低绝缘工器具的水平。

（2）现场操作前的准备。

1）工作负责人应按带电作业工作票的内容联系当值调度。

2）工作负责人核对线铭牌、杆号。

3）绝缘斗臂车进入合适位置，并可靠接地；不得在坡度大于5°的路面上操作斗臂车。斗臂车支腿应支在硬实的路面上，不平整的地面应铺垫专用支腿垫板，避免将支腿置于沟槽边缘、盖板之上，以防止斗臂车在使用中侧翻。根据道路情况，使用红白带、警示标志或路障。

4）工作负责人召开现场站班会，向工作班人员宣读工作票，布置工作任务，明确人员分工、作业程序、现场安全措施，进行危险点告知，履行确认手续，并对站班会内容进行抽查、问答。

5）根据分工情况整理材料，对安全工具、绝缘工具进行检查，绝缘工具应使用2500V 绝缘电阻表或绝缘测试仪进行分段绝缘测试，绝缘电阻阻值不低于 700MΩ（在出库前如已测试过的可省去现场测试步骤）。

6）带电作业过程中，作业人员应戴好安全帽和护目镜。

7）检查绝缘臂、绝缘斗状况是否良好，并调试斗臂车（在出车前如已调试过的可省去此步骤）。

8）带电作业前，将绝缘工具擦拭干净，并进行绝缘检测及绝缘手套的充气检查。

9）第一电工、第二电工戴好手套进入绝缘斗内，并系好斗内安全带。

10）带电作业前，工作负责人应检查并确认需要安装的杆上隔离开关（闸刀）在合上位置。

8. 安全注意事项及措施

（1）气象条件。

1）应在良好的天气下进行。如遇雷、雨、雪、雾等天气，不得进行该项工作；风力大于 5 级时，不宜进行该项工作。

2）带电作业过程中若遇天气突然变化，有可能危及人身或设备安全时，应立即停止工作，尽快恢复设备正常状态，或增设临时安全措施。

3）空气相对湿度大于 80%的天气应停止施工。

（2）作业环境。

1）作业现场和绝缘斗臂车两侧，应根据道路情况使用红白带、警示标志或路障，防止外人进入工作区域；如在车辆繁忙地段，还应与交通管理部门取得联系，以取得配合。

2）夜间作业进行本项目应有足够的照明。

（3）安全距离及有效绝缘长度。

1）作业用绝缘工具都应经过遥测，绝缘电阻阻值应不低于 700MΩ（电极间距为 2cm）。

2）工作时，绝缘斗臂车的有效绝缘长度应保持为 1m。

3）带电作业时，应保持对地不小于 0.4m，对邻相导线不小于 0.6m 的安全距离；如不能确保该安全距离，应采用绝缘挡板、管、布及其他绝缘遮蔽措施。作业过程中，绝缘工具金属部分应与接地体保持足够的安全距离。

4）绝缘操作杆作主绝缘使用时，其有效绝缘距离不小于 0.7m。

（4）遮蔽措施。

1）本项目闸刀桩头对地距离小于 0.4m 时，需加装绝缘隔离挡板。

2）本项目在搭接中相引线时，若与边相设备安全距离不够，应对边相设备加绝缘套管或绝缘罩、绝缘布。

3）作业线路下层有低压线路合杆时，如妨碍作业，应对相关低压线路加绝缘套管或绝缘布遮蔽。

（5）重合闸。本项目需要停用线路重合闸。

（6）关键点。

1）在接触有电导线前应得到工作监护人的认可。

2）带电作业时，要注意有电引线与横担线的安全距离。

3）带电作业时，严禁人体同时接触两个不同的电位。

4）第一电工操作的绝缘斗臂车不低于17m，在起吊闸刀时应将其保持水平状态。

5）搭接引线过程中，闸刀必须处于拉开位置。

6）搭接引线过程中，第一、二电工需相互配合。

7）引流线搭接时应注意相位，搭接点接触可靠，三相引流线搭接未完成前严禁拉开闸刀，闸刀未合上前严禁拆除引流线。

（7）危险点分析。

序号	内 容
1	专责监护人违章兼做其他工作或监护不到位，使作业人员失去监护
2	作业现场杂乱无序
3	绝缘手套法作业安全措施不全，引发人身伤害
4	高空落物，引发物体打击
5	作业人员未按规定进行绝缘遮蔽或遮蔽不严密，可能造成触电伤害
6	作业人员违章操作，引发相间短路或接地事故，危及人身、设备安全
7	行车违反交通法规，可能引发交通事故，造成人员伤害

（8）安全措施。

序号	内 容
1	带电作业过程中，作业人员应戴好安全帽和护目镜
2	带电作业前，将绝缘工具擦拭干净，并进行绝缘检测
3	所有工器具应定期试验，不合格的带电作业绝缘工具严禁带入工作现场
4	绝缘斗臂车的绝缘臂穿越低压线路时，应将低压线路停电、封挂地线或采取绝缘遮蔽措施
5	带电作业过程中，如设备突然停电，作业人员应视设备仍然带电
6	监护人应履行监护职责，不得兼做其他工作，要选择便于监护的位置，监护范围不得超过一个作业点
7	严禁同时接触未接通或已断开相的导线两个断头，以防人体串入电路
8	接引流线时，要保持带电体与人体、相间及对地的安全距离
9	作业过程中，绝缘工具金属部分应与接地体保持足够的安全距离
10	断引流线前，必须检测隔离开关引流线电流，防止带负荷断引流线
11	上下传递物品必须使用绝缘绳索。尺寸较长的部件，应用绝缘传递绳上下捆扎两点，沿传递绳方向传递。传递较长的金属导线，应盘成体积较小的线盘或放在工具袋内传递
12	在繁华地区、居民小区及交通路口作业时，作业现场区域内必须设围栏、标示牌及明显的交通标志，并派专人看守，禁止无关人员通行或逗留
13	严格遵守交通法规，安全行车

9. 开工

序号	内　容	备　注
1	工作负责人办理带电作业工作票	
2	工作负责人与调度值班员联系，确认线路重合闸已停用	
3	工作负责人应向全体作业人员宣读工作票，布置工作任务，明确人员分工、作业程序、现场安全措施，进行危险点告知，并履行确认手续	

10. 作业内容及标准

序号	作业步骤	作业内容	标　准	备　注
1	开工	（1）工作负责人与调度值班员联系。 （2）工作负责人发布开始工作的命令	工作负责人与调度值班员履行许可手续，确认线路重合闸已停用	
2	检查	（1）在作业现场设置安全围栏和警示标志。 （2）作业人员检查电杆、拉线及周围环境。 （3）检查绝缘工具、防护用具。 （4）绝缘工具绝缘性能检测	（1）安全围栏和警示标志满足规定要求。 （2）电杆、拉线基础完好，拉线无腐蚀情况，线路设备及周围环境满足作业条件。 （3）绝缘工具、防护用具性能完好，并在试验周期内。 （4）使用2500V及以上绝缘电阻表或绝缘检测仪将绝缘工具进行分段绝缘检测，绝缘电阻阻值不低于700MΩ	
3	操作绝缘斗臂车	（1）绝缘斗臂车进入工作现场，定位于最佳工作位置并装好接地线。 （2）斗内电工进入工作斗。	（1）根据地形地貌和作业项目，将斗臂车定位于最适合作业的位置，挂好手刹，并垫好三角块。 （2）装好（车用）接地线。 （3）打开斗臂车的警示灯，斗臂车前后应设置警示标志。 （4）不得在坡度大于5°的路面上操作斗臂车。 （5）操作取力器前，应检查并确认各个开关及操作杆在中位或在OFF（关）的位置。 （6）在寒冷的天气，使用前应先使液压系统加温，低速运转不少于5min。 （7）支腿应支在硬实的路面上，不平整的地面，应铺垫专用支腿垫板。 （8）支起支腿时，应按照从前到后的顺序进行，使支腿可靠支撑，轮胎不承载，车身水平。	

续表

序号	作业步骤	作业内容	标　　准	备　　注
3	操作绝缘斗臂车	（3）升起工作斗，定位到便于作业的位置	（9）斗内电工穿戴全套安全防护用具，系好安全带，携带遮蔽用具和作业工具进入工作斗，并应将遮蔽用具和作业工具分类放在工作斗和工具袋中。 （10）松开上臂绑带，选定工作臂的升降回转路径，应避开邻近的电力线路、通信线路、树木及其他障碍物。 （11）工作臂下有人时，不得操作斗臂车。 （12）绝缘斗的起升、下降操作应平稳，升降速度不应大于0.5m/s；回转时，绝缘斗外缘的线速度不应大于0.5m/s，防止冲击荷载。 （13）对在工作斗升降过程中可能触及工作范围内的低压带电部件也需进行遮蔽	
4	绝缘遮蔽	分别对作业范围内的所有带电体和接地体进行绝缘遮蔽	（1）在接近带电体过程中，应使用验电器从下方依次验电。 （2）按照由近至远、从小到大、从下到上的原则，分别对作业范围内的所有带电体和接地体进行绝缘遮蔽。使用绝缘毯时，应用绝缘夹夹紧，防止脱落。搭接的遮蔽用具，其重叠部分不得小于150mm	 进行绝缘遮蔽
5	施工	（1）以最小范围打开引线绝缘遮蔽，在需搭接处确定位置和长度，使用绝缘引流线短接隔离开关两端引线，并确保线夹接触牢固可靠。 （2）使用电流检测仪分别检测绝缘引流线、隔离开关引线的电流。 （3）断开三相导线的引流线并可靠固定。	（1）使用绝缘引流线进行连接一端前，应将绝缘引流线另一端的线夹进行绝缘遮蔽，并与其他相带电体和接地体保持安全距离。 （2）绝缘引流线每一相分流的负荷电流如不小于原线路负荷电流的1/3，则确认连接良好。 （3）断开的引流线应与导线可靠固定，迅速恢复绝缘遮蔽。	 （a）打开绝缘遮蔽  （b）安装隔离开关

续表

序号	作业步骤	作业内容	标准	备注
5	施工	（4）安装柱上隔离开关并拉开；在隔离开关上安装引线。 （5）分别进行隔离开关两侧引线与导线的连接。 （6）合上隔离开关，应采用电流检测仪检测引流线电流，确认连接良好。 （7）拆除绝缘引流线。 （8）依次拆除绝缘遮蔽	（4）安装的柱上隔离开关符合施工质量表标准。 （5）拆除绝缘引流线，拆除时应确保引流线另一端与其他相带电部件和接地部件保持安全距离。 （6）拆除遮蔽用具时，应按照从远至近的原则进行	 （c）拉开隔离开关  （d）接通隔离开关两端引线并合上隔离开关
6	施工质量检查	斗内电工检查作业质量	（1）工作完毕，检查电杆上有无遗漏的工具、材料等。 （2）全面检查作业质量及电杆状况应无误	
7	完工	斗内电工操作绝缘斗臂车返回地面	工作负责人全面检查工作完成情况	

11. 竣工

序号	内容
1	工作负责人全面检查工作完成情况无误后，组织清理现场及工具
2	通知值班调度员，工作结束；停用线路重合闸的履行恢复程序
3	终结工作票

12. 验收总结

序号	检修总结	
1	验收评价	
2	存在问题及处理意见	

13. 质量检查要求及记录

（1）闸刀绝缘子、消弧室等应完好无损，操作机构应灵活，三相触头接触良好。

（2）安装好的新闸刀应进行试拉试合，且不少于三次。

（3）闸刀三相引线排列整齐，松紧适当。

（4）做好该项目的带电作业记录。

十八、使用绝缘手套带负荷拆除10kV柱上负荷开关

1. 适用范围

（1）10kV架空配电线路带负荷拆除柱上负荷开关工作。

（2）绝缘手套作业法。

（3）绝缘斗臂车作工作平台。

2. 编制依据

GB 12168—1990《带电作业遮蔽罩》

GB/T 14286—2002《带电作业术语》

GB 17622—1998《带电作业绝缘手套》

GB 13035—1991《带电作业绝缘绳》

GB 13398—1992《带电作业用绝缘手杆通用技术条件》

IEC 61057《带电作业用绝缘斗臂车》

北京市电力公司带电作业工作管理规定（试行）（京电生〔2008〕109号）

北京电力公司电力安全工作规程（试行）（京电安〔2005〕75号）

北京市电力公司10kV架空配电线路带电作业操作规程（试行）（京电生〔2009〕18号）

中低压架空配电线路施工质量标准（京电生〔2004〕97号）

3. 人员要求

序号	内　容	备　注
1	带电作业人员应身体健康，无妨碍作业的生理和心理障碍	
2	带电作业人员应经培训合格，持证上岗	
3	操作绝缘斗臂车的人员应经培训合格，持证上岗	
4	带电作业人员应掌握紧急救护法，特别要掌握触电急救法	

4. 现场勘察

（1）带电作业工作票签发人或工作负责人应提前组织有关人员进行现场勘察，根据勘察结果做出能否进行带电作业的判断，并确定作业方法及应采取的安全技术措施。

（2）判断是否停用线路重合闸，需停用时，履行申请手续。

（3）现场勘察内容包括：线路运行方式（包括高、低压电源）、杆线状况、设备交叉跨越状况、邻近线路、缺陷部位和严重程度、导线规格、需要器材规格、周

围环境、地形状况、道路交通以及存在的作业危险点等。

5. 作业分工

序号	作业人员	作业内容
1	工作负责人（监护人）1 名	全面负责技术和安全，并履行工作监护
2	斗内电工 2 名：第一电工、第二电工	负责安全完成带负荷拆除柱上负荷开关作业
3	地面电工 1 名	负责传递斗内人员作业所需工具、材料，负责施工现场安全

6. 工器具

序号	名称	型号/规格	单位	数量
1	导线遮蔽罩		根	12
2	连接导线		根	3
3	绝缘大剪		把	1
4	橡胶绝缘子遮蔽罩		个	1
5	树脂绝缘毯		个	若干
6	楔形线夹弹射枪		把	1
7	拉（合）闸操作杆		副	1
8	绝缘传递绳		条	1
9	刀子		把	1
10	剥线钳		把	1
11	苫布		块	1
12	绝缘斗臂车		台	1
13	绝缘安全帽		顶	4
14	绝缘手套（3 型）		副	2
15	绝缘手套检测器		个	1
16	绝缘袖套、披肩、护胸		套	2
17	绝缘靴（鞋）		双	2
18	护目镜		副	2
19	安全带		条	2
20	高、低压验电器		套	各 1
21	高压核相器		套	1
22	电流检测仪		台	1
23	个人工具		套	若干
24	其他			

注 型号/规格根据使用情况填写。

7. 作业程序

（1）工具储运和检测。

1）在工器具库房领用绝缘工具、安全用具及辅助工具，应核对工器具的使用电压等级和试验周期。

2）领用绝缘工器具，应检查其外观是否完好无损。

3）工器具运输前，各种工器具应存放在工具袋或工具箱内，金属工具和绝缘工具应分开装运，以防止相互碰擦造成外表损坏，降低绝缘工器具的水平。

（2）现场操作前的准备。

1）工作负责人应按带电作业工作票的内容联系当值调度。

2）工作负责人核对线铭牌、杆号。

3）绝缘斗臂车进入合适位置，并可靠接地；不得在坡度大于 5° 的路面上操作斗臂车。斗臂车支腿应支在硬实的路面上，不平整的地面应铺垫专用支腿垫板，避免将支腿置于沟槽边缘、盖板之上，以防止斗臂车在使用中侧翻。根据道路情况，使用红白带、警示标志或路障。

4）工作负责人召开现场站班会，向工作班人员宣读工作票，布置工作任务，明确人员分工、作业程序、现场安全措施，进行危险点告知，履行确认手续，并对站班会内容进行抽查、问答。

5）根据分工情况整理材料，对安全工具、绝缘工具进行检查，绝缘工具应使用 2500V 绝缘电阻表或绝缘测试仪进行分段绝缘测试，绝缘电阻阻值不低于 700MΩ（在出库前如已测试过的可省去现场测试步骤）。

6）带电作业过程中，作业人员应戴好安全帽和护目镜。

7）检查绝缘臂、绝缘斗状况是否良好，并调试斗臂车（在出车前如已调试过的可省去此步骤）。

8）带电作业前，将绝缘工具擦拭干净，并进行绝缘检测及绝缘手套的充气检查。

9）第一电工、第二电工戴好手套进入绝缘斗内，并系好斗内安全带。

8. 安全注意事项及措施

（1）气象条件。

1）本项目应在良好的天气下进行。如遇雷、雨、雪、雾等天气，不得进行该项工作；风力大于 5 级时，不宜进行该项工作。

2）带电作业过程中若遇天气突然变化，有可能危及人身或设备安全时，应立即停止工作，尽快恢复设备正常状态，或增设临时安全措施。

3）空气相对湿度大于 80%的天气应停止施工。

（2）作业环境。

1）作业现场和绝缘斗臂车两侧，应根据道路情况使用红白带、警示标志或路障，防止外人进入工作区域；如在车辆繁忙地段，还应与交通管理部门取得联系，以取得配合。

2）夜间作业进行本项目应有足够的照明。

（3）安全距离及有效绝缘长度。

1）作业用绝缘工具都应经过遥测，绝缘电阻阻值应不低于 700MΩ（电极间距为 2cm）。

2）工作时，绝缘斗臂车的有效绝缘长度应保持为 1m。

3）带电作业时，应保持对地不小于 0.4m、对邻相导线不小于 0.6m 的安全距离；如不能确保该安全距离，应采用绝缘挡板、管、布及其他绝缘遮蔽措施。作业过程中，绝缘工具金属部分应与接地体保持足够的安全距离。

4）绝缘操作杆作主绝缘使用时，其有效绝缘距离不小于 0.7m。

（4）遮蔽措施。

1）作业线路下层有低压线路合杆时，如妨碍作业，应对相关低压线路加绝缘套管或绝缘布遮蔽。

2）当与中相、边相设备安全距离不够时，应对边相设备加绝缘套管或绝缘罩、绝缘布。

（5）重合闸。本项目需要停用线路重合闸。

（6）关键点。

1）在接触有电导线前应得到工作监护人的认可。

2）带电作业时，要注意有电引线与横担线的安全距离。

3）带电作业时，严禁人体同时接触两个不同的电位。

（7）危险点分析。

序号	内 容
1	负荷控制开关未拉开，造成带负荷断引流线，危及人身、设备安全
2	专责监护人违章兼做其他工作或监护不到位，使作业人员失去监护
3	作业现场杂乱无序
4	绝缘斗臂车未接地，危及人身安全
5	绝缘斗臂车操作不当，造成倾翻
6	高空落物，引发物体打击。斗内作业人员不系安全带，引发高摔事故
7	穿戴防护用具不规范，造成触电伤害

续表

序号	内　容
8	作业人员未按规定进行绝缘遮蔽或遮蔽不严密，可能造成触电伤害
9	作业人员违章操作，危及人身、设备安全
10	断、接引流线时，引流线脱落造成接地或相间短路事故
11	行车违反交通法规，可能引发交通事故，造成人员伤害

（8）安全措施。

序号	内　容
1	断空载线路引流线前，检查并确认所断引流线确已空载
2	专责监护人应履行监护职责，不得兼做其他工作，要选择便于监护的位置，监护范围不得超过一个作业点
3	带电作业前，将绝缘工具擦拭干净，并进行绝缘检测。绝缘手套应进行充气检查
4	根据地形地貌和作业项目，将斗臂车定位于最适合作业的位置，不得在坡度大于 5° 的路面上操作斗臂车。斗臂车支腿应支在硬实的路面上，不平整的地面应铺垫专用支腿垫板，避免将支腿置于沟槽边缘、盖板之上，以防止斗臂车在使用中侧翻
5	作业现场及工具摆放位置周围应设置安全围栏，防止行人及其他车辆进入作业现场
6	绝缘斗臂车在使用前应空斗试操作一次，确认各系统工作正常，制动装置可靠。工作臂下有人时，不得操作斗臂车。工作臂升降回转的路径，应避开邻近的电力线路、通信线路、树木及其他障碍物
7	作业人员在绝缘斗内传递工具时，应确认两人同时脱离带电设备。绝缘斗内双人工作时，禁止两人同时接触不同电位体
8	上下传递物品必须使用绝缘绳索。尺寸较长的部件，应用绝缘传递绳上下捆扎两点，沿传递绳方向传递。工作过程中，工作点垂直下方禁止站人。绝缘斗内作业人员之间传递绝缘遮蔽用具及工具时，应一件一件地分别传递，防止掉落
9	对不规则带电部件和接地部件，应采用绝缘毯进行绝缘遮蔽，并可靠固定。搭接的遮蔽用具，其重叠部分不小于 150mm
10	已断开的引流线，会因感应而带电，作业时严禁身体碰触，防止触电。断开的三相引流线还应对横担、拉线放电，防止电击伤人。严禁同时接触已断开相的导线两个断头，以防人体串入电路。安装和拆除绝缘遮蔽用具时，人体的未防护部位应与带电体保持足够的安全距离
11	变压器停电时，必须先拉开低压用户隔离开关，后拉开高压侧跌落式熔断器，送电程序与之相反
12	断引流线时，要保持带电体与人体、相间及对地的安全距离
13	工作前将绝缘斗臂车车体良好接地
14	作业过程中，绝缘工具金属部分应与接地体保持足够的安全距离
15	带电作业过程中，作业人员应戴好安全帽和护目镜
16	带电作业过程中，如设备突然停电，作业人员应视设备仍然带电
17	严格遵守交通法规，安全行车

9. 开工

序号	内　容	备　注
1	工作负责人办理带电作业工作票	
2	工作负责人与调度值班员联系，确认线路重合闸已停用	
3	工作负责人应向全体作业人员宣读工作票，布置工作任务，明确人员分工、作业程序、现场安全措施，进行危险点告知，并履行确认手续	

10. 作业内容及标准

序号	作业步骤	作业内容	标　准	备　注
1	开工	（1）工作负责人与调度值班员联系。 （2）工作负责人发布开始工作的命令	工作负责人与调度值班员履行许可手续，确认线路重合闸已停用	
2	检查	（1）在作业现场设置安全围栏和警示标志。 （2）作业人员检查电杆、拉线及周围环境。 （3）检查绝缘工具、防护用具。 （4）绝缘工具绝缘性能检测	（1）安全围栏和警示标志满足规定要求。 （2）电杆、拉线基础完好，拉线无腐蚀情况，线路设备及周围环境满足作业条件。 （3）绝缘工具、防护用具性能完好，并在试验周期内。 （4）使用2500V及以上绝缘电阻表或绝缘检测仪将绝缘工具进行分段绝缘检测，绝缘电阻阻值不低于700MΩ	
3	操作绝缘斗臂车	（1）绝缘斗臂车进入工作现场，定位于最佳工作位置并装好接地线。 （2）斗内电工进入工作斗。	（1）根据地形地貌和作业项目，将斗臂车定位于最适合作业的位置，挂好手刹，并垫好三角块。 （2）装好（车用）接地线。 （3）打开斗臂车的警示灯，斗臂车前后应设置警示标志。 （4）不得在坡度大于5°的路面上操作斗臂车。 （5）操作取力器前，应检查并确认各个开关及操作杆在中位或在OFF（关）的位置。 （6）在寒冷的天气，使用前应先使液压系统加温，低速运转不少于5min。 （7）支腿应支在硬实的路面上，不平整的地面，应铺垫专用支腿垫板。 （8）支起支腿时，应按照从前到后的顺序进行，使支腿可靠支撑，轮胎不承载，车身水平。	

续表

序号	作业步骤	作业内容	标　准	备　注
3	操作绝缘斗臂车	（3）升起工作斗，定位到便于作业的位置	（9）斗内电工穿戴全套安全防护用具，系好安全带，携带遮蔽用具和作业工具进入工作斗，并应将遮蔽用具和作业工具分类放在工作斗和工具袋中。 （10）松开上臂绑带，选定工作臂的升降回转路径，应避开邻近的电力线路、通信线路、树木及其他障碍物。 （11）工作臂下有人时，不得操作斗臂车。 （12）绝缘斗的起升、下降操作应平稳，升降速度不应大于0.5m/s；回转时，绝缘斗外缘的线速度不应大于0.5m/s，防止冲击荷载。 （13）对在工作斗升降过程中可能触及工作范围内的低压带电部件也需进行遮蔽	
4	绝缘遮蔽	分别对作业范围内的所有带电体和接地体进行绝缘遮蔽	（1）在接近带电体过程中，应使用验电器从下方依次验电。 （2）按照由近至远、从小到大、从下到上的原则，分别对作业范围内的所有带电体和接地体进行绝缘遮蔽。使用绝缘毯时，应用绝缘夹夹紧，防止脱落。搭接的遮蔽用具，其重叠部分不得小于150mm	 进行绝缘遮蔽
5	施工	（1）使用绝缘测距杆（绳）确定负荷开关两侧同相导线距离，安装针式绝缘子，将连接导线头进行剥除绝缘皮处理并固定到针式绝缘子上，用绝缘毯进行缠绕遮蔽。 （2）确定搭接线位置。 （3）进行引流线的搭接工作。 （4）按照由近至远的顺序，分别连接好三相三条搭接线，应注意每连接一相时，只拆除该相的绝缘遮蔽用具，确认连接完好后，迅速对该相的导线、引流线、绝缘子等恢复绝缘遮蔽。 （5）用高压电流表测量开关引流线上电流与搭接线上电流。	（1）使用绝缘毯遮蔽的部位用夹子夹紧，防止脱落。搭接的遮蔽用具，其重叠部分不得小于150mm。 （2）斗内电工将边相导线绝缘遮蔽展开40cm，第一电工使用绝缘削皮刀将主线路接引流线处的绝缘皮剥除20cm，剥除绝缘时防止伤及导线。 （3）剥除导线绝缘皮时防止伤及线芯，包裹遮蔽时注意安全距离。	 （a）逐相搭接引流线  （b）引流线搭接完成

序号	作业步骤	作业内容	标准	备注
5	施工	（6）斗内电工将负荷开关拉开，并用高压电流表测量开关引流线上的电流与搭接线上的电流，确认开关引流线无电流。 （7）拆除负荷开关引流线，拆除完毕迅速恢复绝缘遮蔽。 （8）斗内电工利用小吊车将开关吊下。 （9）依次拆除绝缘遮蔽	（4）应注意每连接一相，只拆除该相的绝缘遮蔽用具，确认连接完好后，迅速对该相的导线、引流线、绝缘子等恢复绝缘遮蔽。 （5）保证搭接后的电流确实分流。 （6）下落过程应该平稳，小吊车下严禁站人	 （c）拉开负荷开关  （d）逐相拆除负荷开关引流线  （e）负荷开关引流线拆除完毕
6	施工质量检查	斗内电工检查作业质量	（1）工作完毕，检查电杆上有无遗漏的工具、材料等。 （2）全面检查作业质量及电杆状况应无误	
7	完工	斗内电工操作绝缘斗臂车返回地面	工作负责人全面检查工作完成情况	

11．竣工

序号	内容
1	工作负责人全面检查工作完成情况无误后，组织清理现场及工具
2	通知值班调度员，工作结束；停用线路重合闸的履行恢复程序
3	终结工作票

12．验收总结

序号	检修总结	
1	验收评价	
2	存在问题及处理意见	

13. 质量检查要求及记录

（1）工作质量符合验收规范要求。

（2）做好该项目的带电作业记录。

十九、使用绝缘手套带负荷拆除10kV柱上隔离开关（刀闸）（耐张杆）

1. 适用范围

（1）10kV架空配电线路带负荷拆除柱上隔离开关（刀闸）工作。

（2）绝缘手套作业法。

（3）绝缘斗臂车作工作平台。

2. 编制依据

GB 12168—1990《带电作业遮蔽罩》

GB/T 14286—2002《带电作业工具设备术语》

GB 17622—1998《带电作业用绝缘手套》

GB 13035—1991《带电作业用绝缘绳》

GB 13398—1992《带电作业用绝缘手杆通用技术条件》

IEC 61057《带电作业用绝缘斗臂车》

北京市电力公司带电作业工作管理规定（试行）（京电生〔2008〕109号）

北京电力公司电力安全工作规程（试行）（京电安〔2005〕75号）

北京市电力公司10kV架空配电线路带电作业操作规程（试行）（京电生〔2009〕18号）

中低压架空配电线路施工质量标准（京电生〔2004〕97号）

3. 人员要求

序号	内　容	备　注
1	带电作业人员应身体健康，无妨碍作业的生理和心理障碍	
2	带电作业人员应经培训合格，持证上岗	
3	操作绝缘斗臂车的人员应经培训合格，持证上岗	
4	带电作业人员应掌握紧急救护法，特别要掌握触电急救法	

4. 现场勘察

（1）带电作业工作票签发人或工作负责人应提前组织有关人员进行现场勘察，根据勘察结果做出能否进行带电作业的判断，并确定作业方法及应采取的安全技术措施。

（2）判断是否停用线路重合闸，需停用时，履行申请手续。

（3）现场勘察内容包括：线路运行方式（包括高、低压电源）、杆线状况、设备交叉跨越状况、邻近线路、缺陷部位和严重程度、导线规格、需要器材规格、周围环境、地形状况、道路交通以及存在的作业危险点等。

5. 作业分工

序号	作 业 人 员	作 业 内 容
1	工作负责人（监护人）1名	全面负责技术和安全，并履行工作监护
2	斗内电工2名：第一电工、第二电工	负责安全完成带负荷拆除柱上隔离开关作业
3	地面电工1名	负责传递斗内作业所需工具、材料，负责施工现场安全

6. 工器具

序号	名 称	型号/规格	单位	数量
1	绝缘引流线		条	3
2	导线遮蔽罩		根	若干
3	横担遮蔽罩		个	若干
4	树脂绝缘毯		块	若干
5	绝缘毯夹		个	若干
6	电流检测仪		块	1
7	绝缘断线钳		把	1
8	绝缘传递绳		条	1
9	绝缘斗臂车		台	2
10	绝缘安全帽		顶	4
11	绝缘手套（3型）		副	2
12	绝缘手套检测器		个	1
13	绝缘袖套、披肩、护胸		套	2
14	绝缘靴（鞋）		双	2
15	护目镜		副	2
16	安全带		条	2
17	高、低压验电器		套	各1
18	高压核相器		套	1
19	绝缘操作杆（拉、合闸用）		副	1
20	个人工具		套	若干
21	苫布		块	1
22	其他			

注 型号/规格根据使用情况填写。

7. 作业程序

（1）工具储运和检测。

1）在工器具库房领用绝缘工具、安全用具及辅助工具，应核对工器具的使用电压等级和试验周期。

2）领用绝缘工器具，应检查其外观是否完好无损。

3）工器具运输前，各种工器具应存放在工具袋或工具箱内，金属工具和绝缘工具应分开装运，以防止相互碰擦造成外表损坏，降低绝缘工器具的水平。

（2）现场操作前的准备。

1）工作负责人应按带电作业工作票的内容联系当值调度。

2）工作负责人核对线铭牌、杆号。

3）绝缘斗臂车进入合适位置，并可靠接地；不得在坡度大于5°的路面上操作斗臂车。斗臂车支腿应支在硬实的路面上，不平整的地面应铺垫专用支腿垫板，避免将支腿置于沟槽边缘、盖板之上，以防止斗臂车在使用中侧翻。根据道路情况，使用红白带、警示标志或路障。

4）工作负责人召开现场站班会，向工作班人员宣读工作票，布置工作任务，明确人员分工、作业程序、现场安全措施，进行危险点告知，履行确认手续，并对站班会内容进行抽查、问答。

5）根据分工情况整理材料，对安全工具、绝缘工具进行检查，绝缘工具应使用2500V 绝缘电阻表或绝缘测试仪进行分段绝缘测试，绝缘电阻阻值不低于 700MΩ（在出库前如已测试过的可省去现场测试步骤）。

6）带电作业过程中，作业人员应戴好安全帽和护目镜。

7）检查绝缘臂、绝缘斗状况是否良好，并调试斗臂车（在出车前如已调试过的可省去此步骤）。

8）带电作业前，将绝缘工具擦拭干净，并进行绝缘检测及绝缘手套的充气检查。

9）第一电工、第二电工戴好手套进入绝缘斗内，并系好斗内安全带。

10）带电作业前，工作负责人检查需要拆除的杆上隔离开关（闸刀）应在合上位置。

8. 安全注意事项及措施

（1）气象条件。

1）本项目应在良好的天气下进行。如遇雷、雨、雪、雾等天气，不得进行该项工作；风力大于5级时，不宜进行该项工作。

2）带电作业过程中若遇天气突然变化，有可能危及人身或设备安全时，应立即停止工作，尽快恢复设备正常状态，或增设临时安全措施。

3）空气相对湿度大于80%的天气应停止施工。

（2）作业环境。

1）作业现场和绝缘斗臂车两侧，应根据道路情况使用红白带、警示标志或路障，防止外人进入工作区域；如在车辆繁忙地段，还应与交通管理部门取得联系，以取得配合。

2）夜间作业进行本项目应有足够的照明。

（3）安全距离及有效绝缘长度。

1）作业用绝缘工具都应经过遥测，绝缘电阻阻值应不低于 700MΩ（电极间距为 2cm）。

2）工作时，绝缘斗臂车的有效绝缘长度应保持为 1m。

3）带电作业时，应保持对地不小于 0.4m、对邻相导线不小于 0.6m 的安全距离；如不能确保该安全距离，应采用绝缘挡板、管、布及其他绝缘遮蔽措施。作业过程中，绝缘工具金属部分应与接地体保持足够的安全距离。

4）绝缘操作杆作主绝缘使用时，其有效绝缘距离不小于 0.7m。

（4）遮蔽措施。

1）隔离开关（闸刀）桩头对地距离小于 0.4m 时，需加装绝缘隔离挡板。

2）在拆除中相引线时，若与边相设备安全距离不够，应对边相设备加绝缘套管或绝缘罩、绝缘布。

3）作业线路下层有低压线路合杆时，如妨碍作业，应对相关低压线路加绝缘套管或绝缘布遮蔽。

（5）重合闸。本项目需要停用线路重合闸。

（6）关键点。

1）在接触有电导线前应得到工作监护人的认可。

2）带电作业时，要注意有电引线与横担线的安全距离。

3）带电作业时，严禁人体同时接触两个不同的电位。

4）第一电工操作的绝缘斗臂车不低于 17m，在起吊闸刀时应将其保持水平状态。

5）拆除引线过程中闸刀必须处于拉开位置。

6）拆除引线过程中，第一、二电工需相互配合。

（7）危险点分析。

序号	内　容
1	专责监护人违章兼做其他工作或监护不到位，使作业人员失去监护
2	作业现场杂乱无序
3	绝缘斗臂车未接地，危及人身安全
4	绝缘斗臂车操作不当，造成倾翻
5	高空落物，引发物体打击。斗内作业人员不系安全带，引发高摔事故
6	穿戴防护用具不规范，造成触电伤害
7	作业人员未按规定进行绝缘遮蔽或遮蔽不严密，可能造成触电伤害
8	作业人员违章操作，危及人身、设备安全
9	行车违反交通法规，可能引发交通事故，造成人员伤害

（8）安全措施。

序号	内　容
1	断线路引流线前，检查确认隔离开关引流正常
2	专责监护人应履行监护职责，不得兼做其他工作，要选择便于监护的位置，监护范围不得超过一个作业点
3	带电作业前，将绝缘工具擦拭干净，并进行绝缘检测。绝缘手套应进行充气检查
4	根据地形地貌和作业项目，将斗臂车定位于最适合作业的位置，不得在坡度大于 5° 的路面上操作斗臂车。斗臂车支腿应支在硬实的路面上，不平整的地面应铺垫专用支腿垫板，避免将支腿置于沟槽边缘、盖板之上，以防止斗臂车在使用中侧翻
5	作业现场及工具摆放位置周围应设置安全围栏，防止行人及其他车辆进入作业现场
6	绝缘斗臂车在使用前应空斗试操作一次，确认各系统工作正常，制动装置可靠。工作臂下有人时，不得操作斗臂车。工作臂升降回转的路径，应避开邻近的电力线路、通信线路、树木及其他障碍物
7	作业人员在绝缘斗内传递工具时，应确认两人同时脱离带电设备。绝缘斗内双人工作时，禁止两人同时接触不同电位体
8	上下传递物品必须使用绝缘绳索。尺寸较长的部件，应用绝缘传递绳上下捆扎两点，沿传递绳方向传递。工作过程中，工作点垂直下方禁止站人。绝缘斗内作业人员之间传递绝缘遮蔽用具及工具时，应一件一件地分别传递，防止掉落
9	对不规则带电部件和接地部件，应采用绝缘毯进行绝缘遮蔽，并可靠固定。搭接的遮蔽用具，其重叠部分不小于 150mm
10	已断开的引流线，会因感应而带电，作业时严禁身体碰触，防止触电。严禁同时接触已断开相的导线两个断头，以防人体串入电路。安装和拆除绝缘遮蔽用具时，人体的未防护部位应与带电体保持足够的安全距离
11	断引流线时，要保持带电体与人体、相间及对地的安全距离
12	工作前将绝缘斗臂车车体良好接地
13	作业过程中，绝缘工具金属部分应与接地体保持足够的安全距离
14	带电作业过程中，作业人员应戴好安全帽和护目镜

续表

序号	内　　容
15	带电作业过程中，如设备突然停电，作业人员应视设备仍然带电
16	绝缘斗臂车的绝缘臂穿越低压线路时，应将低压线路停电、封挂地线或采取绝缘遮蔽措施
17	严格遵守交通法规，安全行车

9. 开工

序号	内　　容	备　　注
1	工作负责人办理带电作业工作票	
2	工作负责人与调度值班员联系，确认线路重合闸已停用	
3	工作负责人应向全体作业人员宣读工作票，布置工作任务，明确人员分工、作业程序、现场安全措施，进行危险点告知，并履行确认手续	

10. 作业内容及标准

序号	作业步骤	作业内容	标　　准	备　　注
1	开工	（1）工作负责人与调度值班员联系。 （2）工作负责人发布开始工作的命令	工作负责人与调度值班员履行许可手续，确认线路重合闸已停用	
2	检查	（1）在作业现场设置安全围栏和警示标志。 （2）作业人员检查电杆、拉线及周围环境。 （3）检查绝缘工具、防护用具。 （4）绝缘工具绝缘性能检测	（1）安全围栏和警示标志满足规定要求。 （2）电杆、拉线基础完好，拉线无腐蚀情况，线路设备及周围环境满足作业条件。 （3）绝缘工具、防护用具性能完好，并在试验周期内。 （4）使用2500V及以上绝缘电阻表或绝缘检测仪将绝缘工具进行分段绝缘检测，绝缘电阻阻值不低于700MΩ	
3	操作绝缘斗臂车	（1）绝缘斗臂车进入工作现场，定位于最佳工作位置并装好接地线。	（1）根据地形地貌和作业项目，将斗臂车定位于最适合作业的位置，挂好手刹，并垫好三角块。 （2）装好（车用）接地线。 （3）打开斗臂车的警示灯，斗臂车前后应设置警示标志。 （4）不得在坡度大于5°的路面上操作斗臂车。 （5）操作取力器前，应检查并确认各个开关及操作杆在中位或在OFF（关）的位置。	

续表

序号	作业步骤	作业内容	标　准	备　注
3	操作绝缘斗臂车	（2）斗内电工进入工作斗。 （3）升起工作斗，定位到便于作业的位置	（6）在寒冷的天气，使用前应先使液压系统加温，低速运转不少于 5min。 （7）支腿应支在硬实的路面上，不平整的地面，应铺垫专用支腿垫板。 （8）支起支腿时，应按照从前到后的顺序进行，使支腿可靠支撑，轮胎不承载，车身水平。 （9）斗内电工穿戴全套安全防护用具，系好安全带，携带遮蔽用具和作业工具进入工作斗，并应将遮蔽用具和作业工具分类放在工作斗和工具袋中。 （10）松开上臂绑带，选定工作臂的升降回转路径，应避开邻近的电力线路、通信线路、树木及其他障碍物。 （11）工作臂下有人时，不得操作斗臂车。 （12）绝缘斗的起升、下降操作应平稳，升降速度不应大于 0.5m/s；回转时，绝缘斗外缘的线速度不应大于 0.5m/s，防止冲击荷载。 （13）对在工作斗升降过程中可能触及工作范围内的低压带电部件也需进行遮蔽	
4	绝缘遮蔽	分别对作业范围内的所有带电体和接地体进行绝缘遮蔽	（1）在接近带电体过程中，应使用验电器从下方依次验电。 （2）按照由近至远、从小到大、从下到上的原则，分别对作业范围内的所有带电体和接地体进行绝缘遮蔽。使用绝缘毯时，应用绝缘夹夹紧，防止脱落。搭接的遮蔽用具，其重叠部分不得小于 150mm	 进行绝缘遮蔽
5	施工	（1）安装引流线。斗内两名电工相互配合安装绝缘引流线并可靠固定。 （2）安装好引流线后，立即进行绝缘遮蔽。 （3）拆除隔离开关电源侧、负荷侧引线。 （4）其余两相采用上述同样方法操作。 （5）拆除隔离开关。	（1）检查并确认引流线与导线固定无误。 （2）用电流检测仪检测引流线两端电流正常。 （3）由斗内电工按与安装相反的顺序拆除绝缘防护用具。 （4）用绝缘传递绳将工具及防护用具传至地面。	 （a）装设引流线

续表

序号	作业步骤	作业内容	标准	备注
5	施工	（6）斗内电工按原相位分别进行横担两侧引流线的搭接工作。 （7）引流线搭接完毕，应采用电流检测仪分别检测三相引流线的电流。 （8）分别拆除三相绝缘引流线。 （9）拆除绝缘防护用具	（5）拆除绝缘引流线时，应确保绝缘引流线两端与其他带电体和接地体保持足够的安全距离。 （6）检查设备正常后，依次拆除绝缘遮蔽，拆除时注意身体与带电体保持安全距离	 （b）对另一相绝缘遮蔽  （c）安装另一相引流线
6	施工质量检查	杆上电工检查作业质量	（1）工作完毕，检查电杆上有无遗漏的工具、材料等。 （2）全面检查作业质量及电杆状况应无误	
7	完工	斗内电工操作绝缘斗臂车返回地面	工作负责人全面检查工作完成情况	

11. 竣工

序号	内容
1	工作负责人全面检查工作完成情况无误后，组织清理现场及工具
2	通知值班调度员，工作结束；停用线路重合闸的履行恢复程序
3	终结工作票

12. 验收总结

序号	检修总结	
1	验收评价	
2	存在问题及处理意见	

13. 质量检查要求及记录

（1）工作质量符合验收规范要求。

（2）做好该项目的带电作业记录。

二十、使用绝缘手套带负荷更换 10kV 跌落式熔断器

1. 适用范围

（1）10kV 架空配电线路带负荷更换跌落式熔断器工作。

（2）绝缘手套作业法。

（3）绝缘斗臂车作工作平台。

2. 编制依据

GB 12168—1990《带电作业遮蔽罩》

GB/T 14286—2002《带电作业术语》

GB 17622—1998《带电作业绝缘手套》

GB 13035—1991《带电作业绝缘绳》

GB 13398—1992《带电作业用绝缘手杆通用技术条件》

IEC 61057《带电作业用绝缘斗臂车》

北京市电力公司带电作业工作管理规定（试行）（京电生〔2008〕109 号）

北京电力公司电力安全工作规程（试行）（京电安〔2005〕75 号）

北京市电力公司 10kV 架空配电线路带电作业操作规程（试行）（京电生〔2009〕18 号）

中低压架空配电线路施工质量标准（京电生〔2004〕97 号）

3. 人员要求

序号	内　容	备　注
1	带电作业人员应身体健康，无妨碍作业的生理和心理障碍	
2	带电作业人员应经培训合格，持证上岗	
3	操作绝缘斗臂车的人员应经培训合格，持证上岗	
4	带电作业人员应掌握紧急救护法，特别要掌握触电急救法	

4. 现场勘察

（1）带电作业工作票签发人或工作负责人应提前组织有关人员进行现场勘察，根据勘察结果做出能否进行带电作业的判断，并确定作业方法及应采取的安全技术措施。

（2）判断是否停用线路重合闸，需停用时，履行申请手续。

（3）现场勘察内容包括：线路运行方式（包括高、低压电源）、杆线状况、设备交叉跨越状况、邻近线路、缺陷部位和严重程度、导线规格、需要器材规格、周围环境、地形状况、道路交通以及存在的作业危险点等。

5. 作业分工

序号	作 业 人 员	作 业 内 容
1	工作负责人（专责监护人）1 名	全面负责技术和安全，并履行工作监护

续表

序号	作业人员	作业内容
2	斗内电工2名：第一电工、第二电工	负责安全完成带负荷更换跌落式熔断器作业
3	地面电工1名	负责传递电杆上作业所需工具、材料，负责施工现场安全

6. 工器具

序号	名称	型号/规格	单位	数量
1	绝缘斗臂车		辆	1
2	绝缘手套（3型）		副	2
3	绝缘袖套、披肩、护胸		副	2
4	绝缘靴（鞋）		双	2
5	绝缘挡板		块	2
6	绝缘毯		块	若干
7	引线遮蔽罩		根	若干
8	导线遮蔽罩		根	若干
9	绝缘引流线		根	3
10	绝缘传递绳		块	1
11	绝缘毯夹（紧束带）		条	1
12	电流检测仪		块	1
13	高、低压验电器		支	2
14	安全帽		顶	4
15	安全带		条	2
16	防弧护目镜		副	4
17	个人工具		套	若干
18	大锤		把	1
19	苫布		块	1

注　型号/规格根据使用情况填写。

7. 作业程序

（1）工具储运和检测。

1）在工器具库房领用绝缘工具、安全用具及辅助工具，应核对工器具的使用电压等级和试验周期。

2）领用绝缘工器具，应检查其外观是否完好无损。

3）工器具运输前，各种工器具应存放在工具袋或工具箱内，金属工具和绝缘工具应分开装运，以防止相互碰擦造成外表损坏，降低绝缘工器具的水平。

（2）现场操作前的准备。

1）工作负责人应按带电作业工作票的内容联系当值调度。

2）工作负责人核对线铭牌、杆号。

3）绝缘斗臂车进入合适位置，并可靠接地；不得在坡度大于5° 的路面上操作斗臂车。斗臂车支腿应支在硬实的路面上，不平整的地面应铺垫专用支腿垫板，避免将支腿置于沟槽边缘、盖板之上，以防止斗臂车在使用中侧翻。根据道路情况，使用红白带、警示标志或路障。

4）工作负责人召开现场站班会，向工作班人员宣读工作票，布置工作任务，明确人员分工、作业程序、现场安全措施，进行危险点告知，履行确认手续，并对站班会内容进行抽查、问答。

5）根据分工情况整理材料，对安全工具、绝缘工具进行检查，绝缘工具应使用2500V 绝缘电阻表或绝缘测试仪进行分段绝缘测试，绝缘电阻阻值不低于 700MΩ（在出库前如已测试过的可省去现场测试步骤）。

6）带电作业过程中，作业人员应戴好安全帽和护目镜。

7）检查绝缘臂、绝缘斗状况是否良好，并调试斗臂车（在出车前如已调试过的可省去此步骤）。

8）带电作业前，将绝缘工具擦拭干净，并进行绝缘检测及绝缘手套的充气检查。

9）第一电工、第二电工戴好手套进入绝缘斗内，并系好斗内安全带。

10）带电作业前，工作负责人应检查并确认需要调换的熔丝具在合上位置。

8. 安全注意事项及措施

（1）气象条件。

1）本项目应在良好的天气下进行。如遇雷、雨、雪、雾等天气，不得进行该项工作；风力大于5级时，不宜进行该项工作。

2）带电作业过程中若遇天气突然变化，有可能危及人身或设备安全时，应立即停止工作，尽快恢复设备正常状态，或增设临时安全措施。

3）空气相对湿度大于80%的天气应停止施工。

（2）作业环境。

1）作业现场和绝缘斗臂车两侧，应根据道路情况使用红白带、警示标志或路障，防止外人进入工作区域；如在车辆繁忙地段，还应与交通管理部门取得联系，以取得配合。

2）夜间作业进行本项目应有足够的照明。

（3）安全距离及有效绝缘长度。

1）作业用绝缘工具都应经过遥测，绝缘电阻阻值应不低于 700MΩ（电极间距为 2cm）。

2）工作时，绝缘斗臂车的有效绝缘长度应保持为 1m。

3）带电作业时，应保持对地不小于 0.4m、对邻相导线不小于 0.6m 的安全距离；如不能确保该安全距离，应采用绝缘挡板、管、布及其他绝缘遮蔽措施。作业过程中，绝缘工具金属部分应与接地体保持足够的安全距离。

4）绝缘操作杆作主绝缘使用时，其有效绝缘距离不小于 0.7m。

（4）遮蔽措施。

1）在拆、搭中相引线时，若与边相导线安全距离不够，应对边相导线加绝缘套管或绝缘罩、绝缘布。

2）作业线路下层有低压线路合杆时，如妨碍作业，应对相关低压线路加绝缘套管或绝缘布遮蔽。

3）拆搭熔丝引线时，应加装熔丝遮蔽罩。

（5）重合闸。本项目需要停用线路重合闸。

（6）关键点。

1）在接触有电导线前应得到工作监护人的认可。

2）带电作业时，要注意有电导线与横担及邻相导线的安全距离。

3）在拆、搭中相引线时，作业人员应位于中相与遮蔽相导线之间。

4）带电作业时，严禁人体同时接触两个不同的电位。

5）三相引流线搭接时要注意相位，搭接点接触可靠。

6）对边相下引线进行拆搭工作时，应注意对中相引线及电杆做好绝缘遮蔽隔离措施。

7）三相引流线搭接未完成前严禁拉开熔丝管，三相熔丝管未合上前严禁拆除引流线。

（7）危险点分析。

序号	内　容
1	专责监护人违章兼做其他工作或监护不到位，使作业人员失去监护
2	作业现场杂乱无序
3	绝缘斗臂车未接地，危及人身安全
4	绝缘斗臂车操作不当，造成倾翻

续表

序号	内　容
5	高空落物，引发物体打击。斗内作业人员不系安全带，引发高摔事故
6	作业人员未按规定进行绝缘遮蔽或遮蔽不严密，可能造成触电伤害
7	作业人员违章操作，危及人身、设备安全
8	遮蔽不全面，造成触电
9	同时接触不同电位，造成触电
10	拆除、安装引线时，引线脱落造成接地或相间短路事故
11	安装和拆除绝缘引流线时造成短路
12	未检测电流分流情况造成带负荷操作熔断器
13	行车违反交通法规，可能引发交通事故，造成人员伤害

（8）安全措施。

序号	内　容
1	专责监护人应履行监护职责，不得兼做其他工作，要选择便于监护的位置，监护范围不得超过一个作业点
2	带电作业前，将绝缘工具擦拭干净，并进行绝缘检测。绝缘手套应进行充气检查
3	根据地形地貌和作业项目，将斗臂车定位于最适合作业的位置，不得在坡度大于5°的路面上操作斗臂车
4	斗臂车支腿应支在硬实的路面上，不平整的地面应铺垫专用支腿垫板
5	避免将斗臂车支腿置于沟槽边缘、盖板之上，防止斗臂车在使用中侧翻。工作前，将绝缘斗臂车车体良好接地
6	作业现场及工具摆放位置周围应设置安全围栏，防止行人及其他车辆进入作业现场
7	绝缘斗臂车在使用前应空斗试操作一次，确认各系统工作正常，制动装置可靠
8	工作臂下有人时，不得操作斗臂车。工作臂升降回转的路径，应避开邻近的电力线路、通信线路、树木及其他障碍物
9	作业人员在绝缘斗内传递工具时，应确认两人同时脱离带电设备。绝缘斗内双人工作时，禁止两人同时接触不同电位体
10	上下传递物品必须使用绝缘绳索。绝缘斗内作业人员之间传递绝缘遮蔽用具及工具时，应一件一件地分别传递，防止掉落
11	尺寸较长的部件，应用绝缘传递绳上下捆扎两点，沿传递绳方向传递。工作过程中，工作点垂直下方禁止站人
12	对不规则带电部件和接地部件，应采用绝缘毯进行绝缘遮蔽，并可靠固定。搭接的遮蔽用具，其重叠部分不小于150mm
13	已断开的引流线，会因感应而带电，作业时严禁身体碰触，防止触电
14	严禁同时接触已断开相的导线两个断头，以防人体串入电路
15	安装和拆除绝缘遮蔽用具时，人体的未防护部位应与带电体保持足够的安全距离

续表

序号	内　　容
16	断引流线时，要保持带电体与人体、相间及对地的安全距离
17	带作业过程中，绝缘工具金属部分应与接地体保持足够的安全距离
18	带电作业过程中，作业人员应戴好安全帽和护目镜
19	带电作业过程中，如设备突然停电，作业人员应视设备仍然带电
20	使用绝缘引流线进行连接后及拆除前，应将另一端的线夹进行绝缘遮蔽，并与其他相带电体和接地体保持安全距离
21	拆除引线前和拆除绝缘引流线前，应使用电流检测仪检测绝缘引流线电流
22	新的熔断器安装完毕合上熔丝管后，用电流检测仪检测熔断器引线通流情况
23	作业前应采取有效措施防止熔断器熔丝管带负荷跌落
24	严格遵守交通法规，安全行车

9. 开工

序号	内　　容	备　　注
1	工作负责人办理带电作业工作票	
2	工作负责人与调度值班员联系，确认线路重合闸已停用	
3	工作负责人应向全体作业人员宣读工作票，布置工作任务，明确人员分工、作业程序、现场安全措施，进行危险点告知，并履行确认手续	

10. 作业内容及标准

序号	作业步骤	作业内容	标　　准	备　　注
1	开工	（1）工作负责人与调度值班员联系。 （2）工作负责人发布开始工作的命令	工作负责人与调度值班员履行许可手续，确认线路重合闸已停用	
2	检查	（1）在作业现场设置安全围栏和警示标志。 （2）作业人员检查熔断器缺陷程度及周围环境。 （3）检查绝缘工具、防护用具。 （4）绝缘工具绝缘性能检测。 （5）绝缘斗臂车检查	（1）安全围栏和警示标志满足规定要求。 （2）电杆、拉线基础完好，拉线无腐蚀情况，线路设备及周围环境满足作业条件。 （3）绝缘工具、防护用具性能完好，并在试验周期内。 （4）使用2500V及以上绝缘电阻表或绝缘检测仪将绝缘工具进行分段绝缘检测，绝缘电阻阻值不低于700MΩ。 （5）绝缘斗臂车在使用前应空斗试操作一次，确认液压传动、回转、升降及伸缩系统工作正常，制动装置可靠	

序号	作业步骤	作业内容	标　　准	备　　注
3	操作绝缘斗臂车	（1）绝缘斗臂车进入工作现场，定位于最佳工作位置并装好接地线。 （2）斗内电工进入工作斗。 （3）升起工作斗，定位到便于作业的位置	（1）根据地形地貌和作业项目，将斗臂车定位于最适合作业的位置，挂好手刹，并垫好三角块。 （2）装好（车用）接地线。 （3）打开斗臂车的警示灯，斗臂车前后应设置警示标志。 （4）不得在坡度大于 5° 的路面上操作斗臂车。 （5）操作取力器前，应检查并确认各个开关及操作杆在中位或在 OFF（关）的位置。 （6）在寒冷的天气，使用前应先使液压系统加温，低速运转不少于 5min。 （7）支腿应支在硬实的路面上，不平整的地面，应铺垫专用支腿垫板。 （8）支起支腿时，应按照从前到后的顺序进行，使支腿可靠支撑，轮胎不承载，车身水平。 （9）斗内电工穿戴全套安全防护用具，系好安全带，携带遮蔽用具和作业工具进入工作斗，并应将遮蔽用具和作业工具分类放在工作斗和工具袋中。 （10）松开上臂绑带，选定工作臂的升降回转路径，应避开邻近的电力线路、通信线路、树木及其他障碍物。 （11）工作臂下有人时，不得操作斗臂车。 （12）绝缘斗的起升、下降操作应平稳，升降速度不应大于 0.5m/s；回转时，绝缘斗外缘的线速度不应大于 0.5m/s，防止冲击荷载。 （13）对在工作斗升降过程中可能触及工作范围内的低压带电部件也需进行遮蔽	
4	绝缘遮蔽	分别对作业范围内的所有带电体和接地体进行绝缘遮蔽	（1）在接近带电体过程中，应使用验电器从下方依次验电。	 （a）装设挡板

序号	作业步骤	作业内容	标　　准	备　　注
4	绝缘遮蔽	分别对作业范围内的所有带电体和接地体进行绝缘遮蔽	（2）按照由近至远、从小到大、从下到上的原则，分别对作业范围内的所有带电体和接地体进行绝缘遮蔽。使用绝缘毯时，应用绝缘夹夹紧，防止脱落。搭接的遮蔽用具，其重叠部分不得小于150mm	 （b）装设挡板  （c）对跌落式熔断器进行绝缘遮蔽  （d）对跌落式熔断器上引线进行遮蔽  （e）对横担及绝缘子进行遮蔽
5	施工	（1）以最小范围打开引线绝缘遮蔽，在需搭接处确定位置和长度，使用绝缘引流线短接熔断器两端引线，并确保线夹接触牢固可靠。 （2）使用电流检测仪分别检测绝缘引流线、熔断器引线电流。 （3）确认绝缘引流线连接良好后，拉开熔断器熔丝管。 （4）分别拆下熔断器的上下引线，折回固定在本相主线上。 （5）更换熔断器并恢复绝缘遮蔽。 （6）斗内电工分别将熔断器上下引线安装到新熔断器上后合上熔丝管。	（1）使用绝缘引流线进行连接一端前，应将绝缘引流线另一端的线夹进行绝缘遮蔽，并与其他相带电体和接地体保持安全距离。 （2）绝缘引流线每一相分流的负荷电流如不小于原线路负荷电流的1/3，则确认连接良好。 （3）熔断器熔丝管，应使用绝缘操作杆进行操作。 （4）斗内电工将拆下熔断器的上下引线，折回固定在本相主线上，使用绑扎线绑扎牢固，并进行绝缘遮蔽。 （5）引线固定完毕后，及时恢复上下引线的绝缘遮蔽。	 （a）装设引流线  （b）断开跌落式熔断器上引线

续表

<table>
<tr><th>序号</th><th>作业步骤</th><th>作业内容</th><th>标　　准</th><th>备　　注</th></tr>
<tr><td>5</td><td>施工</td><td>（7）再使用电流检测仪分别检测绝缘引流线、熔断器引线电流。
（8）拆除绝缘引流线。
（9）按照相同方法可进行其他相熔断器的更换工作。
（10）三相熔断器更换完毕依次拆除绝缘遮蔽</td><td>（6）拆除熔断器前，检查并确认作业点周围所有带电部分已有效遮蔽后，经工作负责人同意方可进行。
（7）安装上下引线前应将熔丝管拉开。
（8）拆除绝缘引流线，拆除时应确保引流线另一端与其他相带电部件和接地部件保持安全距离。
（9）拆除遮蔽用具时，应按照从远至近的原则进行</td><td>
（c）断开下引线打开遮蔽进行更换</td></tr>
<tr><td>6</td><td>施工质量检查</td><td>斗内电工检查作业质量</td><td>（1）工作完毕，检查电杆上有无遗漏的工具、材料等。
（2）全面检查作业质量及电杆状况应无误</td><td></td></tr>
<tr><td>7</td><td>完工</td><td>斗内电工操作绝缘斗臂车返回地面</td><td>工作负责人全面检查工作完成情况</td><td></td></tr>
</table>

11. 竣工

序号	内　　容
1	工作负责人全面检查工作完成情况无误后，组织清理现场及工具
2	通知值班调度员，工作结束；停用线路重合闸的履行恢复程序
3	终结工作票

12. 验收总结

序号	检　修　总　结	
1	验收评价	
2	存在问题及处理意见	

13. 质量检查要求及记录

（1）搭接引线前，作业人员要认真检查并确认三相熔丝具及附件完好无损，相间距离符合要求，安装牢固可靠，操作灵活。

（2）三相引线应有一定的松紧度，且美观整齐，工作质量符合验收规范要求。

（3）做好该项目的带电作业记录。

二十一、使用绝缘手套带负荷更换 10kV 横担（耐张杆）

1. 适用范围

（1）10kV 架空配电线路带负荷更换横担（耐张杆）工作。

（2）绝缘手套作业法。

（3）绝缘斗臂车作工作平台。

2. 编制依据

GB 12168—1990《带电作业遮蔽罩》

GB/T 14286—2002《带电作业术语》

GB 17622—1998《带电作业绝缘手套》

GB 13035—1991《带电作业绝缘绳》

GB 13398—1992《带电作业用绝缘手杆通用技术条件》

IEC 61057《带电作业用绝缘斗臂车》

北京市电力公司带电作业工作管理规定（试行）（京电生〔2008〕109 号）

北京电力公司电力安全工作规程（试行）（京电安〔2005〕75 号）

北京市电力公司 10kV 架空配电线路带电作业操作规程（试行）（京电生〔2009〕18 号）

中低压架空配电线路施工质量标准（京电生〔2004〕97 号）

3. 人员要求

序号	内　容	备　注
1	带电作业人员应身体健康，无妨碍作业的生理和心理障碍	
2	带电作业人员应经培训合格，持证上岗	
3	操作绝缘斗臂车的人员应经培训合格，持证上岗	
4	带电作业人员应掌握紧急救护法，特别要掌握触电急救法	

4. 现场勘察

（1）带电作业工作票签发人或工作负责人应提前组织有关人员进行现场勘察，根据勘察结果做出能否进行带电作业的判断，并确定作业方法及应采取的安全技术措施。

（2）判断是否停用线路重合闸，需停用时，履行申请手续。

（3）现场勘察内容包括：线路运行方式（包括高、低压电源）、杆线状况、设备交叉跨越状况、邻近线路、缺陷部位和严重程度、导线规格、需要器材规格、周围环境、地形状况、道路交通以及存在的作业危险点等。

5. 作业分工

序号	作业人员	作业内容
1	工作负责人（专责监护人）1名	全面负责技术和安全，并履行工作监护
2	斗内电工2名：第一电工、第二电工	负责安全完成带负荷更换横担（耐张杆）作业
3	地面电工1名	负责传递电杆上作业所需工具、材料，负责施工现场安全

6. 工器具

序号	名称	型号/规格	单位	数量
1	绝缘斗臂车		辆	2
2	绝缘手套（3型）		副	2
3	绝缘袖套、披肩、护胸		套	2
4	绝缘靴（鞋）		双	2
5	绝缘毯		块	若干
6	导线遮蔽罩		根	若干
7	横担遮蔽罩		个	若干
8	针式绝缘子遮蔽罩		个	若干
9	绝缘紧线器		个	6
10	绝缘保险绳		条	3
11	卡线器		个	12
12	绝缘传递绳		条	1
13	绝缘毯夹（紧束带）		个	若干
14	高、低压验电器		支	各1
15	电流检测仪		块	1
16	安全帽		顶	4
17	安全带		条	2
18	防弧护目镜		副	2
19	个人工具		套	若干
20	苫布		块	2
21	大锤		把	1

注　型号/规格根据使用情况填写。

7. 作业程序

（1）工具储运和检测。

1）在工器具库房领用绝缘工具、安全用具及辅助工具，应核对工器具的使用电压等级和试验周期。

2）领用绝缘工器具，应检查其外观是否完好无损。

3）工器具运输前，各种工器具应存放在工具袋或工具箱内，金属工具和绝缘工具应分开装运，以防止相互碰擦造成外表损坏，降低绝缘工器具的水平。

（2）现场操作前的准备。

1）工作负责人应按带电作业工作票的内容联系当值调度。

2）工作负责人核对线铭牌、杆号。

3）绝缘斗臂车进入合适位置，并可靠接地；不得在坡度大于5°的路面上操作斗臂车。斗臂车支腿应支在硬实的路面上，不平整的地面应铺垫专用支腿垫板，避免将支腿置于沟槽边缘、盖板之上，以防止斗臂车在使用中侧翻。根据道路情况，使用红白带、警示标志或路障。

4）工作负责人召开现场站班会，向工作班人员宣读工作票，布置工作任务，明确人员分工、作业程序、现场安全措施，进行危险点告知，履行确认手续，并对站班会内容进行抽查、问答。

5）根据分工情况整理材料，对安全工具、绝缘工具进行检查，绝缘工具应使用2500V 绝缘电阻表或绝缘测试仪进行分段绝缘测试，绝缘电阻阻值不低于 700MΩ（在出库前如已测试过的可省去现场测试步骤）。

6）带电作业过程中，作业人员应戴好安全帽和护目镜。

7）检查绝缘臂、绝缘斗状况是否良好，并调试斗臂车（在出车前如已调试过的可省去此步骤）。

8）带电作业前，将绝缘工具擦拭干净，并进行绝缘检测及绝缘手套的充气检查。

9）第一电工、第二电工戴好手套进入绝缘斗内，并系好斗内安全带。

8. 安全注意事项及措施

（1）气象条件。

1）本项目应在良好的天气下进行。如遇雷、雨、雪、雾等天气，不得进行该项工作；风力大于5级时，不宜进行该项工作。

2）带电作业过程中若遇天气突然变化，有可能危及人身或设备安全时，应立即停止工作，尽快恢复设备正常状态，或增设临时安全措施。

3）空气相对湿度大于80%的天气应停止施工。

（2）作业环境。

1）作业现场和绝缘斗臂车两侧，应根据道路情况使用红白带、警示标志或路障，防止外人进入工作区域；如在车辆繁忙地段，还应与交通管理部门取得联系，以取得配合。

2）夜间作业进行本项目应有足够的照明。

（3）安全距离及有效绝缘长度。

1）作业用绝缘工具都应经过遥测，绝缘电阻阻值应不低于 700MΩ（电极间距为 2cm）。

2）工作时，绝缘斗臂车的有效绝缘长度应保持为 1m。

3）带电作业时，应保持对地不小于 0.4m、对邻相导线不小于 0.6m 的安全距离；如不能确保该安全距离，应采用绝缘挡板、管、布及其他绝缘遮蔽措施。作业过程中，绝缘工具金属部分应与接地体保持足够的安全距离。

4）绝缘操作杆作主绝缘使用时，其有效绝缘距离不小于 0.7m。

（4）遮蔽措施。

1）横担上加装横担遮蔽罩或绝缘布遮蔽。

2）作业线路下层有低压线路合杆时，如妨碍作业，应对相关低压线路加绝缘套管或绝缘布遮蔽。

（5）重合闸。本项目需要停用线路重合闸。

（6）关键点。

1）在接触有电导线前应得到工作监护人的认可。

2）带电作业时，要注意有电导线与横担及邻相导线的安全距离。

3）带电作业时，严禁人体同时接触两个不同的电位。

（7）危险点分析。

序号	内　容
1	专责监护人违章兼做其他工作或监护不到位，使作业人员失去监护
2	作业现场杂乱无序
3	绝缘斗臂车未接地，危及人身安全
4	绝缘斗臂车操作不当，造成倾翻
5	高空落物，引发物体打击。斗内作业人员不系安全带，引发高摔事故
6	作业人员未按规定进行绝缘遮蔽或遮蔽不严密，可能造成触电伤害
7	作业人员违章操作，危及人身、设备安全
8	遮蔽不全面，造成触电
9	同时接触不同电位，造成触电
10	拆除、安装引线时，引线脱落造成接地或相间短路事故

续表

序号	内　　容
11	安装和拆除绝缘引流线时造成短路
12	未检测电流分流情况造成带负荷操作熔断器
13	绝缘紧线器、绝缘保险绳、卡头不满足拉力要求，导线脱落，造成短路事故
14	绝缘横担不满足承力要求，横担断裂，造成短路事故
15	未使用绝缘保险绳，当绝缘紧线器、卡头出现问题后，造成导线脱落
16	行车违反交通法规，可能引发交通事故，造成人员伤害

（8）安全措施。

序号	内　　容
1	专责监护人应履行监护职责，不得兼做其他工作，要选择便于监护的位置，监护范围不得超过一个作业点
2	带电作业前，将绝缘工具擦拭干净，并进行绝缘检测。绝缘手套应进行充气检查
3	根据地形地貌和作业项目，将斗臂车定位于最适合作业的位置，不得在坡度大于5°的路面上操作斗臂车
4	斗臂车支腿应支在硬实的路面上，不平整的地面应铺垫专用支腿垫板
5	避免将斗臂车支腿置于沟槽边缘、盖板之上，以防止斗臂车在使用中侧翻。工作前，将绝缘斗臂车车体良好接地
6	作业现场及工具摆放位置周围应设置安全围栏，防止行人及其他车辆进入作业现场
7	绝缘斗臂车在使用前应空斗试操作一次，确认各系统工作正常，制动装置可靠
8	工作臂下有人时，不得操作斗臂车。工作臂升降回转的路径，应避开邻近的电力线路、通信线路、树木及其他障碍物
9	作业人员在绝缘斗内传递工具时，应确认两人同时脱离带电设备。绝缘斗内双人工作时，禁止两人同时接触不同电位体
10	上下传递物品必须使用绝缘绳索。绝缘斗内作业人员之间传递绝缘遮蔽用具及工具时，应一件一件地分别传递，防止掉落
11	尺寸较长的部件，应用绝缘传递绳上下捆扎两点，沿传递绳方向传递。工作过程中，工作点垂直下方禁止站人
12	对不规则带电部件和接地部件，应采用绝缘毯进行绝缘遮蔽，并可靠固定。搭接的遮蔽用具，其重叠部分不小于150mm
13	已断开的引流线，会因感应而带电，作业时严禁身体碰触，防止触电
14	严禁同时接触已断开相的导线两个断头，以防人体串入电路
15	安装和拆除绝缘遮蔽用具时，人体的未防护部位应与带电体保持足够的安全距离
16	断引流线时，要保持带电体与人体、相间及对地的安全距离
17	带电作业过程中，绝缘工具金属部分应与接地体保持足够的安全距离

续表

序号	内　　容
18	带电作业过程中，作业人员应戴好安全帽和护目镜
19	带电作业过程中，如设备突然停电，作业人员应视设备仍然带电
20	使用绝缘引流线进行连接后及拆除前，应将另一端的线夹进行绝缘遮蔽，并与其他相带电体和接地体保持安全距离
21	拆除引线前和拆除绝缘引流线前，应使用电流检测仪检测绝缘引流线电流
22	绝缘横担、绝缘紧线器及卡头使用前应检查有无损伤，并进行承力验算
23	紧线工作必须使用双重保护
24	严格遵守交通法规，安全行车

9. 开工

序号	内　　容	备　　注
1	工作负责人办理带电作业工作票	
2	工作负责人与调度值班员联系，确认线路重合闸已停用	
3	工作负责人应向全体作业人员宣读工作票，布置工作任务，明确人员分工、作业程序、现场安全措施，进行危险点告知，并履行确认手续	

10. 作业内容及标准

序号	作业步骤	作业内容	标　　准	备　　注
1	开工	（1）工作负责人与调度值班员联系。 （2）工作负责人发布开始工作的命令	工作负责人与调度值班员履行许可手续，确认线路重合闸已停用	
2	检查	（1）在作业现场设置安全围栏和警示标志。 （2）作业人员检查电杆、拉线及周围环境。 （3）检查绝缘工具、防护用具。 （4）绝缘工具绝缘性能检测。 （5）绝缘斗臂车检查。 （6）检查横担缺陷程度	（1）安全围栏和警示标志满足规定要求。 （2）电杆、拉线基础完好，拉线无腐蚀情况，线路设备及周围环境满足作业条件。 （3）绝缘工具、防护用具性能完好，并在试验周期内。 （4）使用2500V及以上绝缘电阻表或绝缘检测仪将绝缘工具进行分段绝缘检测，绝缘电阻阻值不低于700MΩ。 （5）绝缘斗臂车在使用前应空斗试操作一次，确认液压传动、回转、升降及伸缩系统工作正常，制动装置可靠	

续表

序号	作业步骤	作业内容	标准	备注
3	操作绝缘斗臂车	（1）绝缘斗臂车进入工作现场，定位于最佳工作位置并装好接地线。 （2）斗内电工进入工作斗。 （3）升起工作斗，定位到便于作业的位置	（1）根据地形地貌和作业项目，将斗臂车定位于最适合作业的位置，挂好手刹，并垫好三角块。 （2）装好（车用）接地线。 （3）打开斗臂车的警示灯，斗臂车前后应设置警示标志。 （4）不得在坡度大于 5° 的路面上操作斗臂车。 （5）操作取力器前，应检查并确认各个开关及操作杆在中位或在 OFF（关）的位置。 （6）在寒冷的天气，使用前应先使液压系统加温，低速运转不少于 5min。 （7）支腿应支在硬实的路面上，不平整的地面，应铺垫专用支腿垫板。 （8）支起支腿时，应按照从前到后的顺序进行，使支腿可靠支撑，轮胎不承载，车身水平。 （9）斗内电工穿戴全套安全防护用具，系好安全带，携带遮蔽用具和作业工具进入工作斗，并应将遮蔽用具和作业工具分类放在工作斗和工具袋中。 （10）松开上臂绑带，选定工作臂的升降回转路径，应避开邻近的电力线路、通信线路、树木及其他障碍物。 （11）工作臂下有人时，不得操作斗臂车。 （12）绝缘斗的起升、下降操作应平稳，升降速度不应大于 0.5m/s；回转时，绝缘斗外缘的线速度不应大于 0.5m/s，防止冲击荷载。 （13）对在工作斗升降过程中可能触及工作范围内的低压带电部件也需进行遮蔽	
4	绝缘遮蔽	分别对作业范围内的所有带电体和接地体进行绝缘遮蔽	（1）在接近带电体过程中，应使用验电器从下方依次验电。 （2）按照由近至远、从小到大、从下到上的原则，分别对作业范围内的所有带电体和接地体进行绝缘遮蔽。使用绝缘毯时，应用绝缘夹夹紧，防止脱落。搭接的遮蔽用具，其重叠部分不得小于 150mm	 进行绝缘遮蔽

续表

序号	作业步骤	作业内容	标准	备注
5	施工	（1）两斗臂车内的电工配合适当松开螺栓下降横担。 （2）在原横担处安装新的耐张横担并可靠固定。安装新悬式绝缘子串。 （3）两斗臂车内的电工配合将同一边相的两侧导线转移至新绝缘子串上。按同样方法进行另一边相导线的转移操作。 （4）两斗臂车内的电工在中相新横担处安装绝缘紧线器及绝缘保险绳。 （5）使用一条绝缘引流线短接中相横担两侧的导线。 （6）使用电流检测仪分别检测绝缘引流线、引线的电流。	（1）斗内电工相互配合，最小范围移开横担与电杆固定处及两条横担连接处的遮蔽，适当松开螺栓。两电工配合将横担降落0.6m。 （2）检查横担两侧导线受力全部转移到新横担上后，方可拆除导线与旧绝缘子串的连接。 （3）紧线工作必须使用双重保护，并检查绝缘紧线器的受力。 （4）使用绝缘引流线进行连接一端前，应将绝缘引流线另一端的线夹进行绝缘遮蔽，并与其他相带电体和接地体保持安全距离。	 （a）安装耐张横担  （b）安装绝缘紧线器及绝缘保险绳  （c）准备将同相一侧导线转移至新绝缘子串上  （d）将同相另一侧导线转移至新绝缘子串上  （e）打开下层耐张绝缘子串  （f）拆除耐张绝缘子

序号	作业步骤	作业内容	标　准	备　注
5	施工	（7）两斗臂车内的电工配合将中相导线转移至新绝缘子串上，并进行引线的搭接工作。再使用电流检测仪分别检测绝缘引流线、引线的电流。 （8）拆除绝缘引流线。 （9）拆除就横担。 （10）两斗臂车内的电工配合依次拆除绝缘遮蔽	（5）绝缘引流线每一相分流的负荷电流如不小于原线路负荷电流的 1/3，则确认连接良好。 （6）打开引线的连接时要防止线头摆动，并对引线可靠固定。 （7）拆除绝缘引流线，拆除时应确保引流线另一端与其他相带电部件和接地部件保持安全距离。 （8）拆除遮蔽用具时，应按照从远至近的原则进行	 （g）拆除另一侧耐张绝缘子  （h）准备拆除耐张横担对另一相进行绝缘遮蔽
6	施工质量检查	斗内电工检查作业质量	（1）工作完毕，检查电杆上有无遗漏的工具、材料等。 （2）全面检查作业质量及电杆状况应无误	
7	完工	斗内电工操作绝缘斗臂车返回地面	工作负责人全面检查工作完成情况	

11. 竣工

序号	内　容
1	工作负责人全面检查工作完成情况无误后，组织清理现场及工具
2	通知值班调度员，工作结束；停用线路重合闸的履行恢复程序
3	终结工作票

12. 验收总结

序号	检　修　总　结	
1	验收评价	
2	存在问题及处理意见	

13. 质量检查要求及记录

（1）工作质量符合验收规范要求。

（2）做好该项目的带电作业记录。

二十二、使用绝缘手套带负荷直线改 10kV 耐张杆

1. 适用范围

（1）10kV 架空配电线路带负荷直线改耐张杆工作。

（2）绝缘手套作业法。

（3）绝缘斗臂车作工作平台。

2. 编制依据

GB 12168—1990《带电作业遮蔽罩》

GB/T 14286—2002《带电作业术语》

GB 17622—1998《带电作业绝缘手套》

GB 13035—1991《带电作业绝缘绳》

GB 13398—1992《带电作业用绝缘手杆通用技术条件》

IEC 61057《带电作业用绝缘斗臂车》

北京市电力公司带电作业工作管理规定（试行）（京电生〔2008〕109 号）

北京电力公司电力安全工作规程（试行）（京电安〔2005〕75 号）

北京市电力公司 10kV 架空配电线路带电作业操作规程（试行）（京电生〔2009〕18 号）

中低压架空配电线路施工质量标准（京电生〔2004〕97 号）

3. 人员要求

序号	内　　容	备　　注
1	带电作业人员应身体健康，无妨碍作业的生理和心理障碍	
2	带电作业人员应经培训合格，持证上岗	
3	操作绝缘斗臂车的人员应经培训合格，持证上岗	
4	带电作业人员应掌握紧急救护法，特别要掌握触电急救法	

4. 现场勘察

（1）带电作业工作票签发人或工作负责人应提前组织有关人员进行现场勘察，根据勘察结果做出能否进行带电作业的判断，并确定作业方法及应采取的安全技术措施。

（2）判断是否停用线路重合闸，需停用时，应履行申请手续。

（3）现场勘察内容包括：线路运行方式（包括高、低压电源）、杆线状况、设备交叉跨越状况、邻近线路、缺陷部位和严重程度、导线规格、需要器材规格、周围环境、地形状况、道路交通以及存在的作业危险点等。

5. 作业分工

序号	作 业 人 员	作 业 内 容
1	工作负责人（监护人）1名	全面负责技术和安全，并履行工作监护
2	斗内电工2名：第一电工、第二电工	负责安全完成带负荷直线改耐张杆作业
3	地面电工1名	负责传递电杆上作业所需工具、材料，负责施工现场安全

6. 工器具

序号	名 称	型号/规格	单位	数量
1	绝缘斗臂车		组	1
2	接地线（车用）		块	1
3	绝缘斗臂车		辆	1
4	导线遮蔽罩		根	若干
5	绝缘横担		组	1
6	横担遮蔽罩		个	若干
7	绝缘毯		块	若干
8	绝缘毯夹（紧束带）		个	若干
9	绝缘引流线		根	3
10	绝缘紧线器		个	6
11	绝缘保险绳		条	3
12	卡线器		个	12
13	绝缘传递绳		条	2
14	苫布		块	1
15	绝缘横担		套	1
16	绝缘斗臂车		台	1
17	绝缘安全帽		顶	4
18	绝缘手套（3型）		副	2
19	绝缘手套检测器		个	1
20	绝缘袖套、披肩、护胸		套	2
21	绝缘靴（鞋）		双	2
22	护目镜		副	2
23	安全带		条	2
24	高、低压验电器		套	各1

续表

序号	名　称	型号/规格	单位	数量
25	高压核相器		套	1
26	电流检测仪		台	1
27	个人工具		套	若干
28	其他			

注　型号/规格根据使用情况填写。

7. 作业程序

（1）工具储运和检测。

1）在工器具库房领用绝缘工具、安全用具及辅助工具，应核对工器具的使用电压等级和试验周期。

2）领用绝缘工器具，应检查其外观是否完好无损。

3）工器具运输前，各种工器具应存放在工具袋或工具箱内，金属工具和绝缘工器具应分开装运，以防止相互碰擦造成外表损坏，降低绝缘工器具的水平。

（2）现场操作前的准备。

1）工作负责人应按带电作业工作票的内容联系当值调度。

2）工作负责人核对线铭牌、杆号。

3）绝缘斗臂车进入合适位置，并可靠接地；不得在坡度大于5°的路面上操作斗臂车。斗臂车的支腿应支在硬实的路面上，不平整的地面应铺垫专用支腿垫板，避免将支腿置于沟槽边缘、盖板之上，以防止斗臂车在使用中侧翻。根据道路情况，使用红白带、警示标志或路障。

4）工作负责人召开现场站班会，向工作班人员宣读工作票，布置工作任务，明确人员分工、作业程序、现场安全措施，进行危险点告知，履行确认手续，并对站班会内容进行抽查、问答。

5）根据分工情况整理材料，对安全工具、绝缘工具进行检查，绝缘工具应使用2500V 绝缘电阻表或绝缘测试仪进行分段绝缘测试，绝缘电阻阻值不低于 700MΩ（在出库前如已测试过的可省去现场测试步骤）。

6）带电作业过程中，作业人员应戴好安全帽和护目镜。

7）检查绝缘臂、绝缘斗状况是否良好，并调试斗臂车（在出车前如已调试过的可省去此步骤）。

8）带电作业前，将绝缘工具擦拭干净，并进行绝缘检测及绝缘手套的充气检查。

9）第一电工、第二电工戴好手套进入绝缘斗内，并系好斗内安全带。

8. 安全注意事项及措施

（1）气象条件。

1）本项目应在良好的天气下进行。如遇雷、雨、雪、雾等天气，不得进行该项工作；风力大于5级时，不宜进行该项工作。

2）带电作业过程中若遇天气突然变化，有可能危及人身或设备安全时，应立即停止工作，尽快恢复设备正常状态，或增设临时安全措施。

3）空气相对湿度大于80%的天气应停止施工。

（2）作业环境。

1）作业现场和绝缘斗臂车两侧，应根据道路情况使用红白带、警示标志或路障，防止外人进入工作区域；如在车辆繁忙地段，还应与交通管理部门取得联系，以取得配合。

2）夜间作业进行本项目应有足够的照明。

（3）安全距离及有效绝缘长度。

1）作业用绝缘工具都应经过遥测，绝缘电阻阻值应不低于 700MΩ（电极间距为 2cm）。

2）工作时，绝缘斗臂车的有效绝缘长度应保持为 1m。

3）带电作业时，应保持对地不小于 0.4m、对邻相导线不小于 0.6m 的安全距离；如不能确保该安全距离，应采用绝缘挡板、管、布及其他绝缘遮蔽措施。作业过程中，绝缘工具金属部分应与接地体保持足够的安全距离。

4）绝缘操作杆作主绝缘使用时，其有效绝缘距离不小于 0.7m。

（4）遮蔽措施。

1）本项目在导线开断、搭接时，与边相导线、金属工具安全距离不够，应对其进行绝缘遮蔽。

2）作业线路下层有低压线路合杆时，如妨碍作业，应对相关低压线路加绝缘套管或绝缘布遮蔽。

3）绝缘遮蔽组合应保持不小于 150mm 的重叠。

（5）重合闸。本项目需要停用线路重合闸。

（6）关键点。

1）在接触有电导线前应得到工作监护人的认可。

2）带电作业时，要注意有电导线与横担及邻相导线的安全距离。

3）带电作业时，严禁人体同时接触两个不同的电位。

4）提升或下降导线时，要平稳进行。

5）在导线收紧后，必须加设防导线脱落的安全措施。

6）在进行三相导线开断前，必须检查引流线连接是否可靠，并应得到及监护人的许可。

7）三相导线的连接工作未完成前，引流线不得拆除。

8）开断、搭接、拆除工作应同相同步进行。

（7）危险点分析。

序号	内　　容
1	绝缘斗臂车未接地，危及人身安全
2	绝缘斗臂车车身倾斜过度，危及人身安全
3	未对电杆两侧的导线牢固及损伤情况进行检查并确认，造成导线脱落或断线
4	绝缘防护用具未检查，危及人身安全
5	作业范围内带电体及接地体未进行绝缘遮蔽，危及人身、设备安全
6	使用绝缘横担前未进行承力验算，造成其过度承力
7	使用绝缘紧线器未能同时使用保险绳，造成导线跑线
8	绝缘引流线与导线连接后，未进行电流检验，影响线路正常运行
9	监护人违章兼做其他工作或监护不到位，使作业人员失去监护
10	作业现场杂乱无序
11	高空落物，引发物体打击
12	作业人员未按规定进行绝缘遮蔽或遮蔽不严密，可能造成触电伤害
13	作业人员违章操作，引发相间短路或接地事故，危及人身、设备安全
14	行车违反交通法规，可能引发交通事故，造成人员伤害

（8）安全措施。

序号	内　　容
1	断空载线路引流线前，检查并确认所断引流线已空载
2	专责监护人应履行监护职责，不得兼做其他工作，要选择便于监护的位置，监护范围不得超过一个作业点
3	带电作业前，将绝缘工具擦拭干净，并进行绝缘检测。绝缘手套应进行充气检查
4	根据地形地貌和作业项目，将斗臂车定位于最适合作业的位置。不得在坡度大于 5° 的路面上操作斗臂车。斗臂车支腿应支在硬实的路面上，不平整的地面应铺垫专用支腿垫板。避免将支腿置于沟槽边缘、盖板之上，以防止斗臂车在使用中侧翻
5	作业现场及工具摆放位置周围应设置安全围栏，防止行人及其他车辆进入作业现场

续表

序号	内　容
6	绝缘斗臂车在使用前应空斗试操作一次，确认各系统工作正常，制动装置可靠。工作臂下有人时，不得操作斗臂车。工作臂升降回转的路径，应避开邻近的电力线路、通信线路、树木及其他障碍物
7	作业人员在绝缘斗内传递工具时，应确认两人同时脱离带电设备。绝缘斗内双人工作时，禁止两人同时接触不同电位体
8	上下传递物品必须使用绝缘绳索。尺寸较长的部件，应用绝缘传递绳上下捆扎两点，沿传递绳方向传递。工作过程中，工作点垂直下方禁止站人。斗内作业人员之间传递绝缘遮蔽用具及工具时，应一件一件地分别传递，防止掉落
9	对不规则带电部件和接地部件，应采用绝缘毯进行绝缘遮蔽，并可靠固定。搭接的遮蔽用具，其重叠部分不小于150mm
10	已断开的引流线，会因感应而带电，作业时严禁身体碰触，防止触电。断开的三相引流线还应对横担、拉线放电，防止电击伤人。严禁同时接触已断开相的导线两个断头，以防人体串入电路。安装和拆除绝缘遮蔽用具时，人体的未防护部位应与带电体保持足够的安全距离
11	变压器停电时，必须先拉开低压用户隔离开关，后拉开高压侧跌落式熔断器，送电程序与之相反
12	断引流线时，要保持带电体与人体、相间及对地的安全距离
13	工作前，将绝缘斗臂车车体良好接地
14	带电作业过程中，绝缘工具金属部分应与接地体保持足够的安全距离
15	带电作业过程中，作业人员应戴好安全帽和护目镜
16	带电作业过程中，如设备突然停电，作业人员应视设备仍然带电
17	严格遵守交通法规，安全行车

9. 开工

序号	内　容	备　注
1	工作负责人办理带电作业工作票	
2	工作负责人与调度值班员联系，确认线路重合闸已停用	
3	工作负责人应向全体作业人员宣读工作票，布置工作任务，明确人员分工、作业程序、现场安全措施，进行危险点告知，并履行确认手续	

10. 作业内容及标准

序号	作业步骤	作业内容	标　准	备　注
1	开工	（1）工作负责人与调度值班员联系。 （2）工作负责人发布开始工作的命令	工作负责人与调度值班员履行许可手续，确认线路重合闸已停用	

续表

序号	作业步骤	作业内容	标　　准	备　　注
2	检查	（1）在作业现场设置安全围栏和警示标志。 （2）检查绝缘工具、防护用具。 （3）绝缘工具绝缘性能检测	（1）安全围栏和警示标志满足规定要求。 （2）绝缘工具、防护用具性能完好，并在试验周期内。 （3）检查并确认电杆两侧的导线完好，固定牢固，并测量导线对地高度	
3	操作绝缘斗臂车	（1）绝缘斗臂车进入工作现场，定位于最佳工作位置并装好接地线。 （2）斗内电工进入工作斗。 （3）升起工作斗，定位到便于作业的位置	（1）根据地形地貌和作业项目，将斗臂车定位于最适合作业的位置，挂好手刹，并垫好三角块。 （2）装好（车用）接地线。 （3）打开斗臂车的警示灯，斗臂车前后应设置警示标志。 （4）不得在坡度大于 5° 的路面上操作斗臂车。 （5）操作取力器前，应检查并确认各个开关及操作杆在中位或在 OFF（关）的位置。 （6）在寒冷的天气，使用前应先使液压系统加温，低速运转不少于 5min。 （7）支腿应支在硬实的路面上，不平整的地面，应铺垫专用支腿垫板。 （8）支起支腿时，应按照从前到后的顺序进行，使支腿可靠支撑，轮胎不承载，车身水平。 （9）斗内电工穿戴全套安全防护用具，系好安全带，携带遮蔽用具和作业工具进入工作斗，并应将遮蔽用具和作业工具分类放在工作斗和工具袋中。 （10）松开上臂绑带，选定工作臂的升降回转路径，应避开邻近的电力线路、通信线路、树木及其他障碍物。 （11）工作臂下有人时，不得操作斗臂车。 （12）绝缘斗的起升、下降操作应平稳，升降速度不应大于 0.5m/s；回转时，绝缘斗外缘的线速度不应大于 0.5m/s，防止冲击荷载。 （13）对在工作斗升降过程中可能触及工作范围内的低压带电部件也需进行遮蔽	

序号	作业步骤	作业内容	标　准	备　注
4	绝缘遮蔽	分别对作业范围内的所有带电体和接地体进行绝缘遮蔽	（1）在接近带电体过程中，应使用验电器从下方依次验电。 （2）按照由近至远、从小到大、从下到上的原则，分别对作业范围内的所有带电体和接地体进行绝缘遮蔽。使用绝缘毯时，应用绝缘夹夹紧，防止脱落。搭接的遮蔽用具，其重叠部分不得小于150mm	 进行绝缘遮蔽
5	施工	（1）在斗臂车小吊臂顶端安装绝缘横担，操作斗臂车适当向上托住导线。 （2）取下绝缘子遮蔽罩，拆除绝缘子绑扎线，一相结束后，采用同样的方式进行另外两相的作业。 （3）操作斗臂车向上托起导线。 （4）拆除直线横担，安装耐张横担。 （5）操作斗臂车回落导线至横担处，拆除斗臂车上的绝缘横担。 （6）两斗臂车内的电工分别使用绝缘紧线器将横担两侧导线收紧并可靠固定，同时安装好绝缘保险绳。 （7）以最小范围移开导线遮蔽罩，用引流线连接导线。 （8）引流线的一端连接完毕后，另一端进行连接。 （9）绝缘引流线两端连接完毕且遮蔽完好后，应采用电流检测仪检测引流线电流。 （10）斗内电工检查绝缘紧线器受力无误后，切断原导线。 （11）两辆斗臂车的斗内电工分别将导线固定到对应的耐张线夹内。 （12）拆除绝缘紧线器和绝缘保险绳。 （13）按相同方法进行其他两相操作	（1）使绝缘横担的线槽托架对准对应的带电导线。 （2）拆除的绝缘子绑扎线应边拆边盘，防止绑扎线过长碰到接地体。 （3）距离杆顶400mm以外。 （4）注意安全距离，对耐张担进行绝缘遮蔽。 （5）导线回落后应将其固定，防止滑动。 （6）使用紧线器时，应将卡头固定好，防止脱落。 （7）连接绝缘引流线的导线处，应清除氧化层，且线夹接触应牢固可靠。 （8）引流线应与其他相带电体和接地体保持安全距离。 （9）确认引流线上的电流分担原导线上电流的1/3或1/2。 （10）切断导线时，要防止线头摆动。 （11）固定时，防止耐张线夹刮伤导线	 （a）解开中相绑扎线将导线放置横担上  （b）安装耐张横担并进行绝缘遮蔽  （c）装设引流线、紧线器和防护绳  （d）逐相改耐张
6	施工质量检查	斗内电工检查作业质量	（1）工作完毕，检查电杆上有无遗漏的工具、材料等。 （2）全面检查作业质量及电杆状况应无误	
7	完工	斗内电工操作绝缘斗臂车返回地面	工作负责人全面检查工作完成情况	

11. 竣工

序号	内　　容
1	工作负责人全面检查工作完成情况无误后，组织清理现场及工具
2	通知值班调度员，工作结束；履行恢复线路重合闸程序
3	终结工作票

12. 验收总结

序号	检　修　总　结	
1	验收评价	
2	存在问题及处理意见	

13. 质量检查要求及记录

（1）作业人员要认真检查搭头连接是否可靠。

（2）三相引线应有一定的松紧度，且美观整齐。引线对地距离不小于 25cm，对邻相距离不小于 30cm，工作质量符合验收规范要求。

（3）如线路为绝缘导线，则检查导线的防水处理是否符合技术要求。

（4）做好该项目的带电作业记录。